DIE SCHWACHSTROMTECHNIK

IN

EINZELDARSTELLUNGEN

Herausgegeben von

J. Baumann und **Dr. L. Rellstab**
München Hannover

IV. Band:

Die chemischen Stromquellen der Elektrizität

von

Dr. Curt Grimm

München und **Berlin**
Druck und Verlag von R. Oldenbourg
1908

DIE

CHEMISCHEN STROMQUELLEN

DER ELEKTRIZITÄT

Von

Dr. Curt Grimm

———

Mit 109 Abbildungen im Text

München und **Berlin**

Druck und Verlag von R. Oldenbourg

1908

Vorwort.

Nachdem in den Untersuchungen über die galvanischen Elemente durch eine Reihe der bedeutendsten Forscher wie Thomson, Helmholtz u. a. die thermodynamischen Grundlagen festgelegt waren, erschien die theoretische Entwickelung dieses Gebietes nahezu als abgeschlossen, wenn auch der Streit zwischen der Kontakttheorie und der chemischen Theorie der Stromerzeugung dadurch vielleicht noch nicht völlig entschieden war. Auch die technische Entwickelung der Primärelemente war damals seit verhältnismäßig längerer Zeit zum Stillstand gekommen.

Da brachte einerseits die Dissoziations-Theorie von Arrhenius mit der aus ihr von Nernst entwickelten osmotischen Theorie der Stromerzeugung einen bedeutsamen Fortschritt in theoretischer Hinsicht, andererseits führte der großartige Aufschwung der Starkstromtechnik zugleich mit der durch sie bedingten Entwickelung des Akkumulators auch die Schwachstromtechnik dazu, teilweise im Wettstreit zu dem Akkumulator auch die Primärelemente als die für den Schwachstrom geeignetsten Stromquellen der modernen Entwickelung gemäß in neuen Formen auszubauen, wie sie sich für die verschiedenen Anwendungsgebiete als günstig und als notwendig erwiesen. Charakteristisch sind für diese Entwickelung insbesondere die neueren Elemente für konstanten Strom, ferner die sog. neueren Trockenelemente und die aus ihnen entstandenen Lager- und Füllelemente.

Entsprechend dem Programm der ›Schwachstromtechnik in Einzeldarstellungen‹ ist nun in dem I. Teil des vorliegenden Buches über Primärelemente ein möglichst umfassender Überblick über den gegenwärtigen Stand dieses Gebietes gegeben worden. Die Theorie sollte dabei in möglichst kurzer, prägnanter Form zur Darstellung gelangen, ohne Anwendung mathematischer Entwickelungen. In der Tat ist auch schließlich die mathematische Dar-

**

stellungsweise für einen derartigen Überblick der Technik dieses
Gebietes wohl zu entbehren. Weder haben z. B. die Berechnun-
gen der E. M. K. auf thermodynamischem Wege, noch die Formeln
der osmotischen Theorie selbst für das eigentliche technische
Gebiet größere Bedeutung. Derjenige, der sie braucht, findet sie
ohne Mühe in den entsprechenden Werken über Elektrochemie.
Hier kam es dagegen darauf an, ein möglichst anschauliches
Bild der Stromerzeugung zu liefern, wie es sich aus den Folgerungen dieser Theorien ergibt. Mit Absicht ist dabei auf gewisse Modifikationen, die unter dem Einflusse der modernen
Elektronentheorie in die Theorien gelangt sind, nicht eingegangen
worden, da sie nach Ansicht des Verfassers durch die Aufstel-
lung von neuen Hypothesen hier nicht geeignet erscheinen, die
Anschaulichkeit des Bildes der Stromerzeugung zu vergrößern.

Nach den ersten Kapiteln, die diese theoretischen Entwickelungen enthalten, nimmt einen breiteren Raum im I. Teil
die Beschreibung der älteren und neueren Primärelemente ein,
bei besonderer Berücksichtigung der neuesten Ausführungsformen
und der mit ihnen erzielten Leistungen. Der Unterschied, der
dabei in der Einteilung zwischen nicht polarisierenden und vollkommen depolarisierenden Elementen gemacht worden ist, mag
vielleicht nicht vollkommen einwandsfrei erscheinen, immerhin
erschien er zu einer anschaulichen Gruppierung geeignet. Dem
gleichen Zwecke dient auch die gesonderte Behandlung der
Trockenelemente, Lager- und Füllelemente, getrennt von den
nassen Elementen, denen sie entsprechen.

Zur Besprechung der Normalelemente genügte nach Ansicht
des Verfassers ein kurzes Kapitel. Die umfassenden Arbeiten
der Phys. Techn. Reichsanstalt haben in dieser Beziehung solche
Klarheit geschaffen, daß die übrigen als Normalelemente angegebenen Konstruktionen nur einer kurzen Erwähnung bedurften.

Auch die Elemente für eine direkte Umwandlung der Kohle
in elektrischen Strom und die Gasbatterien konnten kurz mit
einigen Beispielen erledigt werden, in Anbetracht ihrer (gegenwärtigen) praktischen Bedeutungslosigkeit.

Der II. Teil ist der Besprechung der Akkumulatoren gewidmet. Hier konnte es sehr zweifelhaft erscheinen, wie weit
man in einem für die Schwachstromtechnik bestimmten Werke
auf die Theorie und Konstruktion derselben eingehen dürfe. Der
Verfasser ging indessen von der Ansicht aus, daß eine vollständige Darstellung der jetzt wohl nahezu abgeschlossenen Theorie
des Bleiakkumulators in einem Werke über die chemischen Quel-

len des elektrischen Stromes nicht fehlen dürfe. In gleicher Weise wäre es wohl als lückenhaft anzusehen gewesen, wenn die Hauptkonstruktionen der verschiedenen Akkumulatorplatten nur so weit beschrieben worden wären, als sie augenblicklich für Schwachstromzwecke benutzt werden. Ein Gleiches gilt für die Beschreibung der Nichtbleiakkumulatoren. Der Vollständigkeit halber ist hier vielleicht etwas über den ursprünglichen Zweck des Buches hinausgegangen worden. Als Fehler dürfte dies wohl nicht anzusehen sein.

Kurz erwähnt sei noch, daß im I. Anhang, dem Verzeichnis der Patente, nur diejenigen der letzten 15 Jahre aufgeführt sind. Für die älteren sei auf die Werke von Peters und Zacharias hingewiesen. Im II. Anhang, der Zusammenstellung der einschlägigen Werke, sind die in periodischen Zeitschriften enthaltenen Abhandlungen, die bereits im Text in Fußnoten angeführt worden sind, nicht mit aufgeführt; eine Vollständigkeit ist hier lediglich für die selbständigen Werke über galvanische Elemente und Akkumulatoren angestrebt worden.

Halensee b/Berlin, im Dezember 1907.

Der Verfasser

Inhalts-Verzeichnis.

I. Teil.

Primärelemente.

Kap. I. Allgemeine Theorie.

Kap. II. Elemente ohne Polarisation.

I. Teil.
Primärelemente.

Kapitel I.
Allgemeine Theorie.

§ 1. Chemischer Ursprung der elektrischen Energie in den galvanischen Elementen.

Wir bezeichnen die galvanischen Elemente, seien es die sog. Primärelemente, die man allgemein galvanische Elemente nennt, oder die Sekundärelemente, die Akkumulatoren oder Stromsammler, mit Recht als chemische Stromquellen. Denn die Prozesse, die in beiden den elektrischen Strom erzeugen, sind chemischer Natur. Seit die osmotische Theorie von Nernst, die auf der Theorie der Lösungen von Arrhenius und van t'Hoff beruht, im wesentlichen die Vorgänge in den galvanischen Elementen richtig erklärt hat, hat auch erst die chemische Theorie der Stromerzeugung über die alte Kontakttheorie Voltas den Sieg davongetragen. Man darf sich durch das physikalische Gewand dieser Theorie nicht darüber täuschen lassen, daß es in der Tat eine chemische ist, denn die physikalische Anschauung ergänzt eben hier in glücklicher Weise, wie auf dem ganzen Grenzgebiet der physikalisch-chemischen Wissenschaft, die chemische Beobachtung, indem sie den tatsächlichen Verlauf der Vorgänge zu durchblicken gestattet, von denen die chemischen Formeln meistens nur das Endresultat angeben.

Die rein chemische Theorie der Stromerzeugung in den galvanischen Elementen war schon durch Lord Kelvin ziemlich fest begründet, als er lehrte, aus den Wärmemengen, die bei

den einzelnen chemischen Vorgängen auftreten müßen, die
elektromotorische Kraft eines Elementes zu berechnen. Es war
hiermit gezeigt, daß die chemische Energie, die sonst in Wärme-
energie umgesetzt wird, im Element sich in elektrische Energie
verwandelt. Wenn auch v. Helmholtz später zeigte, daß die
aus diesen Wärmetönungen berechnete E. M. K meistens nicht
genau die tatsächliche darstellt, sondern eine von der Temperatur abhängige Größe von dieser abzuziehen oder zu ihr hin-
zuzuzählen ist, die von neben der Erzeugung von elektrischer
Energie auftretender Erzeugung oder Verbrauch von Wärmeener-
gie herrührt, so ist dies doch immerhin erst eine sekundäre
Wirkung.

§ 2.   Leitung durch Elektrolyte, Dissoziation.

Die an den Kontaktstellen der Elektroden mit dem Elektrolyten infolge der chemischen Affinität auftretenden elektrischen
Potentialdifferenzen finden nun ihren Ausgleich einmal durch
den metallischen Schließungsbogen, das andere Mal durch den
Elektrolyten des Elementes selbst. Während die Leitung der
Elektrizität in den Metallen trotz der modernen Elektronentheorie
noch nicht mit Sicherheit erklärt worden ist, besitzen wir von
der Art der Leitung in den Elektrolyten schon längere Zeit
eine ausreichende Anschauung. Die Moleküle des Elektrolyten
bewirken den Transport der elektrischen Ladungen nach dieser
Anschauung, indem sie sich in zwei Teile, die Ionen, spalten,
die entgegengesetzt geladen sind. Indem diese Ionen ihre Ladung an die Elektroden abführen, können sie diese laden, oder
wenn sie mit entgegengesetzter Ladung behaftet sind, zu einem
entsprechenden Teil neutralisieren. Die Annahme, daß nun eine
derartige Trennung die ›Dissoziation‹ in Ionen, erst unter dem
Einfluß der Potentialdifferenzen der Elektroden stattfinde, war,
wie Arrhenius zeigte, nicht statthaft, da sonst ein Grenzwert
existieren müßte, unterhalb dessen keine Dissoziation erfolge.
Arrhenius nahm daher an, daß die Dissoziation bereits bei der
Auflösung des Elektrolyten im Wasser eintrete. Die Methoden
der Gefrierpunktserniedrigung und Siedepunktserhöhung lassen
nun beobachten, bis zu welchem Grade die Dissoziation erfolgt.
Dabei zeigt sich, daß der Dissoziationsgrad ein sehr verschiedener
sein kann und eine vollständige Dissoziation nur für unendlich
große Verdünnungen anzunehmen ist. Man kann daher den
größeren oder geringeren Dissoziationsgrad dadurch erklären,

daß man annimmt, es sei nur ein entsprechend großer Teil des
Elektrolyten dissoziiert, während der andere undissoziiert verbleibt.
Da aber die Bevorzugung irgendeines Moleküls für die Dissoziation
nicht möglich ist, wäre dies nur dadurch zu erklären, daß man
annimmt, die Ionen des dissoziierten Teils bewegten sich vollkommen frei. Sie müssen dann bei Zusammenstößen mit anderen Molekülen diese sprengen, bei Zusammenstößen mit
anderen Ionen sich mit diesen vereinigen, so daß, wie man das
auch in dissoziierten Gasen angenommen hat, eine ständige Erzeugung und Wiedervereinigung von Ionen besteht, wovon nur
Mittelwerte in der Beobachtung auftreten. Dieser Mittelwert ist
in bezug auf die auftretenden elektrischen Ladungen gleich Null,
da ja immer gleichviel positiv und negativ geladene Ionen vorhanden sein müssen. In einem elektrischen Felde aber müßte
eine Schichtung eintreten, die nach außenhin bemerkbar wird.
Eine solche ist aber nicht zu beobachten, man muß daher annehmen, daß trotz der eingetretenen Spaltung in positive und
negative Ionen die zusammengehörigen Ionen noch sich durch
ihre elektrostatische Anziehung festhalten, wobei das zwischen
ihnen befindliche Wasser oder andere Lösungsmittel ihre Wiedervereinigung hindert. Am nächsten liegt es daher auch anzunehmen, daß der Dissoziationsgrad ein Maß dafür ist, in welchem
Grade die Ionen bei ihrer Spaltung durch das Wasser voneinander getrennt worden sind, welchen Grad von Freiheit sie also
infolge der noch bestehenden festeren oder weniger festen gegenseitigen Bindung haben.

§ 3.　Natur der Lösungen.

　　Diese Annahme erklärt vollkommen, warum absolut reine
Flüssigkeiten, wie reines Wasser und konzentrierte Schwefelsäure, nahezu als absolute Nichtleiter erscheinen, bei ihnen liegt
eben in normalem Zustande gar keine Veranlassung vor, daß
das Gefüge des Molekülbaues sich irgendwie lockern sollte; sie
erklärt aber auch, warum eine solche Ionisation z. B. bei ge-
schmolzenen Metallhaloiden auftritt. Bei diesen tritt eben beim
Schmelzen eine Auflockerung des Moleküls nach Art der Ionenspaltung ein, deren Grad man wiederum als Dissoziationsgrad
messen kann; das gleiche gilt für die Dissoziation der Gase.

　　Erklärt wird hierdurch auch, warum gerade das Wasser der
fast alleinige Dissoziator ist. Das Wasser hat, wie schon lange
bekannt ist, überhaupt das Bestreben, gewisse Moleküle zu

sprengen, was man in der Chemie mit Verseifung oder Hydro-
lyse bezeichnet.   Bei der sog. Ionenspaltung ist also das gleiche
Bestreben die Ursache.   Die Vorgänge bei der Lösung und das
Verhalten von Lösungen haben ja ebenfalls schon dazu geführt,
daß man Lösungen nicht mehr als einfache Mischungen ansieht,
sondern daß man annimmt, daß zwischen Lösungsmittel und
gelöstem Stoff eine chemische Beziehung besteht, die man als
»molekulare Verbindung« bezeichnet.   Zwei Körper können sich
daher nur wirklich mischen, oder eine Lösung kann zwischen
ihnen nur stattfinden, wenn sie eine solche molekulare Verbindung eingehen können.   Das Eigentümliche dieser molekularen
Verbindungen ist nun das, daß sie zwar oft bestimmte Verhältnisse anstreben, aber meistens doch auch in allen anderen Ver-
hältnissen möglich sind.   Das Wasser strebt nun bei der Hydro-
lyse wie bei der Dissoziation die Bildung solcher molekularen
Verbindungen mit den einzelnen Komponenten des gelösten Stoffes
an, daher erfolgt in dem einen Fall die Verseifung, die vollkommene Spaltung, während es im anderen Falle nur zur unvollkommenen Spaltung, der Dissoziation, kommt.   Die Dissoziation ist aber auch stets unvollkommen, denn sie wird vollständig erst bei unendlicher Verdünnung.   Für andere Flüssigkeiten ist es natürlich ebenso die Affinität, die ihre Moleküle
gegen die Komponenten des gelösten Stoffes besitzen, die ihr
Dissoziationsvermögen bestimmen.   Dies ist meistens kleiner als
bei Wasser, kann aber, wie z. B. bei flüssigem Schwefeldioxyd,
unter Umständen auch bedeutend größer sein.

§ 4.   Osmotischer Druck, Lösungsdruck, Elektro-
motorische Kraft.

Geht man nun noch einen Schritt weiter, so kann man
schließlich annehmen, der eigentümliche Spannungszustand, der
an jedem Ion eines solchen dissoziierten Moleküls herrschen
muß, stellt gerade seine elektrische Ladung dar.   Der Druck, der
dabei innerhalb der Flüssigkeit entsteht, wird osmotischer Druck
genannt, weil unter ihm und von ihm in der Geschwindigkeit
abhängig auch die Diffusion durch eine halbdurchlässige Mem-
bran stattfindet.

An der Elektrode liegen die Verhältnisse nicht anders.   Auch
die festen Körper sind bestrebt, gewisse Lösungen einzugehen,
die man gewöhnlich mit Absorption bezeichnet.   Tritt dies Bestreben nur an der Oberfläche auf, so bezeichnet man es ge-

wöhnlich mit Adsorption. In dieser Oberflächenschicht hat man dann eine Lösung von festem Körper mit Gasen oder Flüssigkeiten. An der Grenze der Elektrode und des Elektrolyten ist natürlich dies Bestreben ebenfalls vorhanden. Die Metallmoleküle werden durch das Wasser des Elektrolyten in gleicher Weise dissoziiert; der hierbei erzeugte Druck ist der Nernstsche Lösungsdruck.

Osmotischer Druck und Lösungsdruck hängen nun durchaus von dem Grade der Affinität des Wassers zu beiden Komponenten des Moleküls ab. Die Differenz von beiden gibt nach Nernst das Potential zwischen Elektrode und Elektrolyt. Ist z. B. der Lösungsdruck des Elektrodenmetalls größer, so zeigt das Metall oder vielmehr das eine Ion desselben das Bestreben, in die Flüssigkeit überzugehen und aus ihr ein Ion mit geringerer Affinität zum Wasser zu verdrängen. Ist umgekehrt der osmotische Druck der größere, so sucht das Ion, das zu dem Elektrodenmetall größere Affinität hat, in die Oberflächenschicht einzudringen und dort sich mit einem Metallion zu verbinden. Sind die Elektroden isoliert, so muß sich bald ein Gleichgewicht in den Spannungszuständen ausbilden, das natürlich an positiver und negativer Elektrode verschieden ist. Die Differenz der beiden stellt die elektromotorische Kraft des Elements dar. Stellt man dann eine metallische Verbindung zwischen beiden Elektroden her, so streben diese Spannungszustände sich auszugleichen, es entsteht ein elektrischer Strom.

§ 5. Vorgänge beim Stromdurchgang durch ein Element.

Dieser Strom wäre aber sofort zu Ende, wenn nicht durch die Ausgleichung der Spannungszustände das Gleichgewicht zwischen Elektrolyt und Elektrode gestört würde. Betrachten wir z. B. ein Element: Zink — verdünnte Schwefelsäure — Kupfer und sehen uns zunächst die Vorgänge am Zink an. Die Jonen desselben, die in die Flüssigkeit einzudringen streben, werden nach Ausgleich der Spannung nicht mehr zurückgehalten, sie dringen in den Elektrolyten ein und verdrängen in diesem das entsprechende Jon. Da nach der Beobachtung auf dem Zink negative Elektrizität zurückbleibt, sind es die positiv geladenen Jonen, die in die Flüssigkeit eindringen und aus den zunächstliegenden Schichten die positiven Wasserstoffionen verdrängen. Diese wandern in die nächste Schicht ein und verdrängen ihrerseits

die darin enthaltenen positiven Ionen usw. In der Tat wird
man nun keine zeitlich aufeinanderfolgenden Vorgänge annehmen müssen, sondern gleichzeitige; denn während diese
Ionenverschiebung nach der positiven Elektrode, dem Kupfer,
zustrebt, findet dort infolge des Ausgleichs der zuerst vorhandenen Spannung eine Anziehung auf die positiv geladenen
Wasserstoffionen statt, die ihre Wirkung in gleicher Weise nach
der negativen Elektrode hin fortzupflanzen sucht und also die
dort bestehende Tendenz noch verstärkt. Das Ergebnis ist, daß
gleichzeitig die Verschiebung je einer Schicht positiver Wasserstoffionen nach der Kathode, dem Kupfer, hin erfolgt. Dort
findet die Entladung derselben statt, nach der sich die Ionen
wieder zu Molekülen des gasförmigen Wasserstoffs vereinigen
können. An der Kathode tritt infolgedessen eine Abscheidung
von gasförmigem Wasserstoff auf, die zur Beobachtung gelangt,
sobald die Elektrodenoberfläche keinen Wasserstoff mehr in Lösung aufnimmt. An der Anode, dem Zink, tritt dagegen in den
Elektrolyten Zink in Lösung, indem es mit dem anderen Ion,
dem Schwefelsäurerest SO_4 Zinksulfat bildet. Die beistehende
Skizze (Fig. 1 ist ohne weitere Erläuterung verständlich.

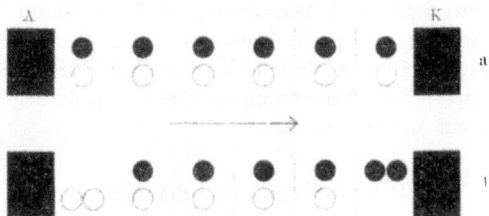

Fig. 1.

Der Vorgang ist beendet, wenn die gesamte Schwefelsäure
in Zinksulfat verwandelt ist, weil dann der Lösungsdruck des
Zinks gegen den osmotischen Druck des Zinksulfats gleich groß
ist. Das Wasser zeigt gegen die positiven Ionen des Elektrolyten
wie der Elektrode die gleiche Affinität.

§ 6. Polarisation.

Die Schilderung dieses Vorganges ist aber noch nicht ganz
richtig. Erzeugt man nämlich mit einem solchen Element einen
elektrischen Strom, so beobachtet man nach kurzer Zeit eine
Abnahme der Spannung zwischen den Elektroden und damit

auch einen schnellen Abfall der Stromstärke. Die Ursache hierfür ist, daß sich die Kathode mit dem dort abgeschiedenen Wasserstoff bedeckt hat. Das Element ist polarisiert. Die Wirkung der Polarisation besteht nicht so sehr in dem erheblich größeren Widerstand, den der Wasserstoff dem Durchgange des elektrischen Stromes bietet, als vielmehr darin, daß er nun seinerseits bestrebt ist, Ionen in den Elektrolyten zu entsenden. So entsteht eine elektromotorische Gegenkraft, die einen Gegenstrom, den Polarisationsstrom, erzeugt, der an Stärke dem erzeugenden Strom nur um so viel nachbleibt, als nötig ist, um die Erzeugung des für die Gegenkraft nötigen Wasserstoffs aufrechtzuerhalten.

Die sog. Konzentrationsketten, in denen sowohl Anode als Kathode aus demselben Metall bestehen, während zwei verschieden konzentrierte Lösungen eines Salzes (oder Amalgams) desselben Metalles den Elektrolyten darstellen, haben fast nur theoretisches Interesse. In der Praxis sind sie fast allein durch ihr Auftreten bei der »Lokalaktion« von Bedeutung. In der Berührungsfläche beider Lösungen muß sich der in beiden verschiedene Druck auszugleichen suchen. Dies kann in der Weise geschehen, daß von den beiden Ionen-Wasserkomplexen, die ja beide in verschiedenem Grade ungesättigte Systeme darstellen, der eine Komplex vorzugsweise das eine Ion des anderen an sich zu reißen sucht und, da er mehr freie Energie besitzt, auch wirklich an sich reißt. Das andere Ion würde dadurch frei werden. Da aber freie Ionen nicht in der Lösung bestehen können, muß vom Metall dafür ein neues Ion in den Elektrolyten eintreten. Umgekehrt kann natürlich auch der (gegenüber der anderen Lösung) »übersättigte« Komplex nicht bestehen. Er kann sein überschüssiges Ion gegen die von allen Seiten auf ihn ausgeübten Kräfte nicht halten, es muß schließlich dorthin gehen, wo die größte Kraft ausgeübt wird, an die Elektrode. Dort bewirkt nämlich die Druckänderung, die durch den Druckausgleich an der Berührungsstelle beider Lösungen entstanden ist, und die sich natürlich zu beiden Elektroden hin fortgepflanzt hat, eine entsprechend verschiedene Änderung des in ihrer Oberflächenschicht bestehenden Gleichgewichtszustandes, so daß die eine Oberflächenschicht mit einer Druckvermehrung das Bestreben erhält, Ionen abzustoßen, die andere mit einer Druckverminderung, Ionen aufzunehmen. Dementsprechend tritt dann auch an der negativen Elektrode ein Metallion in den Elektrolyten ein, während ein entsprechendes an der positiven Elektrode abgeschieden wird, wenn nur die Elektroden miteinander verbunden

sind, so daß die auf ihnen vorhandenen Ladungen nicht die
gleichgeladenen Ionen abstoßen. Da hier das aus dem Elektrolyten verdrängte Ion dem gleichen Element angehört, wie die
Elektroden selbst, so kann keine Polarisation eintreten.

§ 7.   Depolarisation.

Die galvanischen Elemente mit zwei Flüssigkeiten sind in
der gleichen Weise darstellbar. (Die Elektroden sind hier zwar
wieder verschieden). Sie sind aber durchaus den Konzentrationsketten gleich zu erklären, soweit wenigstens ihre Elektroden
nicht schon bei geöffnetem Element von dem Elektrolyten angegriffen werden. Hierbei ist indes ein wichtiger Unterschied
zu beachten. Ist die Elektrode ein Metall (Kupfer) und von der
Lösung eines seiner Salze ($CuSO_4$) umgeben, dann ist das Verhalten des Elementes so lange dem einer Konzentrationskette ver-
gleichbar, als nicht zu große Mengen der den negativen Pol
umgebenden Flüssigkeit in die den positiven umgebende einge-
drungen sind. Werden dagegen andere Flüssigkeiten, insbesondere Säuren, verwendet, so muß an der positiven Elektrode
das Wasserstoffion auftreten und damit eine Polarisation, wenn
eben nicht jene Flüssigkeit, die den positiven Pol umgibt, geeignet ist, den Wasserstoff im Moment seines Entstehens chemisch
zu binden, was man Depolarisation nennt, während man den
diese verursachenden Stoff mit Depolarisator bezeichnet. Dagegen ist in einem Element von der Zusammensetzung Zink,
Zinksulfat — Kupfersulfat, Kupfer überhaupt eine Polarisation
nicht möglich. Man kann daher hier auch das Kupfersulfat
nicht als Depolarisator bezeichnen; es ist vielmehr grundsätz-
lich nötig, damit überhaupt ein galvanisches Element aus der
Gruppierung entsteht. Dagegen hat im Element: Zink, verdünnte Schwefelsäure — konzentrierte Salpetersäure, Kohle, die
Salpetersäure den hauptsächlichsten Zweck, den entstehenden
Wasserstoff zu oxydieren.

Die Depolarisation hat daher ausschließlich den Zweck, die
Bildung oder wenigstens das dauernde Festsetzen von Wasserstoff an der Kathode zu verhindern. Es wird dies entweder durch
Verwendung einer zweiten Flüssigkeit erreicht; das ist die vollkommenste Art. Oder es werden in der einfachen Zelle entsprechende Vorkehrungen an der positiven Elektrode getroffen.
Hierbei ist die Depolarisation meist unvollkommen. Man erhält
somit drei Gruppen von galvanischen Elementen: 1. Elemente

ohne eigentliche Polarisation, 2. Elemente mit vollkommener Depolarisation, 3. Elemente mit unvollkommener Depolarisation.
Man könnte andererseits auch einfach einteilen: A. Elemente
mit einer Flüssigkeit und B. Elemente mit zwei Flüssigkeiten,
wo A im großen und ganzen die Gruppe 3, B die Gruppen 1
und 2 umfaßt. Doch haben wir verschiedene Elemente, in denen
nur eine Flüssigkeit, allerdings ein Gemisch des eigentlichen
Elektrolyten mit der depolarisierenden Flüssigkeit, sich befindet,
und die daher doch zu Gruppe 2 gehören. Und ebenso gibt es
auch einige feste an der positiven Elektrode angebrachte Depolarisatoren, die sich als vollkommene Depolarisatoren erwiesen haben
und so trotz der Zugehörigkeit zu A doch zu 2 zu rechnen sind.

Der Akkumulator, oder wie man jetzt auch teilweise nicht
ganz eindeutig sagt, der Stromsammler, ist ebenfalls ein Element
mit unvollkommener Depolarisation, also der Gruppe 3 ange-
hörig, doch steht er eigentlich zwischen 2 und 3, da seine Depolarisation immerhin ziemlich rasch erfolgt.

§ 8. E. M. K. und Spannung. Innerer Widerstand.

Wollen wir jetzt ein Element seinen Eigenschaften nach
charakterisieren, so sind von ihm anzugeben bzw. zu bestimmen:
1. Elektromotorische Kraft. Sie wird durch die Klemmenspannung bei offenem Stromkreise gemessen. 2. Spannung bei geschlossenem Stromkreis. 3. Innerer Widerstand in seiner Abhängigkeit von den Dimensionen des Elements. 4. Abhängigkeit
von der Temperatur. 5. Spannungs- und Stromabfall bei längerem Geschlossensein. 6. Kapazität.

Hiervon ist die Abhängigkeit von der Temperatur in der
Praxis ohne größere Bedeutung. Sie kommt nur für die Anwendung von Normalelementen für genaue Spannungsmessungen
in Frage. Die elektromotorische Kraft hängt nur von dem Material der Elektroden und dem Elektrolyten ab, der innere Widerstand von der Konzentration des Elektrolyten, der Anordnung
und den Dimensionen der Elektroden. Ist die Elektrodenfläche
groß und die Stromstrecke im Elektrolyten sehr klein, so ist der
innere Widerstand sehr gering und umgekehrt. Die Konzentration, bei der der Elektrolyt die günstigste Leitfähigkeit bei
günstigster E. M. K. besitzt, ist meistenteils durch die praktische
Erfahrung erprobt. Der innere Widerstand verändert sich natürlich auch durch die Veränderung des Elektrolyten bei dem Gebrauche.

Durch elektromotorische Kraft (e) und inneren Widerstand ist für Elemente ohne Polarisation auch die Stromstärke (i) bestimmt. Es gilt dann die Gleichung:

$$i = \frac{e}{w},$$

wo w die Gesamtsumme, also inneren + äußeren Widerstand darstellt.

Für die Elemente mit Depolarisation ist die Klemmenspannung im Betriebe mehr oder weniger geringer als die bei offenem Stromkreis gemessene E. M. K.; es hängt dies von der größeren oder geringeren Vollkommenheit der Depolarisation ab. Ist diese momentan, so sind Klemmenspannung und E. M. K. nicht mehr verschieden als bei den Elementen ohne Polarisation. Im anderen Falle aber muß sich erst ein Gleichgewichtszustand herausbilden, so daß in der Zeiteinheit nahezu gleichviel Wasserstoff an der positiven Elektrode abgeschieden und durch den Depolarisator wieder oxydiert wird. Dadurch, daß dies nicht vollkommen erreicht wird, wird allmählich ein Abfall der Klemmenspannung erzeugt, der bei den Elementen mit unvollkommener Depolarisation zunächst langsam, von einem gewissen Zeitpunkt ab ziemlich schnell vor sich geht.

Zugleich hiermit tritt auch natürlich ein noch stärkerer Abfall der Stromstärke ein. Denn diese wird noch weiter durch den immer größer werdenden inneren Widerstand verringert. Bei Elementen mit unvollkommener Depolarisation muß man also, um ihre Leistungen zu beurteilen, an Stelle der elektromotorischen Kraft die erfahrungsgemäß bestimmte Klemmenspannung im Gebrauch in die bekannte Gleichung einsetzen.

§ 9.   Kapazität.

Die Kapazität wird theoretisch richtig nur angegeben, wenn man sie in Wattstunden mißt. Denn hierdurch wird ein wirkliches Maß für die Leistung gewonnen. Es ist daher vorgeschlagen worden [1], zur Charakterisierung eines Elementes seine Wattkurve zu ermitteln. In den meisten Fällen kommt es aber nur darauf an, zu ermitteln, wie lange das Element Strom liefert, ohne unter eine bestimmte Spannung oder Stromstärke unterzugehen. In diesen Fällen, und sie sind die Regel, ist es nötig, Spannungs- oder Stromkurven zu haben oder beides. Die Angabe der Amperestunden ist infolgedessen meistens genügend.

[1] Joh. Zacharias, Galvanische Elemente der Neuzeit.

Die Berechnung der Wattstunden hat nur Bedeutung, wenn man die Ökonomie des Elementes berechnen will, z. B. wenn man mit Primärelementen eine Beleuchtungsanlage speisen will. Aber in diesen Fällen wird man nur Elemente ohne Polarisation oder mit vollkommener Depolarisation, sog. konstante Elemente, verwenden können, wo man so wie so praktisch gleichbleibende E. M. K. hat, also aus den Amperestunden leicht die Wattstunden errechnen kann. Die inkonstanten Elemente, bei denen die Wattstunden infolge der sinkenden E. M. K. nicht aus den Stromkurven zu berechnen sind, können aber zu solchen dauernden Leistungen gar nicht verwendet werden. Hier ist es einfacher, die Kosten direkt zu ermitteln, die der Betrieb auf die eine oder andere Weise erfordert und mit der erfahrungsgemäß ermittelten Gebrauchsdauer bzw. den danach entstehenden Erneuerungskosten zu vergleichen.

§ 10. Bedeutung und Anwendbarkeit der verschiedenen Gattungen von Primärelementen und der Akkumulatoren.

Die Bedeutung der einzelnen Arten der Elemente hat sich im Laufe des einen Jahrhunderts seit ihrer Erfindung erheblich verschoben. Während es früher, vor der Erfindung der Dynamomaschinen hauptsächlich darauf ankam, Elemente mit möglichst großer Spannung und großen Stromstärken für den Dauerbetrieb zu konstruieren, tritt dies in der Gegenwart mehr zurück. Hier sind die Akkumulatoren und teilweise auch der Starkstrom an ihre Stelle getreten. Für ärztliche Zwecke und für Anlagen, die von elektrischen Zentralen zu weit entfernt liegen, besitzen sie noch einige Bedeutung. Konstanter Strom aus Elementen wird aber in der Hauptsache nur noch dort gebraucht, wo nur sehr schwache Ströme gebraucht werden, z. B. für den sog. Ruhestrom der Telegraphenbetriebe.

Eine sehr große Anwendung finden dagegen jetzt die Elemente mit unvollkommener Depolarisation. Sie sind besonders für den Fall geeignet, für den man jetzt in der Hauptsache noch Elemente braucht, wo nämlich nicht allzu kleine Stromstärken nur kurze Zeit gebraucht werden, der dann eine längere Zeit der Ruhe folgt.

Bei den konstanten Elementen erfolgt teilweise während des Ruhens ein Angreifen der Elektroden durch den Elektrolyten, weshalb die Elektroden im Ruhezustande jedesmal heraus-

gehoben werden müssen, oder es erfolgt unter Umständen ein
Durchdringen des die positive Elektrode umgebenden gelösten
Metallsalzes zu der negativen Elektrode, wobei dann das Metall
aus diesem Salz durch das Metall der negativen Elektrode heraus-
gefällt und auf dieser niedergeschlagen wird, so daß dann jede
E. M. K. aufhört. Um dies zu vermeiden, müssen solche Elemente
dauernd über einen großen Widerstand geschlossen bleiben. Hingegen bedürfen die inkonstanten Elemente gerade der öfteren
Ruhe, um sich zu erholen.

Die Erholung ist nur die Ergänzung der unvollkommenen
Depolarisation. Der Wasserstoff, der sich an der Oberfläche der
Kathode abgeschieden hatte, muß Zeit finden, damit er durch
die Depolarisationsmittel vollständig hinweggeschafft wird. Die
Erholungsfähigkeit ist mithin noch ein wichtiges Moment, das
für die Charakteristik eines inkonstanten Elementes von Bedeutung ist.

Von Bedeutung ist auch noch in gewisser Weise die Umkehrbarkeit eines Elementes. Man versteht darunter die Eigenschaft, daß man die Veränderungen, die in einem Element durch
längere Stromentnahme bewirkt worden sind, durch Einleiten
eines Stromes in der entgegengesetzten Richtung wieder vollständig rückgängig machen kann. Es ist dies theoretisch meistens
möglich, wenn die Elektroden in Lösungen ihrer Salze stehen;
unmöglich wird es aber stets, sowie irgendwelche sekundären
Reaktionen bei der Stromentnahme auftreten, die mit der Strom-
bildung nicht im direkten Zusammenhange stehen.

Es gibt nun eine ganze Reihe solcher umkehrbarer Elemente, indessen hat sich stets gezeigt, daß es mindestens un-
praktisch, meistens schon mit bedeutend höheren Kosten verbunden ist, ein Element so regenerieren zu wollen. Mit Ausnahme
des Edison-Akkumulators, der sich indessen auch nicht bewährt
hat, ist es nur der Bleiakkumulator gewesen, der eine praktische
Umkehrung gestattet.

Die Beschreibung desselben, sowie der Haupttypen der
jetzigen Konstruktionen erfolgt im II. Teile. Im ersten wollen
wir nur die eigentlichen Elemente, also die praktisch nicht um-
kehrbaren betrachten.

§ 11.   Aufbau eines Elementes.

Gehen wir nun zu der Beschreibung eines Elementes selbst
über. Es besteht aus zwei Elektroden und dem Elektrolyten.
Um dies zusammen zu halten, ist gewöhnlich ein Gefäß aus Glas

oder sonst einem isolierenden Mittel vorhanden, doch ist manchmal auch die eine der beiden Elektroden als Gefäß ausgebildet.
Um die Elektroden in ihrem gegenseitigen Abstande festzuhalten,
sind entweder am Gefäß selbst oder an einem Deckel besondere
Vorkehrungen getroffen, eventuell werden auch einfache Prismen
aus isolierendem Material zwischen die Elektroden geschoben
und das Ganze durch Gummibänder o. dergl. zusammengehalten.

Die Elektroden müssen aus zwei Materien, gewöhnlich Metallen oder Kohle, bestehen, die sich gegen den Elektrolyten in
der oben geschilderten Weise verschieden verhalten. Das Material, aus dem die positive Elektrode besteht, nennt man dann
elektropositiv gegen das Material der negativen. Die einzelnen
Materialien kann man auch in einer Reihe anordnen, in der
immer das folgende Glied elektropositiv gegen alle vorhergehen-
den ist, eine sog. galvanische Spannungsreihe. Doch sind
diese Reihen nicht für alle Elektrolyten identisch, es kommen einige
Umstellungen darin vor. Nimmt man aber zwei Glieder, die in
dieser Reihe verhältnismäßig weit voneinander stehen, so werden
sie sich sicher in jeder Flüssigkeit in gleicher Weise verhalten.
Als weitere Regel gilt dabei auch, daß die Potentialdifferenz, die
man erzielen kann, um so größer ist, je weiter diese Glieder voneinander entfernt sind. Weiter aber ist es von Wichtigkeit, daß
die Elektroden möglichst groß sind, und daß sie auch sich möglichst dicht an allen Stellen gegenüberstehen, um den inneren
Widerstand dadurch zu verringern, daß die Strombahn im Inneren
des Elementes möglichst kurz und von sehr großem Querschnitt ist.

Der Elektrolyt wird jetzt größtenteils so gewählt, daß er
auch die negative Elektrode nicht angreift, so lange das Element
im Ruhezustande ist. Trotzdem kommt es indessen vor, denn
es tritt häufig die sog. Lokalaktion ein, ein Phänomen, das übrigens auch, wenn das Element geschlossen ist, auftreten kann. Besteht der Elektrolyt aus zwei Flüssigkeiten, so ist gewöhnlich
ein Diaphragma, bestehend aus einem porösen Tonzylinder o. dergl.,
zur Trennung vorhanden, oder es geschieht auch durch die verschiedene spezifische Schwere der beiden Flüssigkeiten.

§ 12. Lokalaktion.

Die Lokalaktion tritt dann auf, wenn die negative Elektrode an ihrer Oberfläche nicht vollkommen homogen ist. Das
gebräuchlichste Metall für die negative Elektrode ist das Zink.
Neuerdings wird auch Magnesium vorgeschlagen, was die Span-

nung um 0,7—0,9 Volt erhöht und auch die Lokalaktion nicht zeigt, indessen ist es jetzt noch zu teuer. Dagegen kann man bei Verwendung von Zink das gewöhnliche technische Zink verwenden, nur muß man die Lokalaktion durch Amalgamation verhindern. Die gewöhnliche Lokalaktion beruht darauf, daß die Stellen, wo technische Verunreinigungen an der Oberfläche vorhanden sind, gegenüber dem reinen Zink elektropositiv sich verhalten, und da sie durch die Elektrode selbst kurz geschlossen sind, entsteht zwischen diesen Stellen ein Lokalstrom, der zur Auflösung des Zinks führt. Um dies zu vermeiden, wird das Zink amalgamiert. Man legt es dazu erst in die Lösung eines Quecksilbersalzes und amalgamiert es dann, indem man es mit metallischem Quecksilber mit Hilfe eines wollenen Tuches reibt. Über die Wirkung der Amalgamation sind verschiedene Vermutungen aufgestellt, Schoop meint z. B., daß ein Überzug von Wasserstoff durch das Quecksilber hervorgerufen würde. Daß das Quecksilber aber eine derartige Rolle nicht spielt, geht daraus hervor, daß sich elektrolytisch dargestelltes Zink gerade so wie amalgamiertes verhält. Das Wahrscheinliche ist vielmehr, daß auf diese Weise immer reines Zink im Amalgam an die Oberfläche der Elektrode gebracht wird, während die Verunreinigungen zurückbleiben. Zwar doppelt so teuer, aber bedeutend haltbarer und damit ökonomischer sind Elektroden aus Zink mit ca. 4% Quecksilbergehalt, die durch Auflösen eines an Zink reichen Amalgams in geschmolzenem Zink erhalten wird. Schoop gibt allerdings an, daß es ziemlich spröde sei und es durch den Gebrauch noch mehr werde. Neuerdings ist auch sog. Hartzink (mit Eisengehalt) vorgeschlagen worden. Einen Gehalt bis zu 2% sieht das engl. Pat. 22956 vom Jahre 1893 vor; das deutsche Patent 139731, 10. Jan. 1902 von Dr. Karl Düsing sieht 4 bis 15% Eisen vor. Das Zinkeisen wird als Abfall beim Verzinken erhalten.

     Es gibt aber auch noch eine zweite Art der Lokalaktion. Diese entsteht dadurch, daß die entstehende Lösung des Zinksalzes zu Boden sinkt und somit die Zinkelektrode in zwei verschiedenen Flüssigkeiten steht. Sie ist nun gegen den eigentlichen Elektrolyten negativer als gegen das Zinksalz, demnach entsteht ein Lokalstrom zwischen beiden Berührungsstellen, der dabei Zink an der Oberfläche löst und am unteren Teile niederschlägt, so daß die Elektrode kegelförmige Gestalt annimmt. Eine besondere Rolle scheint hierbei auch noch der Luftsauerstoff bzw. der an der Oberfläche des Elektrolyten gelöste Sauer-

stoff zu spielen. Wie bei den Autoxydationsvorgängen scheint
er mit dem Elektrodenmetall erst oberflächlich in eine Verbindung zu treten, die dann für den Elektrolyten leichter angreifbar ist. Es empfiehlt sich daher, die Elektroden an den Stellen,
wo sie aus dem Elektrolyten herausragen, mit Kautschuk zu
überziehen, um diese Wirkung zu verhindern.

§ 13. Chemische Formeldarstellung.

Eine kurze Bemerkung will ich noch über die gebräuchliche Darstellung der in den Elementen sich ereignenden Vorgänge mit Hilfe chemischer Formeln machen. Die modernen
Formeln, die von der Ionendarstellung ausgehen, eignen sich
nicht recht für eine mehr populäre Darstellung, ganz abgesehen,
daß ihre Grundlage doch noch nicht als ganz sicher anzusehen
ist (insbesondere, wenn man wie Sackur, die Ionen als chemische Verbindungen von Atomen mit den Elektronen annimmt),
wie ja auch unsere etwas modifizierte Anschauung durch die
gebräuchlichen Formeln nicht ganz gedeckt wird. Ich halte es
aber für recht angebracht, sich doch, wenn auch in der älteren
Darstellung, eine gewisse Vorstellung von der Art der auftretenden Vorgänge zu machen, auch wenn man dabei nicht alle, insbesondere sekundäre Vorgänge, genau beschreibt. Der von Zacharias vertretene Standpunkt, überhaupt alle derartigen Formeln zu verwerfen, ist wohl nicht richtig, wenigstens wenn man
sich von vornherein bewußt ist, daß diese Formeln nur ein un-
gefähres Bild der bei der Stromerzeugung notwendig auftretenden
Vorgänge geben sollen.

In den letzten Jahren ist es sehr üblich geworden, mit sog.
Trockenelementen zu arbeiten. Diese, sowie die Konstruktionen
mit hermetischem Verschluß, Lager- und Füllelemente, sind nur
Abarten der gewöhnlichen nassen Elemente. Wir behandeln
daher zunächst die letzteren und besprechen die ersteren erst
am Schluß, da auf sie ja die Erörterungen über die entsprechenden nassen Elemente, aus denen sie entwickelt sind, ebenfalls
vollständig zutreffen. In gleicher Weise werden auch einige
speziellere Konstruktionen und die Normalelemente erst am
Schluß behandelt.

Kapitel II.

Elemente ohne Polarisation.

§ 14. Das Daniell-Element.

In der Hauptsache sind solche das Daniell-Element und seine verschiedenen Abarten.

Das schon 1836 erfundene Daniell-Element (Fig. 2) ist heute noch eines der besten für den Gebrauch mit Ruhestrom.

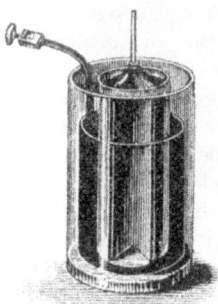

Es besteht aus einem amalgamierten Zinkzylinder in verdünnter Schwefelsäure als negativem Pol und einem darin stehenden Kupferzylinder, der von Kupfersulfat umgeben ist; zwischen beiden Lösungen steht ein Tonzylinder als Diaphragma. Bei neueren Konstruktionen befindet sich öfters der Kupferpol außen und der Zinkpol innen. Die chemischen Vorgänge sind folgende:

$$Zn + H_2 SO_4 = Zn SO_4 + H_2$$
$$H_2 + Cu SO_4 = H_2 SO_4 + Cu.$$

Fig. 2.

Während also an der negativen Elektrode durch die Auflösung von Zink in Schwefelsäure Zinksulfat entsteht, wird an der der positiven Elektrode entsprechend viel Schwefelsäure neu gebildet und Kupfer abgeschieden. Die vorhandene Menge Schwefelsäure bleibt also immer sich gleich, nur nimmt das Kupfersulfat auf Kosten des entstehenden Zinksulfats ab. Aus diesem Grunde wird die Kupfersulfatlösung gesättigt angewendet, die Schwefelsäure dagegen in verdünntem Zustande, in dem sie eine bessere Leitfähigkeit besitzt. Die gebräuchlichen Konzentrationen sind: 1 : 7 bis 1 : 22. Die E. M. K. ist 1,1 Volt, sie nimmt mit steigender Konzentration des Zinksulfats ab. Der innere Widerstand beträgt bei den besseren Modellen ca. 0,5 Ohm. Von den Nachteilen ist der eine schon im Eingang erwähnt worden: Das Kupfersulfat dringt im Ruhezustande verhältnismäßig leicht zur Zinkelektrode, wo dann das Zink das Kupfer ausfällt. Das ausgefällte Kupfer schlägt sich auf der Zinkelektrode nieder, und die elektromotorische Kraft des Elementes wird entsprechend geschwächt. Deshalb muß das Element stets, event. über einen großen Widerstand geschlossen bleiben. Ein zweiter Nachteil besteht darin, daß sich das Kupfer leicht in den Poren des

Diaphragmas absetzt, vor allem wenn der Elektrolyt stärker mit
Zinksulfat gesättigt ist. Die Poren werden verstopft und schließlich der Zylinder zersprengt.

§ 15. Neuere Konstruktionen des Daniell-Elements.

Die Verbesserungen erstreckten sich nach drei Richtungen.
Zunächst wurde erstrebt, die Abnahme der Konzentration des
Kupfersulfats durch geeignete Zufügung von Kristallen zu verhindern, dann ersetzte man die Schwefelsäure durch eine verdünnte Salzlösung, wobei Zinksulfat oder Bittersalz (Magnesium-
sulfat) am meisten beliebt waren und zuletzt mußte der Tonzylinder noch beseitigt werden.

Die Zufügung von Kupfersulfat ermöglicht eine von Schoop
beschriebene Anordnung, wo sich
an dem Kupferblech ein Draht-
netz befindet, das zur Aufnahme
von festen Kristallen dient, die
sich nach und nach auflösen und
so die Lösung immer konzentriert
erhalten. Regnier ersetzte die
Schwefelsäure durch Natronlauge,
wobei die atmosphärische Luft
durch Aufgießen von Petroleum
abgesperrt werden muß, um die
Absorption von Kohlensäure zu

Fig. 3.

vermeiden. Indem er noch dem Kupfersulfat gutleitende Salze
zusetzte, erhielt er ein Daniell-Element von 1,35 Volt bei
0,075 Ohm innerem Widerstand.

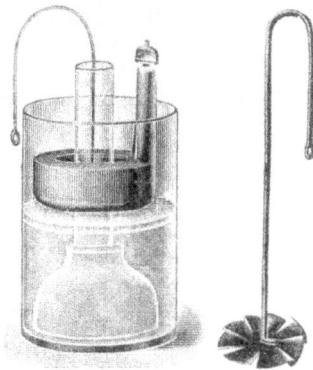

Der Ersatz der Säure durch einen neutralen Elektrolyten
wird auch in dem von Siemens & Halske gefertigten »Dia-
phragma-Element« (Fig. 3) bewirkt. Hier umgibt die Diaphragmamasse, die den Elektrolyten in einer gelatinösen Masse
gelöst enthält, den Tonzylinder, in dem sich die von Kupfersulfat
umgebene Kupferelektrode befindet. Die Zinkelektrode liegt als
starker Ring der Diaphragmamasse auf. Hierbei werden noch
weitere Vorteile erzielt: Das Element nähert sich sehr den jetzt
gebräuchlichen Trockenelementen, es ist gut transportabel. Weiter
aber verhindert die Diaphragmamasse das Durchdringen des Kupfersulfats zum Zinkpol, um so mehr als der obere Teil des Diaphragmas
aus einem Glaszylinder besteht. Die Firma baut es in zwei
Größen von 1,8 und 0,6 kg, worin an Kupfervitriol 0,25 bzw. 0,2 kg,
an Diaphragmamasse 0,25 bzw. 0,14 kg gebraucht werden.

§ 16. Das Meidinger-Element.

Die wichtigste Verbesserung des Daniell-Elementes geschah durch Meidinger (1859), der zuerst die Verwendung von Bittersalz an Stelle der Schwefelsäure vorschlug, dann aber auch an Stelle der Trennung der Flüssigkeiten durch ein Diaphragma diese einfach durch das verschiedene spezifische Gewicht der Flüssigkeiten bewirkte. Ein Glasgefäß ist ungefähr in halber Höhe mit einem Absatz versehen, auf dem der Zinkzylinder steht. In dem unteren engeren Teile des Gefäßes befindet sich ein besonderes Becherglas mit der Kupferelektrode, die als Zylinder, Spirale oder auch in Fächerform ausgestaltet ist. In dieses Becherglas werden Kristalle von Kupfersulfat gefüllt und durch Zugießen von etwas Wasser eine konzentrierte Lösung hergestellt, darüber wird vorsichtig Bittersalz-, Zinksulfat- oder auch Kochsalzlösung zugegossen. Das verschiedene spezifische Gewicht verhindert vollständig die Mischung, wenn das Element ruhig steht. Die chemischen Vorgänge gehen nach den Formeln:

$$Zn + MgSO_4 = ZnSO_4 + Mg$$
$$Mg + CuSO_4 = MgSO_4 + Cu$$

vor sich. Die Konzentration des Zinksulfats wird gewöhnlich zu 5% empfohlen. Nach den Versuchen von Chaudier[1]), der das Zinksulfat zwischen 20° und 5° für alle Konzentrationen untersucht hat, besteht die größte E.M.K. bei 0,5%-Lösung. Nebenbei bemerkt ist auch der Temperatureinfluß nahezu Null bei 0,5 und bei 7—8°₀. Für Bittersalz gibt Kollert die Lösung: 170 g auf 1 l Wasser an. Für das Meidinger-Element und seine sämtlichen Abarten gilt übrigens ebenfalls der Nachteil, daß allmählich die Kupfervitriollösung bis zur Zinkelektrode steigt und an dieser Kupfer absetzt. Jetzt wird das Meidinger-Element fast nur mit einem Trichter oder einer Glasröhre zum Nachfüllen von Kupfersulfatkristallen oder als Ballon-Element (Fig. 4) gebaut, so daß man mit dem Namen Meidinger auch gewöhnlich den Begriff des Ballonelementes verbindet. Die Konstruktion ist ebenso wie oben, nur daß ein großer Glasballon, der auf dem oberen Rande des Glasgefäßes aufliegen kann, vollständig mit Kupfervitriolkristallen ge-

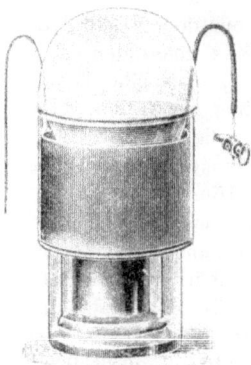

Fig. 4.

[1]) Chaudier, Comptes Rendues 1902, S. 277.

füllt wird und dann, durch einen mit enger Glasröhre durch-
bohrten Stopfen verschlossen, umgekehrt in das Gefäß gestellt
wird. Die verdünnte Lösung steigt dann in dem Ballon in die
Höhe und aus diesem fließt ständig die konzentrierte Lösung ab.
In dieser Form wird das Element für Ruhestrom bei Eisenbahn-
telegraphen verwendet. Seine E. M. K. ist 1,18 Volt, sein innerer
Widerstand wird für neue Elemente zu 5—6, für alte zu 6 bis
10 Ohm angegeben. (Zacharias). Auch die von Kollert untersuchten Elemente besaßen einen inneren Widerstand von 5
bis 10 Ohm. Die gewöhnlichen Typen von 170 mm Höhe und
einem oberen Durchmesser von 100 mm sind bei einer Spannung
von ca. 1 Volt für 0,1 — 0,15 Amp. zu benutzen. Für größere
Stromstärken hat man Elemente von ca. 220 mm Höhe. Diese
Elemente sind dann 2,0 bzw. 3,5 kg schwer inkl. 0,8 bzw. 1,75 kg
Kupfervitriol. Übrigens wird auch das Daniell-Element (d. h.
mit Tonzylinder) als Ballonelement gebaut.

§ 17. Callaud-, Krüger- und Kohlfürst-Element.

Weitere Abarten sind das Callaud-, das Krüger- und das
Kohlfürst-Element. Diese haben die Zusammensetzung Zn,
5% $ZnSO_4$, konz. $CuSO_4$, Cu und benutzen ebenfalls wie alle folgenden zur Trennung das Prinzip der Schwere. Bei dem Callaud-Element ist
die Zinkelektrode ein Zylinder, der am oberen
Rand des Gefäßes festgehalten wird, die Kupferelektrode ist eine Spirale, die mit Kupfervitriolkristallen bedeckt ist. Von Zeit zu Zeit müssen
neue Kristalle zugefügt und Zinksulfatlösung ab-
genommen, sowie Wasser zugegeben werden. Dies
Element wird bei französischen und österreichi-
schen Telegraphenverwaltungen benutzt. Innerer
Widerstand ist 5—6 Ohm, E. M. K. 0,98—1,02 Volt.

Das Element von Krüger (Fig. 5) ist ganz
analog. Es ist bei der deutschen Reichstele-

Fig. 5.

graphenverwaltung noch jetzt im Gebrauch. Es wurde 1866 als
Ersatz des zu komplizierten Meidingerschen Elementes eingeführt. Sein innerer Widerstand ist 3—3,5 Ohm, seine E. M. K.
0,99—1,0 Volt. Als Elektrolyt wurde zuerst Bittersalz, später (seit
1876) Zinksulfat verwendet. Die Kupferelektrode bestand ursprünglich aus einem Zylinder, der durch die ganze Flüssigkeit
hindurchging und im oberen Teile innen und außen mit Asphalt-

lack überzogen war, um die Berührung mit dem Zinksulfat zu
vermeiden. Später wurde ein auf den Boden gelegtes Kupferblech mit aufgebogenen Enden verwendet. Seit 1876 wurden
verbleite Eisenplatten mit angenietetem und mit Bleirohr über-
zogenem Draht benutzt, die sich nach kurzem Gebrauch mit ab-
geschiedenem Kupfer bedecken und dann vollständig wie Kupfer-
elektroden verhalten. Seit 1884 werden nur Bleiplatten angewendet. Um bei der Erneuerung leichter das angesetzte Kupfer
ablösen zu können, werden die Platten mit Fett bestrichen. Es
tritt dann zwar zuerst ein größerer innerer Widerstand [10 Ohm]
auf, der sich aber bald erniedrigt. Das Kupfer setzt sich zunächst
in Form von Stangen an, die später auch zusammenwachsen,
immer aber leicht ablösbar bleiben. Um das Heraufkriechen von
Zinkkristallen zu vermeiden, wurde der Glasrand mit Asphaltlack
oder Gummi überzogen; am besten erwies sich ein Anstrich von
Zinkweiß.

Das Element von Kohlfürst verwendet in gleicher Weise
Blei- oder Kohleelektroden. Innerer Widerstand wie bei Cal-
laud- und Krüger-Element. Es ist bei den böhmischen Eisen-
bahnen im Gebrauch.

Alle diese Elemente sind wegen der billigen Herstellung
und leichten Reinigung für Ruhestrom sehr beliebt.

§ 18. Das amerikanische Element und ähnliche.

In neuerer Zeit werden hier auch die englischen und
amerikanischen Typen mehr angewendet, die ebenfalls zu
den einfachsten Konstruktionen des Gravitationselementes gehören. Die älteste Type ist:

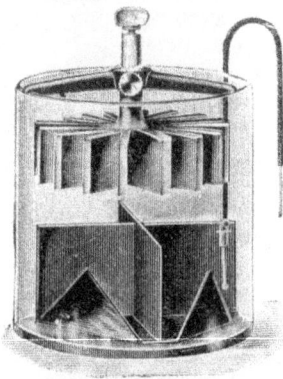

Die Gravity Cell, von Var-
ley 1854 angegeben. Die Elektroden
waren eine Bleiplatte mit Kupfersulfatkristallen überdeckt, die mit gepul-
vertem Ton gemischt sind, die Zinkelektrode ist ebenfalls eine Platte; der
Elektrolyt ist Zinksulfat.

Das Gravitations-Element,
das Carhart-Schoop beschreibt,
ist in der Konstruktion nahezu identisch mit dem sog. Amerikanischen Element (Fig. 6). Die positive Elektrode ist ein Kupferblech

Fig. 6.

mit aufgebogenen Ecken, die negative ein starker Stern von
Zink, der an einem eisernen Träger hängt, dessen Arme auf
dem Gefäßrand aufliegen. Zur Füllung gehören 2 kg Kupfervitriol. Als Elektrolyt wird eine schwache Zinkvitriollösung verwendet, oder nur Wasser aufgegossen.

Ähnlich sind das Lockwood- und das Crawfoot-Ele-
ment, das letztere so wegen der eigentümlichen Form seiner
negativen Elektrode benannt, bei der einzelne Balken fächer-
förmig, wie Zehen von einem am Rande des Gefäßes befindlichen
Zinkträger ausgehen. Bei dem Lockwood-Element liegen die
Kupfervitriolkristalle zwischen den Windungen einer Kupfer-
spirale, die als positive Elektrode dient.

Für die Anwendungsfähigkeit, das Ansetzen von Kupferschwamm an das Zink und den Schutz gegen Übersteigen der
Kristalle gilt ebenfalls das oben Gesagte. Gegen letzteres empfiehlt Zacharias noch das Ankleben eines Gummibandes an
das Gefäß mittels Lösung von Kautschuk in Benzin oder das
Paraffinieren des Randes. Bei sämtlichen Elementen müssen
Kupfervitriolkristalle von Zeit zu Zeit zugefügt, das konzentriert
gewordene Zinksulfat abgehoben und Wasser zugegossen werden.

Kapitel III.
Elemente mit vollkommener Depolari-sation.

§ 19. Elemente mit zwei Flüssigkeiten.

Die vollkommenste Depolarisation kann nur mit Hilfe von
Flüssigkeiten erreicht werden, weil nur dann eine hinreichend
große Schnelligkeit der Oxydation des erzeugten Wasserstoffs
stattfinden kann, wenn er sich gewissermaßen in Lösung in dem
oxydierenden Stoffe befindet.

Die stärkste oxydierende Flüssigkeit ist hier die konzentrierte Salpetersäure. Als eigentlicher Elektrolyt wird gewöhnlich
verdünnte Schwefelsäure verwendet. Um ein Mischen zu vermeiden, werden beide durch ein Tondiaphragma getrennt.

§ 20. Grove-Element.

Das älteste derartige Element ist das von Grove. Es
besteht aus Zink in verdünnter Schwefelsäure und als positive

Elektrode Platin in rauchender Salpetersäure, von der Schwefelsäure durch ein Tondiaphragma getrennt.   Die Vorgänge bei der Stromerzeugung sind darzustellen durch:

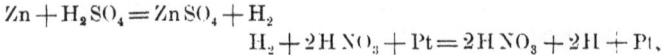

$$Zn + H_2SO_4 = ZnSO_4 + H_2$$
$$H_2 + 2HNO_3 + Pt = 2HNO_3 + 2H + Pt,$$

wobei die zweite Gleichung die Wanderung des Wasserstoffs zum Platin andeuten soll.   Derselbe würde nun an und für sich das Platin bedecken und teilweise von ihm absorbiert werden, wodurch eine gegenelektromotorische Kraft entstehen würde, die den Polarisationsstrom erzeugt.   Hiergegen wirkt nun die oxydierende Kraft der Salpetersäure, indem sie sich mit dem Wasserstoff im wesentlichen, wie folgt, umsetzt:

$$H_2 + 2HNO_3 = 2H_2O + 2NO_2.$$

In Wirklichkeit entstehen noch andere Oxydationsstufen wie NO und N_2O, deren Gesamtheit sich an der Luft als braunrote Dämpfe zeigen; bei beginnender Erschöpfung kann sogar Ammoniak (NH_3) entstehen.

Wie man sieht, sind die hier auftretenden Vorgänge prinzipiell verschieden von denjenigen im Daniell-Element.   Dort entsteht gar kein Endprodukt der Strombildungsvorgänge, das durch eine sekundäre Reaktion fortgeschafft werden müßte.

Die Konzentration der verwendeten Schwefelsäure wird zu 1:12 (Schoop), auch zu 1:4 bis 1:12 (Zacharias) angegeben; die Lösung 1:4 ist wohl zu konzentriert: für einen geringen inneren Widerstand, sowie die geringere Abnutzung des Zinks ist wohl höchstens die Lösung 1:12 zu benutzen.   Von Salpetersäure wird rauchende, spez. Gew. 1,33, genommen.   Sinkt dasselbe unter 1,26, so ist das Element nicht mehr verwendbar, die Salpetersäure kann also nur zu $1/_8$ ausgenutzt werden.   Die E.M.K. ist 1,7—2,0 Volt, der innere Widerstand für eine Zelle von 20 cm Höhe, 9 cm Durchmesser ca. 0,15 Ohm.   Die Nachteile der Tonzelle, die im Daniell-Element vorhanden sind, können hier natürlich nicht auftreten, da wir hier keine Metallsalze haben. An Stelle der Salpetersäure ist auch eine gesättigte Eisenchloridlösung mit einem Zusatz von 4% Salpetersäure vorgeschlagen, die E.M.K. ist dann ca. 1,5 Volt.   Doch hat das Element trotzdem keine größere Bedeutung, es wird nur in Laboratorien angewandt, trotzdem es einige Zeit ziemlich starke Stromentnahme gestattet.   Die Verwendung des Platins macht es zu teuer, auch wird dies im Gebrauch spröde und muß von Zeit zu Zeit am Rotglut erhitzt werden.

§ 21. Bunsen-Element.

Im Bunsen-Element (1842) wurde daher das Platin durch
Kohle ersetzt. Auch hier sind die Vorgänge die gleichen wie
beim Element von Grove. Als Konzentration der Schwefelsäure ist $5^0/_0$ zu nehmen (Zacharias 1 : 12), als Salpetersäure
rauchende Handelssalpetersäure (spez. Gew. 1,33). Die E. M. K. ist
1,8—1,9 Volt, der innere Widerstand gewöhnlich ca. 0,2 Ohm. Es
wird noch ziemlich viel in Laboratorien verwendet, da es während einiger Stunden 10 — 15 Amp. liefern kann, wenn es jetzt
auch dort meistens durch Akkumulatoren ersetzt wird, wo deren
Ladung leicht erfolgen kann. Im übrigen hat es naturgemäß
fast dieselben Vorzüge und Nachteile wie das Grove-Element,
die vorgeschlagenen Verbesserungen sind daher auch ebensogut
als solche des letzteren zu betrachten.

§ 22. Verbesserungen des Bunsen-Elements.

Die Verbesserungen des Bunsen-Elementes er-
strecken sich vornehmlich auf die Beseitigung der Dämpfe von
Untersalpetersäure. Nach Levison und Böttger[1] wird der
Verlust an Untersalpetersäure durch Zusatz von Natrium oder
Kaliumbichromat eingeschränkt. Zu dem gleichen Zwecke gibt
Dupré an, man solle zu 1 l Salpetersäure 75 g Kaliumbichromat
zusetzen oder die Depolarisationsflüssigkeit aus 510 g Natron-
salpeter, in 600 ccm Wasser gelöst, mit Zusetzung von 400 ccm
Schwefelsäure und 60 g Kaliumbichromat herstellen. D'Arsonval schlug vor, an Stelle der Schwefelsäure Salzsäure zu verwenden, wobei im Tonzylinder Königswasser entsteht, das einen
guten Depolarisator darstellt. Hierbei werden aber wieder Chlor-
dämpfe frei. Lahouse[2]) gibt zum Zink auf 1 l Wasser 35 g
konzentr. Salpetersäure und 35 g Quecksilberbisulfat, während er
zwischen Tonzylinder und Kohle Stückchen des gut leitenden
Retortengraphits, mit konzentr. Salpetersäure getränkt, hinzufügt.
Das Ganze soll noch gasdicht abgeschlossen sein. Die Retorten-
graphitstücke absorbieren noch stärker als der Kohlezylinder die
atmosphärische Luft, die gleichfalls oxydierend wirkt und wie
alle anderen Zusätze die schnelle und fortschreitendere Zersetzung der Salpetersäure bzw. der Untersalpetersäure verhindern
sollen. Sosnowski ersetzte die Schwefelsäure durch Kali- oder
Natronlauge, die Salpetersäure durch folgende Mischung: 1 Teil

---

[1]) Dinglers Polyt. Journ. 1872.
[2]) E. T. Z. 1889, S. 550.

25°/₀ Schwefelsäure, 1 Teil konz. Salzsäure, 1 Teil Salpetersäure 36° B. und 1 Teil Wasser. Er verwendet dabei 2,5 mal soviel Lauge als Säure.

Meylans vergleichende Messungen[1] der Sosnows-kischen Elemente mit einem Bunsen-Element haben gezeigt, daß die ersteren zwar eine um 0,4 − 0,5 Volt höhere E. M. K. be-sitzen, aber nur bei geringen Stromstärken und durch eine etwas bessere Zinkausnutzung überlegen sind. Die Versuche waren auch auf das Chromsäure-Element ausgedehnt, das erst später besprochen werden soll, der Übersicht halber seien die Ergeb-nisse aber mit an dieser Stelle mitgeteilt.

	E. M. K.		Stromstärke		Inn. Widerst.		Amp.-St.	Watt-St.	Zinkaus-nutzung
	n. ¼ St.	30 St	¼ St.	30 St.	¼ St.	30 St.	¼ St.	30 St.	
	Volt	Volt	Amp.	Amp.	Ω	Ω			
1. Sosnowski-El.									
m. Kalilauge	2,39	2,26	1,17	1,29	0,066	0,182	42	100	0,62
2. Sosnowski-El.									
m. Natronlg.	2,35	2,23	1,16	1,34	0,0625	0,102	60	98	0,82
3. Bunsen-Elem.	1,87	1,83	1,42	1,24	0,04	0,110	42	70	0,30
4. Chroms.-El.	2,0	1,86	1,43	1,28	0,19	0,24	40	75	0,59

Bei stärkerem Strom wurde gefunden:

	n. ¼ St.	6 St.	¼ St.	6 St.			
	Volt	Volt	Amp.	Amp.			
1.	2,31	2,26	6,20	5,60		91	0,85
2.	2,27	2,20	6,00	5,10		77	0,85
3.	1,85	1,75	7,25	7,16		84	0,78
4.	1,89	1,70	6,83	5,50		70	0,84

Die Ergebnisse sind sämtlich auf ein mittleres Element von ca. 2 l Fassungsvermögen und eine aktive Oberfläche des Zink von 7,5 qdm berechnet. Die Schwefelsäure des Bunsen-Ele-mentes hatte das spez. Gew. 1,085, die Salpetersäure 1.33.

§ 23. Oppermanns Batterie. Gesner-Element. Deckers Primärzelle. Zink-Eisenelement.

In Oppermanns Batterie ist an Stelle der Salpetersäure die Molybdän-Salpetersäure verwendet, die man durch Auflösen von molybdänsaurem Ammoniak in konz. Salpetersäure erhält. Diese raucht nicht, ebenso wie käufliche Salpetersäure, der 5°/₀ Molybdänsäure zugesetzt ist. Das Zink wird in Kochsalzlösung, für stärkere Ströme in Salmiaklösung gestellt. Der Tonzylinder wird mit einem Porzellandeckel zugedeckt, an dem eine Rinne so angebracht ist, daß in ihr zur Abdichtung Kaliumpermanganat

[1] E. T. Z. 1887, S. 233.

(Chamäleonlösung) eingegossen werden kann. Diese oxydiert
die entwickelten Dämpfe der Untersalpetersäure, indem sie dabei unter Entfärbung in Kaliumnitrit, Braunstein und freien
Sauerstoff zerfällt. 5 ccm $K Mn O_4$ reichen für 3—4 Stunden aus,
dann muß frische Lösung eingefüllt werden. Außerdem sind
am Boden jedes Gefäßes je zwei Öffnungen, die zum Entleeren
des Zinksulfats und Neufüllen mit der Kochsalzlösung während
des Gebrauchs dienen. Am besten geschieht das gleichmäßig
durch die ganze Batterie.

John Gesner (New York) verwendet ein Gemisch, das
durch Auflösung von Chromsäure in konz. Salpetersäure erhalten wird. Es soll keinerlei Gasentwickelung zeigen. Die positive Elektrode besteht aus Platinblech, das mit Platinmohr überzogen ist. Die Diaphragmazellen sind aus Retortengraphit. Das
Zink steht in verdünnter Salzsäure. Verwendet man an Stelle
von Zink Magnesium, so besitzt vielleicht dies Element die
größte Energiemenge.

Die Deckersche Primärzelle, gleichfalls ein amerika-
nisches Element, besteht aus Zinkplatten in verdünnter Schwefelsäure und Graphitplatten in Natriumbichromat mit Schwefelsäure. Je eine Zinkplatte befindet sich zusammen mit der
Schwefelsäure in einem flachen porösen Tongefäß. Diese Gefäße werden aus je zwei unglasierten irdenen Platten hergestellt,
die mit verdickten Rändern und Querrippen in Stahlformen jede
für sich geformt und darauf miteinander vereinigt werden. Die
Wände sind so dünn, daß sie durchscheinend sind, außerdem
wird zur Hervorbringung besonderer Porosität eine besondere
Tonmischung verwendet. Die Graphitplatten werden direkt an
die Zelle außen angestellt, so daß der innere Widerstand sehr
gering ist. Durch diese Anordnung wird das Absetzen der Chrom-
salze am Zink verhindert und auch das Angreifen der Elektroden
im Ruhestande sehr herabgemindert, also die Hauptnachteile der
eigentlichen Chromsäureelemente (s. u.) vermieden. Versuche
von Francis B. Crocker[1]) ergaben bei 1,9—1,3 Volt 14,7 Wattstunden pro 1 Pfd. englisch. Bei durchschnittlich 1,7 Volt gab
eine Zelle von 17 Pfd. engl. Gesamtgewicht 150 Amp.-Stunden,
das sind 250 Wattstunden oder $1/_3$ PS-Stunde. Für 1 PS wurde
dabei Zinksulfat und Natriumbichromat, wenn es nach einmali-
gem Gebrauch weggeworfen wurde, für ca. 35 Cents (ca. 1,45 M.)
verbraucht.

[1]) Transact. Amer. Electrochem. Soc. New Xork 8./9. Oktober 1906. —
Electrochem. and Metallurgical Industry 4, 411.

Im Zink-Eisenelement wird nach Hawkins die Kohle durch Eisen (nach Schoenbein Gußeisen) ersetzt. Die Elemente sind dann größtenteils so angefertigt, daß die Eisenelektrode zugleich das Gefäß bildet. Nach Schoop ist hierbei Stahlblech vorzuziehen. Die Möglichkeit, Eisen zu verwenden, beruht darauf, daß das Eisen bei der Berührung mit konz. Salpetersäure »passiv«, d. h. nicht angreifbar wird. Sowie aber die Salpetersäure eine gewisse Verdünnung erreicht hat, tritt sofort eine heftige Reaktion ein. Um dies zu vermeiden, soll man die Konzentration der Salpetersäure durch Zufügen von etwas konzentrierter Schwefelsäure aufrechterhalten.

Uelsmann schlägt die Verwendung von Siliciumeisen (12% Si) vor, das in Salpetersäure unlöslich sei. Aber auch so haben die Zink-Eisenelemente keine Verbreitung gefunden.

§ 24. Elemente mit Eisenalaun, Kaliumpermanganat, Chlorkalk.

An Stelle der Salpetersäure wird wie Eisenchlorid, so auch Eisenalaun vorgeschlagen (Sennet). Schon Koosen und später Dun haben auch das Kaliumpermanganat angegeben. Indem Koosen die Platinelektrode verwandte, erzielte er eine E. M. K. von 2—2,2 Volt. Kalium- und Natriumpermanganat sind die stärksten oxydierenden Salze; das letztere ist das leichter lösliche und dabei noch das billigere. Sie sind auch noch verwendet in dem Kalium (Natrium-) permanganatelement von Beetz. Dies erzielt eine E. M. K. von 3,27 Volt, durch die Kombination: Kohle — Braunsteinzylinder in Permanganat — Tonzelle — Kaliumamalgam in Kalilauge. Das Permanganat muß mit Salpetersäure angesäuert sein.

Nicht recht eigentlich gehört noch hierher:

Niaudets Chlorkalkelement. Hier steht die Zinkelektrode in einer Kochsalzlösung, darin befindet sich in einer Tonzelle die Kohle in Chlorkalklösung. Die Chlorkalklösung ist nämlich kein sehr guter Depolarisator, es tritt schon früh eine ziemlich starke Polarisation ein. Außerdem besitzt das Element auch noch einen beträchtlicheren inneren Widerstand, da die Chlorkalklösung keine gute Leitfähigkeit besitzt.

Das Element von Partz trennt die beiden Flüssigkeiten nach dem Prinzip der Gravitationselemente. Am Boden liegt eine Kohlenplatte, deren Oberfläche durch Anbringen von Löchern vergrößert worden ist. Als Depolarisator dient ein Sulfo-

chromat, ein kristallinischer Körper, der in einer Füllröhre nach-
gefüllt wird. Der Zinkzylinder oder Kegel ist von einem Tondiaphragma umgeben, das bis 5 cm vom Boden paraffiniert ist,
um ein Diffundieren des Depolarisators zum Zink zu verhüten.
Dies Diaphragma kann wegfallen, wenn die Zinkelektrode ebenfalls aus einer horizontal aufgehängten Platte besteht. Als
Elektrolyt wird Bittersalz oder Kochsalz verwendet. Carhart-
Schoop gibt folgende Messungen an: Bei Beginn betrug die
E. M. K. 2,08 Volt. Bei Schließung über 1 Ohm erhielt man
1,04 Amp., innerer Widerstand 0,82 Ohm. Nach einer Stunde war
die E. M. K. auf 1,85 Volt gesunken, sie stieg aber nach Unterbrechung in wenigen Minuten wieder über 2 Volt. Das Element
wird daher für dauernden Gebrauch, insbesondere die Ladung
von Akkumulatoren empfohlen.

§ 25. Elemente mit einer Flüssigkeit, die als Depolarisator wirkt.

Diese Elemente enthalten als Elektrolyten meist eine Mischung, indem der eigentlich als Elektrolyt dienenden Lösung
noch ein anderer Bestandteil zugesetzt werden muß, der die Oxydation des entstehenden Wasserstoffs bewirkt, oder auch einen
ungünstigen Zerfall der Flüssigkeit bei dieser Oxydation verhindern muß. Da die Depolarisationsflüssigkeit hier nicht ausschließlich die positive Elektrode umgibt, muß ein äußerst kräf-
tiger Depolarisator angewandt werden. Als solcher wird Kalium-
oder Natriumbichromat oder Chromsäure selbst verwendet. Doch
tritt die oxydierende Wirkung erst in Gegenwart von konzen-
trierteren Säuren auf. Infolgedessen wird die Zinkelektrode auch
im Ruhezustande stark angegriffen. Die Elemente sind daher
als Tauchelemente konstruiert, bei denen die Elektroden nur
für den Gebrauch in den Elektrolyten eingesenkt werden. Derartige Elemente waren früher mehr im Gebrauch, weshalb man
die Tauchvorrichtung zur gleichzeitigen Anwendung auf ganze
Batterien ausbaute. Jetzt werden die Elemente wohl fast nur
noch für ärztliche Zwecke verwendet, wo keine bequemeren
Stromquellen vorhanden sind.

§ 26. Chromsäureelement.

Im Chromsäure- (Bunsen-) Element (Fig. 7) wird zu
ziemlich konzentrierter Schwefelsäure Kaliumbichromat hinzu-
gefügt. Als Elektroden dienen eine Zinkplatte, der zwei Kohlen-

platten gegenüberstehen. Die chemischen Vorgänge sind dabei die folgenden:

I. $3\,Zn + 7\,H_2\,SO_4 = 3\,Zn\,SO_4 + 4\,H_2\,SO_4 + 3\,H_2$

II. $4\,H_2\,SO_4 + 3\,H_2 + K_2\,Cr_2\,O_7 = Cr_2\,(SO_4)_3, K_2\,SO_4 + 7\,H_2\,O.$

Es entsteht also unter der Einwirkung des naszierenden Wasserstoffs aus Kaliumbichromat und Schwefelsäure der Kalichromalaun, der sich als harte kompakte Masse am Boden absetzt. Zur Mischung des Elektrolyten werden folgende Verhältnisse angegeben:

		Wasser	Konz. Schwefelsäure	Kalium-bichromat
nach Bunsen	Gewichtsteile	1840	302	153
» Trouvé	,	1000	450	150
» Weinhold	»	800	250	250

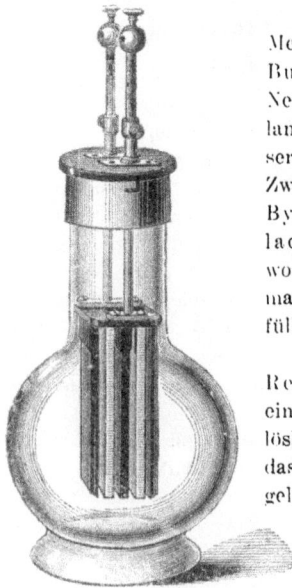

Fig. 7.

Die E. M. K. ist ca. 2 Volt. Die Messungen von Meylan siehe bei Bunsen-Element. Bei beginnender Neutralisation soll man die Elektroden langsam auf und ab bewegen, um bessere Mischung zu erzielen. Zum gleichen Zwecke ist auch eine Luftrührung von Byrne vorgeschlagen worden. Pollack hat eine Anordnung angegeben, wobei der verbrauchte Elektrolyt automatisch abgezogen und neuer zugefüllt wird.

Natriumbichromat ist von Reynier[1]) an Stelle des Kaliumsalzes eingeführt worden, da es viel leichter löslich ist (nahezu unbegrenzt, während das Kaliumsalz nur zu 100 g pro Liter gelöst werden kann), außerdem enthält es, auf die Gewichtseinheit bezogen, ca. 11 % mehr Sauerstoff. Schließlich kristallisiert der Natriumchromalaun auch nicht aus.

Walter[2]), der später diesen Vorschlag wieder aufnahm, gibt folgende Mischung an: 150 Gew. Teile $Na_2\,Cr_2\,O_7$, 250 Teile $H_2\,SO_4$, 250—350 Teile Wasser. Nach

---

[1]) E. T. Z. 1885, S. 54.

[2]) E. T. Z. 1894, S. 11.

Henry Blumenberg jr., D. R. P. 108448, ist 1 Teil Natriumbichromat und 1 Teil Natriumbisulfat auf 3,5 Teile Wasser zu
nehmen.

Wenn man Chromsäureanhydrid (CrO_3) verwendet, entsteht als Endprodukt Chromisulfat. Man soll nach Schoop
dann den Elektrolyten aus 100 Gew.-Teilen CrO_3 und 294 Teilen
konz. Schwefelsäure oder 313 Teilen englischer technischer Schwefelsäure (spez. Gew. 1,88) zusammensetzen. Hammerl[1]) empfiehlt 65 CrO_3 + 300 H_2SO_4 konz. + 1200 Teile Wasser zu nehmen.

In allen diesen Fällen entsteht auf dem Zink ein grüner
Niederschlag von Chromoxyd. Um diesen zu vermeiden, schlug
schon D'Arsonval vor, an Stelle der Schwefelsäure die Salzsäure zu verwenden, und zwar zu einer im kalten gesättigten
Lösung des Bichromats ein gleiches Volumen Salzsäure hinzuzufügen. Steinmetz[2]) will zwar noch Schwefelsäure hinzufügen,
aber nur so viel, als zum Freimachen der Chromsäure nötig ist.
Auch das Renardsche Element beruht auf der Anwendung der
Chlorchromsäure, die man durch Auflösung von 100 g kristal-
lisierter Chromsäure in 200 ccm Salzsäure herstellen soll. Die
Elektroden sind ein Zinkstab und ein platiniertes Silberblech,
die sich, von einem Ebonitring gehalten, in einer Ebonitröhre
befinden. Das Element hat eine sehr lange und schmale Form,
die für die Abkühlung sehr geeignet ist, die bei längerem Gebrauch bei Entnahme größerer Ströme nötig wird

Im wesentlichen sind, wie schon ausgeführt, diese Chrom-
säurebatterien nur für ärztliche Zwecke im Gebrauch, wo es darauf ankommt, in kurzer Zeit stärkere Ströme bequem zur Hand
zu haben, die wirtschaftliche Ausnutzung der Stromquelle aber
in den Hintergrund tritt.

Die Regenerierung der Chromatflüssigkeit ist daher nicht von Bedeutung, wenn sie auch mehrfach, so z. B.
H. J. Dercum, Philadelphia (D. R. P. 150522) patentiert ist.
Dies Verfahren ist elektrolytisch; man gewinnt nacheinander die
gelösten Metalle und die wieder oxydierte Chromatflüssigkeit
zurück.

§ 27. Weitere Elemente dieser Art.

Hierher gehören noch einige Elemente, die etwas abweichend
konstruiert sind. Zunächst das Zink — Kohle — Unterchlorige
Säureelement von Henri Piqueur (D. R. P. 150911). In diesem

[1]) E. T. Z. 1895, S. 469.
[2]) E. T. Z. 1891, S. 261.

bildet die Kohleelektrode ein Diaphragma, durch das die unterchlorige Säure H ClO in das Element dringt. An der Innenseite
oxydiert es den polarisierenden Wasserstoff, wird dabei selbst
zu Salzsäure umgewandelt und dient so als Elektrolyt.

Ferner die Fitch-Chlorine-Battery, die an Stelle der
Chromsäure zuerst Quecksilberchlorid verwendete. Wegen der
Giftigkeit desselben (Sublimat) wurde später Kalium- oder Na-
triumchlorat angewendet, die ebenfalls leicht Sauerstoff abgeben.
Jetzt wird eine Mischung der beiden Chlorate mit Salmiak im
Verhältnis 1 : 3 angewendet. Sie werden in zwei Typen angefertigt, deren größere 580 g der Salzmischung bedarf, während
die kleinere 145 g braucht. Der innere Widerstand der letzteren
betrug nach Angabe von Carhart-Schoop 0,35 Ohm. Über die
Leistungsfähigkeit dieser Elemente wird dabei noch angegeben,
daß drei von ihnen über einen Widerstand von 75 — 80 Ohm
während 2375 Stunden in einer Telephonleitung geschlossen
waren, wonach sie noch unveränderlich für den Telephonbetrieb
tätig sein konnten. Das Ansetzen von Zinkkristallen kann leicht
durch Zusatz von 30 g Salzsäure beseitigt werden; man darf diese
aber erst zufügen, wenn bereits eine Abscheidung auf den Elektroden erfolgt ist, auch soll man auf keinen Fall mehr zusetzen,
als zur Lösung der Salze nötig ist, um das Eintreten von Lokalaktion zu vermeiden.

§ 28. Upwards Chlorgaselement.

Upwards Chlorgaselement (Fig. 8) ist auch in gewissem
Sinne hierzuzurechnen, da das zur Depolarisation eingeleitete
Chlorgas gleichzeitig in wässeriger Lösung als Elektrolyt dient.
Das Element ist folgendermaßen aufgebaut: In einer Tonzelle
steht eine Zinkplatte; die Tonzelle wird mit Wasser gefüllt. Als
positive Elektrode umgibt diese ein Kohlezylinder, der Zwischenraum zwischen diesem und der Zelle ist mit gestoßener Retorten-
kohle angefüllt, die durch das Wasser angefeuchtet wird. Das
Ganze steht in einem Glas- oder Steingutgefäß, das oben fest
verschlossen ist. Durch das Element wird nun in langsamem
Strome Chlorgas durchgeleitet. Dies wird vom Wasser zu Chlor-
wasser aufgenommen und es bildet sich direkt Zinkchlorid,
andererseits wird entstehender Wasserstoff durch das Chlor zu
Salzsäure gebunden, die dann wieder auf das Zink einwirken
kann. Die entstehende Chlor-Zinklösung wird unten abgezapft.
Das Chlorgas geht dabei am besten durch mehrere Elemente

hintereinander; deshalb wird gewöhnlich eine größere Batterie
aufgestellt. Auch um das Entweichen von Chlor zu verhindern,
muß die Anlage stationär eingerichtet sein und am vorteilhaftesten
ist dann auch eine entspre-
chende Chlorbereitungsan-
lage mit eingebaut, in der
das Chlorgas durch die Einwirkung von Salzsäure auf Braunstein
erhalten wird. Auch für den Fall,
daß man flüssiges Chlor in Bomben
verwenden kann, ist der Abzug der
Gase entsprechend anzulegen. Die
Kosten einer solchen Anlage sind daher ziemlich groß und nur für Zwecke
zu empfehlen, wo man größeren Elek-
trizitätsbedarf und kein Elektrizitäts-
werk in der Nähe hat. In diesem
Falle ist es am besten, mit der Batterie Akkumulatoren zu laden. Im
kleinen ist auch der Betrieb mit Chlor-
wasser möglich. Die E. M. K. ist
2,1 Volt, der innere Widerstand einer

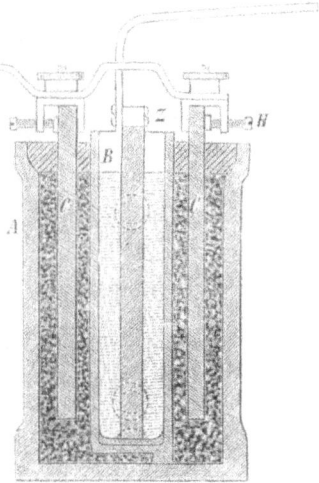

Fig. 8.

Zelle von 300 mm Höhe, 230 mm Durchmesser ca. 0,2 Ohm
Bei Anwendung angesäuerten Wassers ist der Widerstand etwas
geringer.

§ 29. Elemente mit festem, vollkommen wirkendem Depolarisator.

Diese Gruppe hängt schon sehr mit der folgenden zusammen,
die die inkonstanten Elemente enthält, die mit unvollkommener
Depolarisation arbeiten. Diese unvollkommene Depolarisation
beruht nämlich meistens darauf, daß feste Substanzen zu Depolarisatoren gewählt worden sind. Da gelöste Stoffe in ganz anderer Weise zusammengesetzt sind (viel lockereres Gefüge) als
feste, so ist ohne weiteres klar, daß ein fester Stoff mit dem
entstehenden Wasserstoff nicht so schnell reagieren kann, wie
ein in Lösung befindlicher. Immerhin besitzen das Chlorsilber
und das Kupferoxyd sowie das Bleioxyd noch hinreichende Re-
aktionsfähigkeit, daß man die auf ihrer Anwendung beruhende
Depolarisation noch als vollkommen bezeichnen kann, insbesondere, da, worauf wohl zuerst Dolezalek hingewiesen hat,

für die Wirksamkeit des Depolarisators noch sehr wichtig seine
Leitfähigkeit ist. Es kommt dies daher, das unter diesen Umständen das in den Poren der Masse entstehende Potentialgefälle nie groß werden, demnach im Inneren des Elementes
kein größerer Spannungsunterschied bestehen kann.

Für die Elemente mit Quecksilbersulfat und -Oxyd treffen
allerdings diese Voraussetzungen nicht ganz zu, doch sollen diese
der Einfachheit wegen in diesem Abschnitte noch mit behandelt
werden.

§ 30. Chlorsilberelement.

Chlorsilberelement (Fig. 9). Die Verwendung von Chlorsilber ist von Marié Davy vorgeschlagen worden. Es wird ge-
schmolzen und auf die
positive Silberelektrode
gegossen. Bei der ein-
fachsten Form wird die
Elektrode dann in Per-
gamentpapier gehüllt und
zusammen mit der Zink-
elektrode in ein enges
Gläschen gesteckt, worin
sie durch einen Paraffin-
pfropfen festgehalten werden. Der Elektrolyt ist
Kochsalzlösung, die E. M.
K. dann 0,97 Volt. Die
gute depolarisierende Wir-

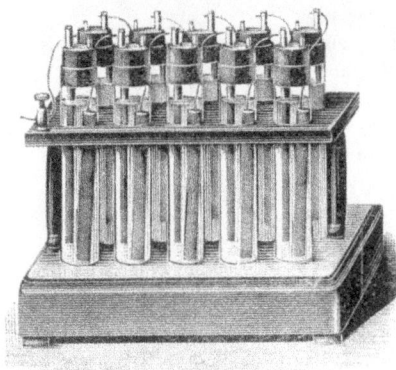

Fig. 9.

kung des Chlorsilbers beruht wahrscheinlich darauf, daß es etwas
im Elektrolyten löslich ist. Eine Verwendung findet das Element auch fast nur noch für ärztliche oder Messungszwecke.

In der Modifikation von Gaiffe ist als Elektrolyt eine
5 proz. Lösung von Zinkchlorid gewählt; die E. M. K. wird dann
zu 1,01 Volt.

Warren de la Rue nahm Salmiaklösung 23 : 1000. Eine
konzentriertere Lösung löst das Chlorsilber auf. Die E. M. K.
ist dann 1,03 Volt. Im Ruhezustand überzieht sich das Zink
leicht mit einer Schicht von Zinkoxychlorid von hohem Widerstand. Scrivanoff erzielte durch Anwendung von Kali- und
Natronlauge ein E. M. K. von 1,64 Volt. Die chemischen Vorgänge sind dann ungefähr so zu erklären:

$$Zn + 2 K OH = K_2 O_2 Zn + 2 H$$
$$2 H + 2 Ag Cl = 2 H Cl + 2 Ag$$
$$K_2 O_2 Zn + 2 H Cl = 2 K O H + Zn Cl_2.$$

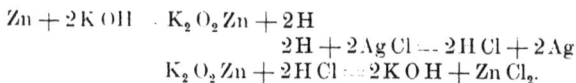

Bei Verwendung von Zinksulfat wird die E. M. K. zu 1,16 Volt, es wird ebenfalls Chlorzink gebildet und die Menge des Sulfats bleibt ungeändert.

§ 31. Elemente mit Quecksilbersalzen.

Das Element mit Quecksilbersulfat wird gewöhnlich nach Marié Davy benannt. Es besteht aus Zink, verdünnter Schwefelsäure (1 : 12) und Kohle, die mit zu einem Brei angerührtem Quecksilberoxydulsulfat bedeckt ist. Es wird hier am besten eine liegende Anordnung gewählt. Man könnte statt der Schwefelsäure auch Wasser nehmen, dann entsteht aber ein schwer lösliches basisches Sulfat. Die E. M. K. ist ca. 1,4 Volt, die Depolarisation ziemlich gut infolge der, wenn auch geringen, Löslichkeit des Salzes und der Verwendung in der Form eines Breies. Das Element findet Verwendung für Ärzte und Feldtelegraphen.

Das Element von Albrecht Heil (Fig. 10) von der Firma Umbreit & Matthes, Leipzig, mit nahezu konstanter Entladespannung (D. R. P. 152 659) verwendet als Depolarisator Quecksilberoxyd mit Graphit gemischt; die Masse ist von einer Hülle umgeben. Die positive Elektrode kann aus Eisen, Nickel, Kobalt oder einem ähnlichen indifferenten

Fig. 10.

Metall bestehen, die negative aus Zink oder fein verteiltem Kadmium. Der Elektrolyt ist eine wässerige Lösung von Natriumsulfat oder Ätznatron von 25 Bé. Die gute Mischung der Depolarisationsmasse bewirkt zugleich eine gute Leitung und verhindert auch die vollkommene Reduktion des Quecksilberoxyds zu metallischem Quecksilber und damit ein Zusammensinken der Masse. Das Element hält, wie die meisten dieser Gattung, vorzüglich seine Spannung. Seine E. M. K. in offenem Zustande ist 1,32 Volt, die Betriebsspannung ist etwas geringer, aber nie unter 1,2 Volt. Die angefertigten Typen sind folgende:

Type	Kapazität Amp.-Std.	Stromstärke		Gewicht exkl. Füllmasse
		norm.	max.	
I	7,5	0,25	0,5	370 g
II	15	0,5	1	500 g
III	30	1	2	700 g

Die Elemente sind also nur in kleineren Typen ausführbar.
Es liegt dies an der Art der Depolarisationsmasse. Auch ist es
ungünstig, daß nach Verbrauch derselben keine einfache Regeneration möglich ist.

§ 32. Das Bleisuperoxyd-Zinkelement.

Das Bleisuperoxyd-Zinkelement wurde 1871 schon
von De la Rive, 1881 von Oster, 1889 von Donati[1], 1893 von
Laurent Cely[2]) vorgeschlagen. In dem von letzterem angegebenen Elemente wurde das Bleisuperoxyd auf einer Bleiplatte
befestigt, und die Platte im Element durch Asbestzwischenlagen
von der Zinkplatte getrennt. In Schwefelsäure ist dann bei geringem inneren Widerstand die E. M. K. ca. 2,45 Volt. Der
chemische Prozeß ist:

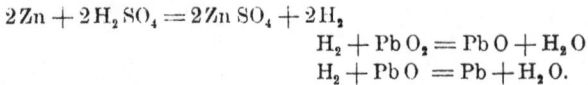

$$2\,Zn + 2\,H_2\,SO_4 = 2\,Zn\,SO_4 + 2\,H_2$$
$$H_2 + Pb\,O_2 = Pb\,O + H_2\,O$$
$$H_2 + Pb\,O = Pb + H_2\,O.$$

Später wurde auch noch ein Formierungsverfahren wie für Akkumulatorplatten vorgeschlagen. Die so erhaltenen Lithanod-
platten konnten dann ebenso regeneriert werden, doch hat sich
dies nicht eingeführt.

Auch Beetz hatte schon früher eine derartige Konstruktion
angegeben: Zink — $H_2\,SO_4$ — PbO_2, die eine E. M. K. von
2,4 Volt besaß, nach einer halben Stunde Kurzschluß noch
1,4 Volt zeigte und schon nach 5 Minuten Erholung wieder auf
2,16 Volt anstieg.

In neuerer Zeit ist ein ähnliches Element, die Harrison-
zelle[3]) konstruiert worden. Sie hat als positive Elektrode einen
runden Hartbleistab von 10 cm Länge und 3 cm Dicke der mit
einem besonders präparierten Bleisuperoxyd von einer Maschine
umpreßt ist. Die Zinkelektrode ist in Form eines Napfes angefertigt, in dessen Innerem der Zuleitungsdraht befestigt ist.
Der Napf ist vollständig mit festem Zinkamalgam ausgegossen.
Der Elektrolyt besteht aus verdünnter Schwefelsäure 1 : 6. Beim
Aufgießen des Elektrolyten wird etwas Quecksilber frei, das sich
dann über die ganze Oberfläche des Zinks verbreitet. Der innere

---

[1]) E. T. Z. 1889, S. 547.
[2]) E. T. Z. 1893, S. 230.
[3]) Jahrbuch der Naturwissenschaften 1899/1900. Elektrotechn. Echo 1899,
S. 377.

Widerstand des Elementes ist 0,15 Ohm, die E. M. K. 2,4 bis 2,5 Volt.

Bei Carhart-Schoop wird auch ein Zink-Kohleelement mit einer Depolarisationsmasse von Bleisuperoxyd angeführt. Das letztere gewinnt man dadurch, daß man zu einem Gemisch von Mennige ($Pb_2 O_8$) und Kaliumpermanganat so viel Salzsäure hinzufügt, daß eine breiförmige Paste entsteht. Diese wird um die Kohle herumgegossen und erstarrt bald. Der Elektrolyt ist Kochsalzlösung mit Natriumbichromatzusatz. Dieser Zusatz soll etwa vorhan denes lösliches Chlorblei in das unlösliche Chromat überführen. Der innere Widerstand dieser Zelle ist hoch.

§ 33. Das Kupferoxyd-Element von Lalande und Chaperon.

Die Verwendung des Kupferoxyds stammt von Lalande und Chaperon her. Es ist mit dem Chlorsilber das beste, feste Depolarisationsmittel und hat dabei auch noch eine Leitfähigkeit, die der metallischen sehr nahe steht. Schließlich ist aber noch die verhältnismäßige Billigkeit des Materials von Bedeutung, so daß die meisten neueren Versuche zur Konstruktion eines gut wirkenden konstanten Elements auf dem Ausbau des Kupferoxydelementes beruhen. Wegen seiner guten Leitfähigkeit ist das Kupferoxyd meistenteils (wie auch das Bleisuperoxyd) selbst Elektrodenmaterial, und nicht nur Depolarisationsmasse, das es allerdings zuerst nur darstellte.

Das Kupferoxydelement von Lalande und Chaperon wurde zunächst in hauptsächlich zwei Typen hergestellt. Bei der kleineren befindet sich in einem Glasgefäß ein Becher von Eisenblech mit einem angelöteten Kupferdraht. Der Becher ist mit Kupferoxyd gefüllt. Darüber hängt eine Zinkspirale, deren Zuleitungsstück mit Kautschukschlauch überzogen ist, um ein Zerfressen desselben besonders an der Oberfläche zu verhindern. Der Elektrolyt ist 30—40% Ätzkali oder Ätznatron; um zu verhindern, daß er an der Oberfläche Kohlensäure aus der atmosphärischen Luft aufnimmt, ist oben eine Schicht Mineralöl aufgegossen. Der Vorgang bei der Stromerzeugung stellt sich demnach durch die Formeln:

$$Zn + 2 KOH = K_2 O_2 Zn + H_2$$
$$H_2 + CuO = H_2 O + Cu$$

dar. Das Element ist in dieser Form bereits gut konstruiert. Es hat zwar nur 0,7—0,9 Volt Spannung, aber auch nahezu gar keine

Lokalaktion im Ruhezustand. Die Regeneration des Depolarisators ist sehr einfach, da er nur aus geglühten Kupferspänen besteht. Ungünstig ist nur an und für sich, daß die leitende Verbindung zwischen dem Kupferoxyd ev. dem reduzierten Kupfer

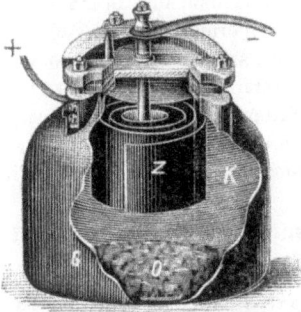

und dem Eisen nicht immer gut ist, und daß die unbedeckten Eisenteile immer noch an der Stromerzeugung beteiligt sind, wobei natürlich Gasentwickelung und entsprechende Polarisation nicht zu verhindern ist. Noch ungünstiger wird dies bei dem Modell für größere Stromstärken (Fig. 11). Dieses besteht aus einer Eisenbombe, die zugleich als Elektrode und Gefäß dient. Auf den Boden ist Kupferoxyd aufgeschüttet. Oben ist die Bombe durch einen Ebonitdeckel gasdicht verschlossen, in dem sich ein Auslaßventil für die erzeugten Gase befindet. An dem Deckel ist die sternförmige Zinkelektrode befestigt. Diese Type hat zwar eine sehr große Kapazität auf die Gewichtseinheit bezogen, sie zeigt aber die erwähnten Nachteile in hohem Maße, da hier weit über die Hälfte der Eisenelektrode nicht mit Kupferoxyd bedeckt ist.

Viel günstiger ist die liegende Type (Fig. 12). Hier ist die positive Elektrode ein sehr niedriges Eisengefäß von recht-

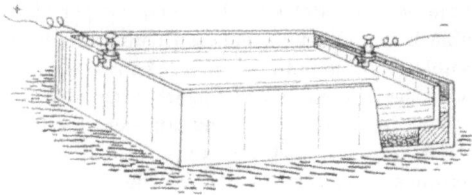

Fig. 11.

Fig. 12.

eckiger Grundfläche. Der ganze Boden ist mit Kupferoxyd bedeckt und nur die verhältnismäßig kleinen Seitenwände sind frei. An den Wänden befinden sich Leisten von Porzellan, auf denen die Zinkelektrode liegt. Der innere Widerstand ist hier sehr gering, er beträgt nicht mehr als 0,05 Ohm.

Typen mit Kupferelektrode wurden später eingeführt. Im Jahrbuch der Naturwissenschaften 1898/99 werden zwei verschiedene Größen beschrieben (Fig. 13). Die positive Elektrode besteht hier aus einem oder mehreren Kupferzylindern, die durchlöchert und mit agglomeriertem Kupferoxyd gefüllt sind. Die negative Elektrode ist ein Zinkzylinder oder ein Teil eines solchen.

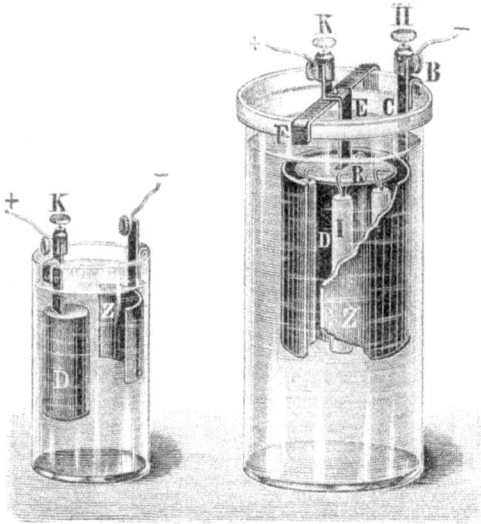

Fig. 13. (Aus «La Nature».)

Es wird hierbei noch angegeben, daß man auch die Bildung von Zinkoxyd (ZnO) annehmen könne, das sich in der Kalilauge löst. Es werden folgende Angaben gemacht:

	Höhe	Durchm.	Amp.-St.	Volt norm.	Stromst.	max.
kleinere Type	200 mm	115 mm	75	0,8	1 Amp.	2—3 Amp.
größere »	370 »	180 »	60	0,8	5—6 »	15—20 »

In den bisherigen Typen wird das Kupferoxyd auch teilweise mit Braunstein gemischt.

§ 34. Typen mit Kupferoxyd-Elektrodenplatten. Edison-Lalande-Element.

Typen mit Kupferoxydelektrode. Die gute metallische Leitung des Kupferoxyds läßt eine bessere Ausnutzung der Depolarisationswirkung zu, wenn man die positiven Elektrodenplatten aus Kupferoxyd selbst herstellt. Nach Gérard[1]) stellte Lalande solche Platten durch Mischung von 8% Ton mit Kupferoxyd her, die parallel zu den Zinkplatten in 35% Kalilauge gestellt werden.

Element Edison-Lalande. Elemente der Edison Manufacturing Company[2]) sind die neuesten Formen dieses Elementes. Die positive Elektrode besteht aus schwarzem Kupferoxyd, das durch Rösten von Kupferspänen im Wasserdampf und Luft erhalten wird. Dies wird zu Platten gepreßt, die von Kupferrahmen fest umschlossen, zwischen je zwei Zinkplatten in 25% Kalilauge gestellt werden. Die Elemente sind günstig für starke Stromentnahme, zu Beleuchtungszwecken und zum Laden von Akkumulatoren. Sie sind vor dem Gebrauch erst einige Zeit (10—15 Minuten) kurz zu schließen, um auf der Kupferoxydplatte metallisches Kupfer zu erzielen. Es werden Elemente mit 1 bis 3 Kupferoxydplatten geliefert. Ein Element von 280 mm Höhe und 135 mm Durchmesser besitzt eine nutzbare E. M. K. von 0,7 Volt, einen inneren Widerstand von 0,03 Ohm und eine Kapazität von ca. 300 Amperestunden; die maximale Stromstärke ist ungefähr 14 Ampere. Die Beschreibung der neuesten Typen gibt an: Das Gefäß ist ein Porzellangefäß, in dem sich Zinkplatten und Platten von schwarzem Kupferoxyd in geringem Abstande voneinander gut befestigt befinden. Es werden Typen für 100, 150 und 300 Amperestunden geliefert, von denen das letztere zwei Zinkplatten hat. Der innere Widerstand ist bei Platten von 150×200 mm kleiner als 0,5 Ohm.

Das Delef-Element (Fig. 14), der Delef-Gesellschaft m. b. H., Deutsche Edison-Lalande-Elementbau-Fabrik, Berlin, ist im wesentlichen mit dem obigen identisch. Zur positiven Elektrode wird das lose pulverförmige sdawarze Kupferoxyd zu festen glasharten aber feinporösen Platten gepreßt. Es zeichnet sich wie dieses durch seinen geringen Materialverbrauch aus, der fast dem theoretischen gleichkommt. Bei einer Type von 60 Ampere-Stdn. Kapazität (s. Fig.) beträgt der Verbrauch pro Amperestunde $1\frac{1}{3}$ g Zink und $1\frac{2}{3}$ g Ätznatron. Die Leistungen des Elementes sind aus den Kurven zu entnehmen. Außer der bis jetzt gebräuchlichen Größe wird neuerdings noch eine besonders große Type für 1000 Amperestunden gebaut, die bei einer Größe von $230 \times 230 \times 330$ mm mit 5 Platten ausgerüstet ist.

[1]) Eric Gérard, Leçons sur l'Électricité I, S. 470. 1904.

[2]) Electrical Review s. Elektrot. Zeitschr. 1900, S. 205. Jahrbuch der Naturw. 1900/01.

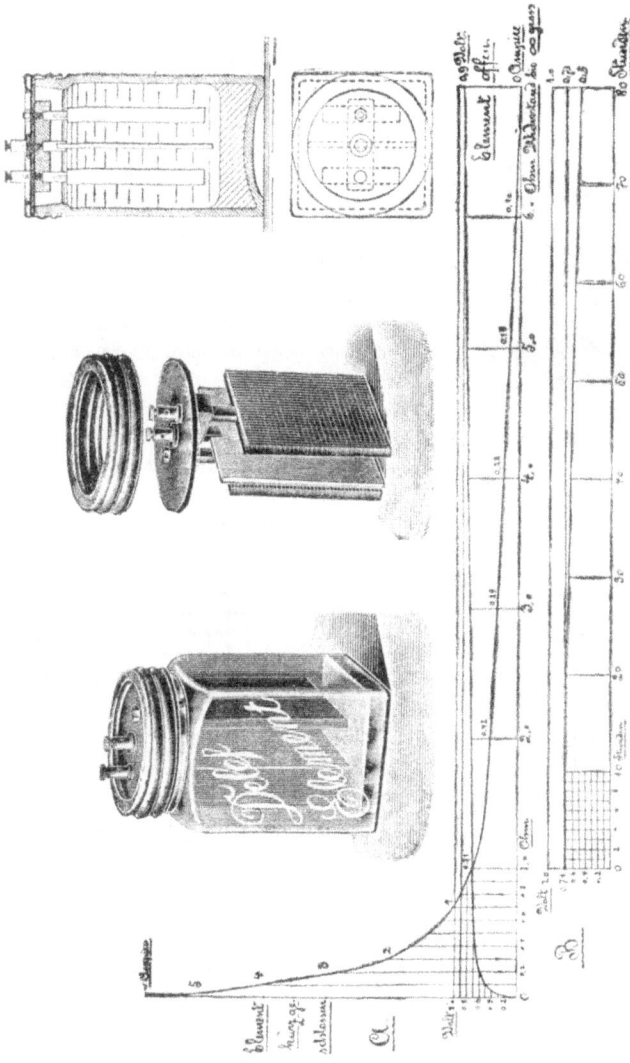

Fig. 14.

§ 35. Das Cupron-Element.

Das Cupron-Element (Fig. 15) ist eine Modifikation des
vorstehenden Elements, die seit längerer Zeit von der Firma
Umbreit & Matthes in Leipzig hergestellt werden. Als posi-

tive Platten wurden zuerst Kupferplatten genommen, die nach
dem Verfahren von Böttcher[1] mit einer festhaftenden Schicht

von Kupferoxyd bedeckt wurden; hierdurch sollte eine leichtere Regeneration ermöglicht werden. Jetzt werden
Kupfernetze mit Kupferoxyd umpreßt,
das unter Beimengung von 5—10%
Chlormagnesium gepreßt und geglüht
worden ist.

Der Elektrolyt ist Ätzkali oder
Ätznatron von 20—22 Bé, indessen soll
ein Zusatz von unterschwefligsaurem
Natron sehr günstig sein. Die E. M. K.
ist zunächst 1—1,1 Volt, sinkt nach
erfolgter Sättigung mit Zinkoxydhydrat dann aber schnell auf
die normale von 0,85 Volt; die Betriebsspannung ist 0,75 bis
0,80 Volt. Der Zinkverbrauch ist fast genau dem theoretischen
Werte entsprechend 1,20 — 1,25 g pro Amperestunde. Die Ent-
ladungskurven Fig. 16 u. 17 zeigen eine große Konstanz, erst

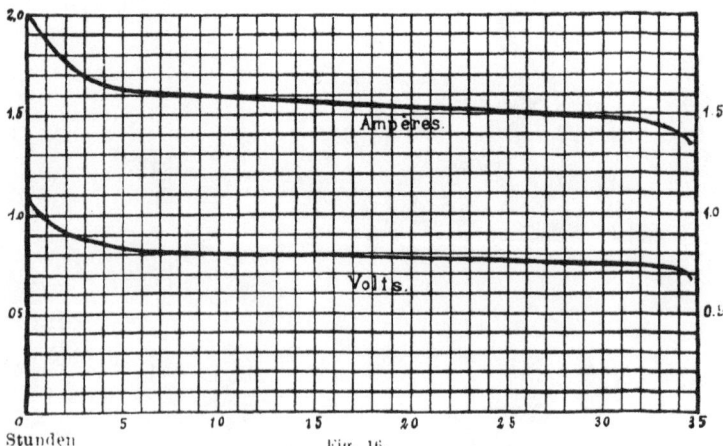

Fig. 16.

gegen Ende, wenn sämtliches Kupferoxyd verbraucht ist, tritt
ein stärkerer Abfall ein. Insbesondere bei der Entladung mit
schwachem Strom ist die Konstanz von 0,15 Ampere über 400 Stunden hervorzuheben.

[1] E. T. Z. 1892, S. 205.

Die Regeneration der Platten wird durch Lagern an einem warmen Ort in 15—20 Stunden hergestellt, jedoch kann man sie auch in 40—50 Minuten durch Erhitzen auf 140—150° C bewirken. Es werden folgende Typen angefertigt:

Type	Gew.	Dimensionen	Zahl der Platt.	Elektrolyt Na OH od. KOH		Strom		Inn. Widst.	Kapazität A.-Std.
						norm.	max.		
I	1,5 kg	120×55×150 mm	1	0,2 kg	0,3 kg	1 Amp.	2	0,06 Ohm	40— 50
II	3,1	190×85×280 »	1	0,4	0,6	2 »	4	0,03	80--100
III	5,25 »	200×130×280	2	0,8	1,1	4 »	8	0,015 »	160—200
IV	9	250×140×370 »	2	1,5 »	2,0	8	16	0,0075	350—400

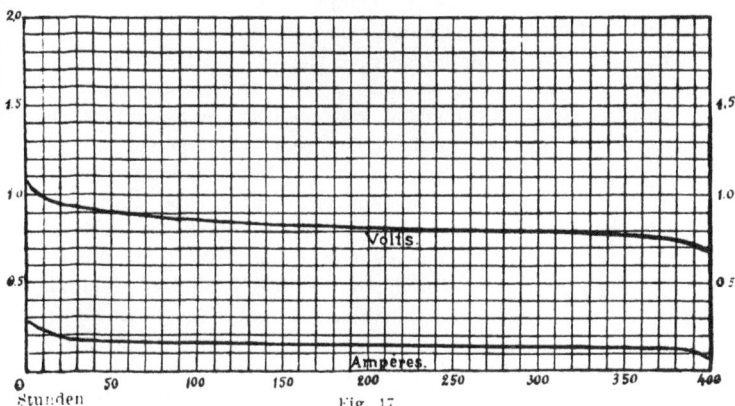

Fig. 17.

§ 36. Das Hertel-Element.

Das Element von C. W. Hertel, Berlin, wird von Zacharias als ein sehr praktisch verändertes Lalande-Element bezeichnet, während es der Erfinder als »Kohle-Zinkelement mit zahlreichen Kupferableitungen« bezeichnet. Die komplizierte Konstruktion erzielt indessen keine bedeutenderen Erfolge und erschwert nur die Herstellung. Die positive Elektrode wird durch Kupferbänder, die um einen Kohlezylinder befestigt sind und dem umschließenden Eisengefäß anliegen, dargestellt. Dieser Zylinder dient nur zum Zusammenhalten des Depolarisators, der aus Kokskörnern, Braunstein und Kupferoxyd gemischt ist; er wirkt dabei wahrscheinlich ebenfalls als Sauerstoffüberträger noch mit. Der Elektrolyt ist 1 kg Ätzkali auf $1\frac{1}{2}$ l Wasser, die negative Elektrode ein Zinkzylinder. Die E. M. K. ist 1,2—1,35 Volt, der innere Widerstand 0,15—0,40 Ohm, die Kapazität 600 bis 300 Amperestunden. Die größte Type, die eine Höhe von 300 mm,

einen Durchmesser von 160 mm hat und mit Eisengefäß 7 kg
wiegt, hält einen Strom von 0,5 Amp. bis zu 24 Stunden, 1 Amp.
bis zu 3 Stunden; sie liefert 10—12 Amp. bei Kurzschluß. Wie
bei allen diesen Typen ist auch hier der Abschluß gegen die
atmosphärische Luft durch Aufgießen von Mineralöl zu bewirken.

§ 37. Das Wedekind-Element.

Das Element von A. Wedekind, Hamburg, ist eines
der besten dieser Zink-Kupferoxyd-Alkalilauge-Elemente. Zunächst ist die Art der Massefesthaltung besonders glücklich. Nach
D. R. P. 161454 wird als Kupferoxydträger das Elementgefäß selbst
verwendet, das zu diesem Zwecke aus starkem Gußeisen angefertigt ist, das außen emailliert oder lackiert ist. An den
beiden größeren Seiten ist es ausgebaucht
und in der für Bleiakkumulatoren bekannten Art mit Nuten oder Zapfen von
etwa 4 mm Dicke und einigen Millimetern
Höhe versehen, in welche die wirksame
Masse eingestrichen wird (Fig. 18 und 19).
Hierdurch wird die Kupferoxydelektrode
sehr haltbar; um aber noch einen besonders guten Kontakt zu erzielen, werden vor dem Einbringen der Masse die
Kästen im Inneren galvanisch verkupfert,

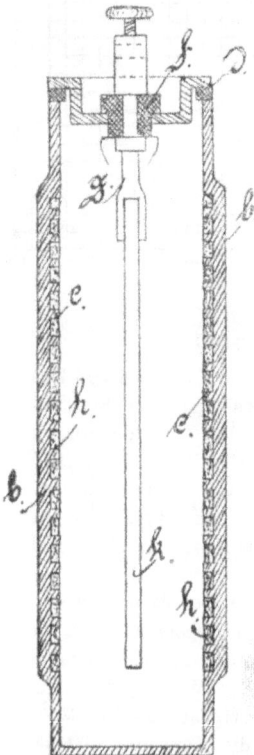

Fig. 18.

Fig. 19.

wodurch zugleich auch der Nachteil der unbedeckten Eisenflächen
und etwaige Undichtheiten im Guß beseitigt werden. Die Herstellung der Masse selbst erfolgt (nach D. R. P. 163125) nur aus
Kupferoxyd, das mit keinem anderen Zusatz als ev. von Kupferspänen mit Kupferchlorid zu einem Brei angerührt und nach
dem Eintragen durch Erwärmen auf 100° gehärtet wird. Die
derartig hergestellte Masse ist steinhart, während sie im entladenen Zustande einen zähen, filzigen, porösen Kupferschwamm
von gutem Zusammenhang bildet. Diese Elektroden sind gegen
hohe Beanspruchung, sogar Kurzschlußentladung, sowie gegen
mechanische Beschädigungen fast vollständig widerstandsfähig.
Die Zinkelektroden, etwa 5 mm starke Platten aus gut amal-
gamiertem Zink, sind mit einem verzinnten Messingvierkant-
stück in eine Hartgummibüchse eingepaßt, die in der Mitte des
eisernen Deckels eingesetzt ist. Der Deckel selbst wird durch
zwei Kurbelschrauben fest an den mit Gummidichtung versehenen Rand des Gefäßes gezogen, von denen die eine als positive Ableitung dient (Fig. 20).

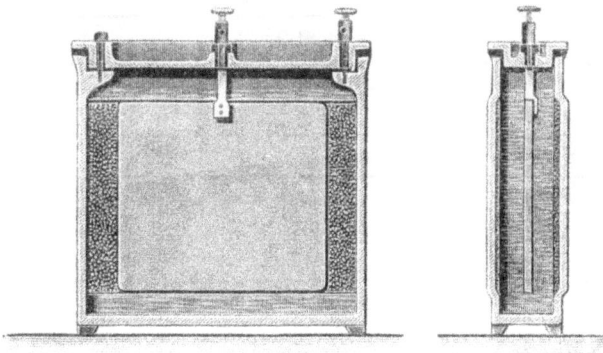

Fig. 20.

Das Element hat auch die übrigen Vorteile solcher Elemente, so vor allem den geringen Zink- und Laugenverbrauch,
ferner die leichte Regenerierung durch Wärme, die in einem
einfachen Heizofen in wenigen Stunden erfolgt. Es besitzt dabei aber noch eine außerordentlich große Kapazität. Bis jetzt
wurden drei Größen: Ia, Iab und IVab angefertigt, welche die
auf S. 44 bezeichneten Kapazitäten besitzen.

Type	Größe	Gewicht		Kapazität
		ohne	mit	
		Füllung		
	mm	kg	kg	
I a	85 × 100 × 190	2,86	4,1	100 Amp.-Std. f. 1 Amp.
				75 » » 1,5 »
I a b	55 × 205 × 190	4	5,4	150 » » 1 »
				100 » » 2,5 »
IV a b	120 × 290 × 498	33	50	1000 » » 10 »
				760 » » 40 »

Eine vierte jetzt gebaute Type

II a b besitzt 300 Amperestunden für 2 Amp.

200   »   » 5

Beobachtungen an der Physikalisch-Technischen Reichsanstalt.

Nummer des Versuchs	Entlade- stromstärke in Ampere	Abgegebene		Dichte d. Lauge nach der Entladung	Zeitverlust mg		Bemerkungen
		Ampere- stunden	Watt- stunden		beob- achtet	berech- net	
				Element Nr. 1.			
f	1	148[1]	87[1]	1,39	ca. 184	181	[1] nur bis 0,54 Volt
h	2	127	72	1,37	197	155	
				Element Nr. 2.			
a	2	113	66	1,30	140	138	
c	2	124	70	1,34	171	151	
i	1	165	88	1,39	207	201	
				Element Nr. 3.			
b	2	113	68	1,33	174	138	
d	2	140	78	1,34	176	171	
h	8	ca. 15	—	1,25	33	18	
l	2	127	72	1,33	163	155	
				Element Nr. 4.			
e	8	33,7[1] / 38,0[2]	16,6[1] / 18,5[2]	— / 1,25	— / 43(?)	— / 46	[1] berechn. b. 0,15 V. [2] » 0,10 »
g	2	115	65	1,35	137(?)	140	

Eine der Kurven ist beigefügt (Fig. 21).

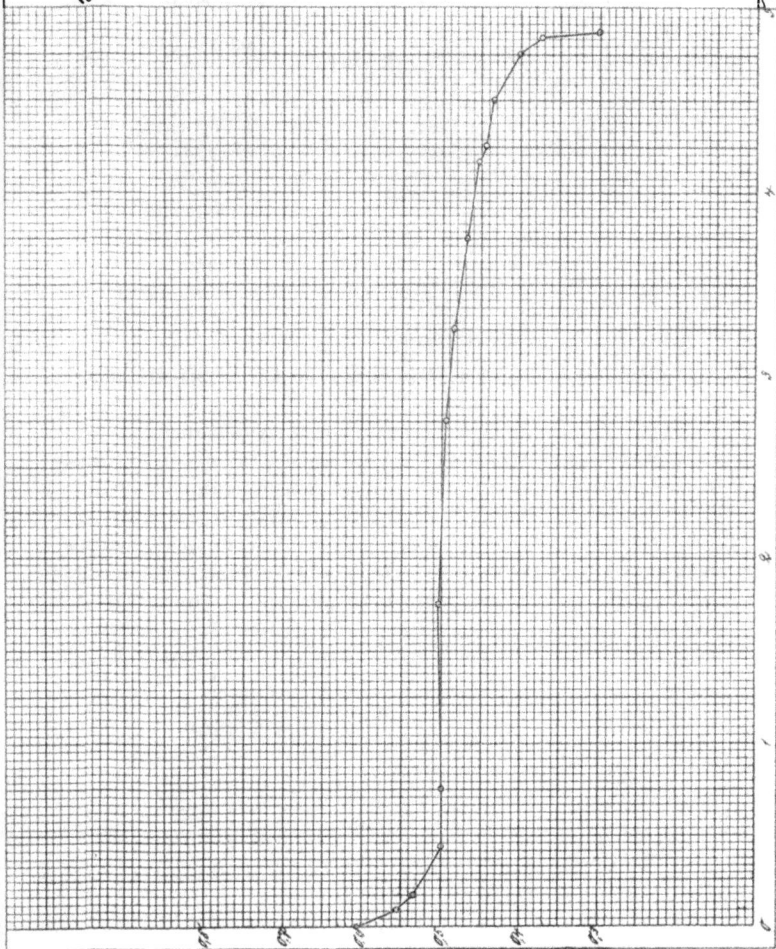

Fig. 2

Prüfungen des Physikalischen Staatslaboratoriums in Hamburg.

a) Type I a b.   Zwei Elemente (mit I und II bezeichnet.)

Entladung über 0,2 Ohm.

	Spannung (Volt)			Dauer des Versuchs (Tage)	Innerer Widerstand (Ohm)		Kapazität (Amp.-Std.)
	bei Einlieferung (offen)	am Schluß	mittlere		zu Anfang	Schluß	
Element I	1,10	0,41	0,7	36	0,02	0,04	173
Element II	1,08	0,38	0,66	42			201

b) Type IV a b.   Zwei Elemente (mit III und IV bezeichnet).

	Spannung (Volt)			Kapazität	
	offen	z. Beginn der Entladung	am Ende		
1. Entladung . . .	1,15	0,56	0,43	760	bei **40** Ampere
Regenerierung					
2. Entladung . . .	1,196	0,572	0,41	687	bei **41** Ampere

Der Zinkverbrauch war 1,28 g pro Amperestunde

Der innere Widerstand lag zwischen 0,01 und 0,001 Ohm, eine meßbare Änderung war nicht zu konstatieren.

Schließlich seien noch zwei in dem Telegraphen-Versuchsamt aufgenommene Kurven (Fig. 22 u. 23) gegeben, deren eine den Verlauf in Volt und Ampere bei dauerndem Strom darstellt, während die andere den Vergleich mit einem Trockenelement zeigt, wobei beide Elemente viertelstündlich über 5 Ohm ge-

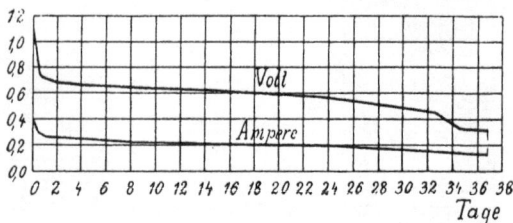

Fig. 22.

schlossen worden sind. Die letztere zeigt bereits nach wenigen Tagen eine bedeutende Überlegenheit des Wedekind-Elementes.

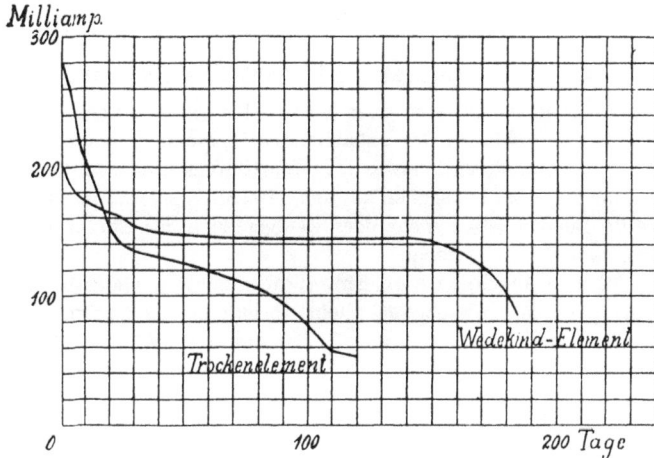

Fig. 23.

Die gute Regenerierbarkeit wird durch eine Reihe von 109 Entladungen von drei Elementen der Type I a b demonstriert. (Nach Angaben des Fabrikanten):

Entladung Nr.	Element 17,₁					Element 25₁					Element G₂				
	Ampere Max.	Mitt.	Volt Mittel	Amp.-Std.	Watt-Std.	Ampere Max.	Mitt.	Volt Mittel	Amp.-Std.	Watt Std.	Ampere Max.	Mitt.	Volt Mitt.	Amp.-Std.	Watt Std.
1	2,5	2,26	0,54	144,64	78,11	2,5	2,26	0,555	144,64	80,28	2,5	2,26	0,495	144,61	71,60
21	6,7?	5,96	0,477	59,6	28,43	7,25	5,95	0,476	59,5	28,32	6,75	5,92	0,474	59,2	28,06
41	2,78	2,3	0,53	96,6	51,2	3,35	2,4	0,55	100,8	55,44	3,22	2,4	0,55	114	62,7
61	3,1?	2,2	0,55	103,4	56,87	2,88	2,08	0,52	86,32	44,89	3,56	2,2	0,55	91,3	50,21
81	3,6?	2,52	0,63	178,9	112,7	2,88	2,24	0,56	105,28	58,96	2,84	2,24	0,56	105,28	58,96
109	2,7?	2,28	0,57	118,3	61,73	2,8	2,28	0,57	108,3	61,73	2,88	2,16	0,54	102,6	55,4

Kapitel IV.

Elemente mit unvollkommener Depolarisation.

§ 38. Smee-Element. Ebners Modifikation.

Die Polarisation wird hier deshalb langsamer aufgehoben, weil die zur Oxydation des entstehenden Wasserstoffs benutzten Mittel, namentlich nach etwas längerem Stromschluß keine momentane Einwirkung ausüben können. Bei allen kommt übrigens für die Depolarisation mehr oder weniger auch der Einfluß des Luftsauerstoffs in Betracht.

In dem Element von Smee, dem ältesten brauchbaren Element, ist es der Sauerstoff allein, verbunden mit der zur Abtrennung der Wasserstoffblasen besonders geeignet gemachten Oberfläche der positiven Elektrode, der eine Depolarisation bewirkt. Diese Elektrode besteht aus einer mit Platinschwarz überzogenen Platin- oder Silberplatte, die einerseits, weil sie rauh gemacht ist, das Festhaften größerer Gasblasen verhindert, andererseits aber auch eine leichtere Oxydation des Wasserstoffs durch aufgenommenen Luftsauerstoff bewirkt. Die negativen Elektroden sind Zinkplatten, der Elektrolyt verdünnte Schwefelsäure. In dem Element sind mehrere positive bzw. negative Platten vorhanden, um den inneren Widerstand herabzusetzen.

Ebners Modifikation verwendet an Stelle

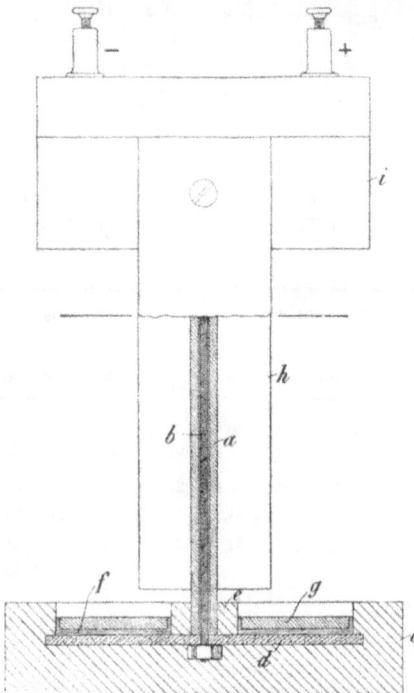

a Isolation. b Ableitung. c, e Isoliermasse.
d Kohlenplatte. f Quecksilber. g Zinkstücke.
Fig. 24.

der Zinkplatten Quecksilber, auf das Zinkabfälle geworfen sind,
darüber hängt eine einzige positive Platte aus Blei mit Platinschwarz überzogen. — Eine neue Ableitungseletrode des Quecksilbers für dieses Element ist im D. R. P. 162 668 geschützt
(Fig. 24.) Es ist dies eine den Boden darstellende Kohleplatte,
die durch einen Aufguß von schmelzbarer Isoliermasse mit Ausnahme des inneren Bodens gegen Berührung mit dem Elektrolyten geschützt ist. Die Ableitung geschieht durch eine mit ihr
verschraubte Stange. Der Vorteil der Elektrode ist, daß nur
eine geringe Menge Quecksilbers nötig ist.

§ 39. Elemente mit Rührvorrichtung.

Andere Konstruktionen verwandten, um den Luftsauerstoff
direkt zu benutzen, rotierende Scheiben als positive Elektroden,
die sich nur zur Hälfte im Elektrolyten befanden. Ähnlich sind
die Elemente, die durch die bloße Bewegung des Elektrolyten
ein Ablösen der Gasblasen bewirken wollen.

Amerikanische Elemente dieser Art sind in neuerer
Zeit auf den Namen der Firma Edmund W. Suse, Hamburg,
mehrfach patentiert worden (D. R. P. 156 827, 159 166, 160 645),
doch haben sie meines Wissens in Europa wenigstens keine
Verbreitung gefunden, insbesondere, da sie augenscheinlich größere mechanische Kräfte erfordern, und nur für große Elemente
rentabel sein dürften. In der teilweise angegebenen Verwendung
für Automobile dürften sie doch besser durch andere Elemente
ersetzt werden. Die einzelnen Formen sind folgende: 1. Fest-
stehende Elektroden, kreisende Bürsten in geschlossenem Gefäß,
die tragende Welle hängt in Lagern, die am Deckel hängen, kein
Teil ragt über den Gefäßdeckel hinaus. 2. Konzentrische radial
durchlochte Elektroden, die in entgegengesetzten Richtungen in
Umdrehung versetzt werden, um bei geringer Drehgeschwindigkeit
eine starke Bewegung des Elektrolyten hervorzurufen. Antrieb
von zwei Motoren mittels Zahnrades. 3. Die Stromableitung geschieht durch einen aus Kohle bestehenden Kontakthebel, der
unter dem Flüssigkeitsspiegel von der ganz untergetauchten Kohleelektrode ableitet. Man erhält so eine bessere Ausnutzung der
Elektrode zugleich mit einer einfachere Dichtung. Doch haben
alle diese Konstruktionen wenig oder gar keine praktische Bedeutung gehabt.

§ 40. Fontaine-Algier-Element.

Wesentlich scheint neben der katalytischen Wirkung des
Platinschwarzes (Erleichterung der chemischen Verbindung von
Wasserstoff mit Luftsauerstoff) auch eine möglichst große wirksame Oberfläche zu sein. Hierauf beruht augenscheinlich ein
neueres Element ohne Depolarisator:

Das Fontaine-Algier-Element[1] (Fig. 25), ein Zink-Eisenelement mit einer Sodalösung von 26° Baumé als Elektrolyt.

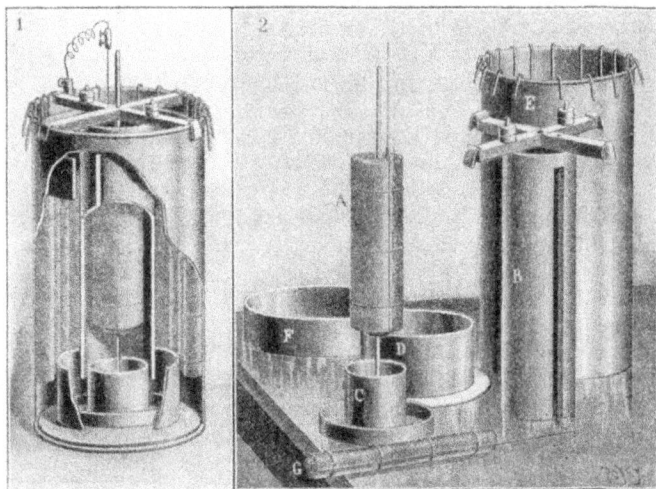

Fig. 25.

Hier ist die Depolarisation durch die Übertragung von Luftsauerstoff mit Hilfe einer sehr großen wirksamen Oberfläche der Eisenelektrode bewirkt, wobei wohl das im Ruhezustande gebildete
Eisenhydrat etwas mitwirkt. Die Eisenelektrode besteht zunächst
aus dem Gefäß von verzinntem Eisenblech (Höhe 260, Durchmesser 140 mm), an diesem hängen 16 Spindeln, die aus feinem
Eisendrahtgitter aufgerollt sind und am unteren Ende durch einen
Eisenring festgehalten werden, der am Boden des Gefäßes befestigt ist. In gleicher Weise wird die zylindrische Zinkelektrode durch einen isolierten Ring unten festgehalten, während
sie oben an einem isolierten Träger befestigt ist. In der Mitte

---

[1] Jahrbuch der Naturwissenschaften 1899/1900. La Nature 1899.

des Zinkzylinders befindet sich dann noch eine weitere bedeutend größere Spindel aus Eisendrahtgeflecht, die mit der äußeren Elektrode ebenfalls leitend verbunden ist. Das Element hat .l. c.) bei kurzem Stromschluß (12 Stunden lang) einen völlig konstanten Strom von 2,5 Ampere gegeben.

§ 41. Leclanché-Element.

Die Haupttype des Elementes mit unvollkommener Depolarisation ist aber das Leclanché-Element. Es ist das ein Element, wie es für einen häufig unterbrochenen Gebrauch, der nie von langer Dauer ist, geradezu geschaffen ist. Die Elemente, bei denen man dauernd ungefähr konstanten Strom braucht, werden jetzt immer mehr von den Akkumulatoren ersetzt. Im unterbrochenen Betrieb ist aber natürlich das Element am brauchbarsten, das einen solchen geradezu erfordert. Infolgedessen beruhen alle neueren Elemente, wie sie insbesondere für den Telephonbetrieb und Klingelanlagen verwendet werden, auf dem Leclanché-Prinzip.

Das 1868 von Leclanché angegebene Element war ein Zink-Kohleelement in Salmiaklösung. Dabei stand die Kohle in einem Tonzylinder, der Zwischenraum zwischen beiden war durch ein Pulvergemisch von Braunstein (MnO_2) und Kohle angefüllt, das die Depolarisation bewirkt. Der chemische Vorgang ist zunächst einfach:

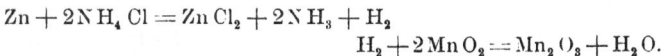

$$Zn + 2 NH_4 Cl = Zn Cl_2 + 2 NH_3 + H_2$$
$$H_2 + 2 MnO_2 = Mn_2 O_3 + H_2 O.$$

Er wird aber durch mehrere sekundäre Vorgänge verändert. Zunächst bildeten sich, wenn das Element längere Zeit in Betrieb ist, unlösliche Doppelsalze des Zinks von der Form $[(NH_4)_2 Cl_2,$ $Zn Cl_2]$ — nach F. M. Jaeger[1]) sind sie indessen von der Form: $Zn Cl_2 \cdot 2 NH_3$, was durch direkte Auflösung von Zink in konzentrierterem Salmiak bestätigt wurde —, ferner Oxychlorür von Zink, insbesondere wenn eine Übersättigung mit $Zn Cl_2$ stattgefunden hat.

Die Anwendung des Tonzylinders war indessen für den Gebrauch zu unbequem, man ging daher zunächst dazu über, einfach in das Gefäß Kohle- und Zinkplatten einzuhängen und nur den Boden mit Braunsteinkörnern zu bedecken. Später stellte man Braunsteinplatten her, die mit Gummibändern an der Kohleelektrode befestigt wurden. Ein weiterer Fortschritt wurde dann

---

[1]) Chemische Berichte **35**, 3405.

durch Herstellung von Elektrodenplatten und Zylindern gemacht,
die aus einem Gemisch von Kohle und Braunsteinpulver bestehen.   Es hat dies den Vorteil, daß man infolge der Vereinigung von Depolarisator mit Elektrode ein sehr einfaches Element hat, das insbesondere für kleinere Installationen geeignet
ist, da die einzelnen Teile leicht einzeln bezogen und das Ganze
sehr leicht zusammenzustellen ist, so daß keine Komplikationen
(Kurzschluß im Element durch den Depolarisator etc.) entstehen
können.   In diesen einfachsten Konstruktionen ist allerdings
größtenteils ein ziemlich großer Elektrodenabstand, daher ein
großer innerer Widerstand, somit kleine Stromstärke, vorhanden.
Doch ist gerade durch diese Form auch die Möglichkeit gegeben,
die Elektroden nahe aneinander zu bringen, wenn sie nur durch
geeignete Vorkehrungen vor der direkten Berührung geschützt
sind.   Auch können mehrere Platten in einem Element angebracht werden, wodurch sich der innere Widerstand sehr verringert.   In der neuesten Zeit ist man indessen wieder zu der
Benutzung eines besonderen Depolarisators übergegangen, der
die Kohleelektrode umgibt und in geeigneter Weise an dieser
festgehalten wird, da so eine bessere Depolarisation bewirkt wird.

§ 42.   Positive Elektrode im Leclanché-Element.

Die positive Elektrode im Leclanché-Element ist also
eine Kohle- oder Kohle-Braunstein-Elektrode.   Sie soll möglichst
fest und doch porös, dabei aber stets gut leitend sein; nach Messungen von Zacharias darf ihr Widerstand nicht erheblich den
Betrag von 0,2 Ohm überschreiten, außerdem muß sie sehr rein,
vor allem von Eisen und Arsen sein. Um schließlich ein Hinaufkriechen des Elektrolyten und das Auskristallisieren zu vermeiden, wird die Kohle am oberen Ende ein Stück gut paraffiniert.
Zur Herstellung der Kohleelektroden benutzt man gute Gaskohle, für die der Braunsteinplatten oder Zylinder wird folgendes
Verfahren empfohlen: Man mische 40 Gewichtsteile Braunstein,
52 Teile Kohle, 5 Teile eines Bindemittels (Schellack, Gummilack)
und 3% Natrium- oder Kaliumbisulfat. Dies wird in Formen
gepreßt und (nach Zacharias) dann 14 Tage mäßig geglüht,
worauf man noch länger abkühlen läßt.   Bei Carhart-Schoop
wird die wohl zweckmäßigere Anleitung gegeben, daß man nur
hydraulisch pressen und nur auf 100° C erhitzen solle.   Wenn
so hinreichend feste Platten erzielt werden können, so ist diese
letztere Herstellung entschieden vorzuziehen, denn durch das

Glühen wird ein größerer Teil des Braunsteins teilweise reduziert und die Depolarisation, die sowie so nicht sehr rasch eintritt, da der Braunstein nur langsam seinen Sauerstoff abgibt, dadurch noch weiter herabgedrückt. In der Tat hat Obach[1]) gezeigt, daß in diesen Elementen der depolarisierende Sauerstoff nur zur Hälfte aus dem Braunstein entstammt, die andere Hälfte ist eingeschlossener oder absorbierter Luftsauerstoff, der natürlich ziemlich langsam erst eindringt. Die Unzweckmäßigkeit dieses Herstellungsverfahrens wird auch in einem Aufsatze des Telegrapheninspektors Tuch[2]) angeführt. Danach erfolgte die Herstellung der zum großen Teile noch jetzt im Gebrauch der Reichspost befindlichen Braunsteinelektroden auf folgende Weise: Ein Gemenge von Gaskohle, Teer und Braunstein wurde gepreßt und dann, um die nichtleitenden Bestandteile des Teers herauszudestillieren, 12—14 Stunden auf 1000 und mehr Grad (!) erhitzt. Hierbei verwandelt sich das Mangansuperoxyd, Braunstein, in Manganoxyduloxyd und Manganoxydul, die beide keinen Sauerstoff mehr abgeben. Die quantitative Analyse eines derartigen frisch hergestellten Zylinders ergab: 66% Kohlenstoff, 20% Manganoxydul, 0,34% Manganoxyduloxyd, der Rest Silikate, Gips etc. Ein gebrauchter Zylinder ergab sogar 73% Kohlenstoff, 15% Manganoxydul, 1,25% Manganoxyduloxyd. Bei einer derartigen Konstruktion ist die Verwendung des Braunsteins vollkommen überflüssig, und es ist nicht zu verwundern, daß die Beobachtungen an solchen Elementen eine sehr schlechte Depolarisation zeigen.

Deshalb verwendet man jetzt mit Depolarisatoren umpreßte Kohleelektroden. Die Depolarisationsmasse wird dabei, ebenfalls unter Erwärmung, hydraulisch um die Elektrode herumgepreßt und durch einen Stoffbeutel auch für den Fall von Abbröckelung zusammengehalten. Als Depolarisationsmasse wird zumeist ein Braunstein-Kohlegemisch wie das oben angeführte verwendet. Nach Zacharias soll man 70—75% eines guten Braunsteins von mindestens 96% Reingehalt ohne Eisen mit 30—25% guten Graphits (Ceylon-Silbergraphit) zusammenmischen und mit Wasser oder dem Elektrolyten anrühren. Schoop empfiehlt ebenfalls Graphit (Retortengraphit) an Stelle von Kohle zu verwenden, um die Leitfähigkeit zu erhöhen. Harder[3]) gibt folgende Mischung an: Graphit 20 Teile, Braunstein 65, Kalium-

---

[1]) E. T. Z. 1892, S. 180.

[2]) Archiv f. Post und Telegraphie. 1902, S. 480.

[3]) Berthier, Les piles sèches.

sulfat 5, Mastix 8 und Lack 2 Teile. Eine ähnliche Mischung ist 1903 von Zellner[1]) empfohlen worden: Graphit 21 Teile, Braunstein 75°/₀, Lack 2°/₀. Berthier selbst will Pyrolusit mit künstlichem Braunstein mischen, da ersterer besser leitet, letzterer besser oxydiert, oder auch Kohlepulver mit Braunsteinkörnern vermischt verwenden. Nach dem Patent von Putz erhält man eine günstigere Porosität, wenn der Depolarisator in der Form von Kugeln oder dünnen Plättchen verwendet wird.

Die Hauptsache bei allen diesen Konstruktionen ist aber die Vermeidung der Reduktion des Braunsteins, so daß man erst in diesen Elementen wieder richtige Leclanché-Elemente erhalten hat. Andererseits können hier natürlich auch alle anderen festen Substanzen verwendet werden, die geeignet sind, den Wasserstoff durch chemische Bindung zu beseitigen. Es kommen dabei hauptsächlich Sauerstoff abgebende Substanzen in Frage, so das schon weiter vorn behandelte Bleisuperoxyd, ferner auch das Eisenhydrat. Weiter wird auch manganigsaurer Kalk (Weldonschlamm), ebenso mangansaurer Baryt, und wolframsaures Kali und Natron angewendet, die alle durch einfache Berührung mit Luft sofort wieder Sauerstoff aufnehmen und sich so leicht regenerieren.

§ 43. Der Elektrolyt im Leclanché-Element.

Als Elektrolyt wurde zuerst nur Salmiaklösung verwendet. Diese ist auch jetzt noch meistenteils im Gebrauch. Da das Element die größte Zeit während des einzelnen Tages ruht und nur verhältnismäßig kurze Zeit gebraucht wird, ist es von großer Wichtigkeit, daß der Elektrolyt die negative Elektrode im Ruhezustande nicht angreift. Dazu und auch, um eine einfache Bedienung zu ermöglichen, ist es angebracht, neutrale Elektrolyten zu verwenden. Doch ist für die Verwendung der letztgenannten Depolarisatoren auch die Anwendung von Kalkwasser resp. Barytwasser oder Ätzalkali notwendig. Der Gebrauch des Salmiaks hat den Nachteil, daß bei ihm die schon erwähnten unlöslichen Doppelsatze des Zinks mit Salmiak auftreten, die nicht allein ein Hinaufkriechen der Flüssigkeit zu den Polklemmen und über den Rand des Gefäßes zur Folge haben, sondern vor allem auch die Poren des Depolarisators verstopfen und damit dessen Wirksamkeit stark herabmindern. Um dies zu vermeiden, sind eine große Reihe von Vorschlägen gemacht worden. Als wichtigstes

---

[1]) Berthier, Les piles séches.

ist dabei zunächst die Anwendung einer ziemlich verdünnten Lösung zu erwähnen, da jene Auskristallisation erst aus gesättigteren Lösungen erfolgt. Die Reichspostverwaltung verwendet daher anstatt der üblichen 20—25% Lösung eine solche, die pro Element nur 25 g Salmiak, also höchstens 5% enthält. Der Bedingung, daß der Widerstand des Elektrolyten ein Minimum sein soll, wird wohl so mehr als bei der üblichen Mischung entsprochen. Meistenteils wird aber nicht auf diesem Wege vorgegangen, sondern man gibt gewisse Zusätze zu, die die Bildung jener unlöslichen Doppelsalze verhindern oder die gebildeten Salze auflösen sollen. Dazu wird zunächst Salzsäure verwendet. Doch muß man dabei sehr vorsichtig sein, daß man gerade nur die zur Auflösung nötige Menge hinzufügt, da sonst das Zink in der Ruhe angegriffen wird. Die Konstruktion der neueren Formen und der Trockenelemente des Leclanché-Typus verwenden deshalb lieber neutrale Zusätze. So setzen Bender Chlorkalcium, Gaßner Chlorzink, andere auch Natriumhyposulfit und Chlormagnesium zu.

Bei der Verwendung von Kalilauge als Elektrolyt ist ein Zusatz von Kaliumcyanür vorteilhaft, hier wird auch ein solcher von Salmiak empfohlen. Andererseits werden auch andere Elektrolyte vorgeschlagen. So wird Zinksulfat und Zinkchlorid angewendet, das letztere am besten in einer Lösung von 25—30%, was einem spez. Gewicht von 1,238—1,291 entspricht, doch ist auch hier ein Zusatz von Salmiak oder Chlormagnesium zu empfehlen; außerdem entsteht dabei noch an der Oberfläche festes kohlensaures Zink. Schließlich findet man auch noch die Verwendung von Kochsalz, die vor allem bei geringem Gebrauch und fehlender Aufsicht vorteilhaft ist. In der neuesten Zeit hat man eine Reihe von Mischungen, die teilweise unter besonderem Namen: Elektrogen, Gloriaerregersalz etc. hergestellt werden. Das letztere ist ein Gemisch von Salmiak mit Kalcidum, dem Oxychlorid des Kalciums. Es wird von der chemischen Fabrik von Busse in Linden bei Hannover fabriziert. Man soll 300 g auf 1 l Wasser verwenden. Die Mehrleistung eines hiermit gefüllten Elementes gegenüber der gewöhnlichen Salmiakfüllung beträgt nach Zacharias in 15 Tagen 25%, in 30 Tagen 30%, in 45 Tagen 33 $\frac{1}{3}$%. Versuche mit dem Salmiakkalcidum an der Eisenbahndirektion Elberfeld haben übrigens auch befriedigt. Dieser Elektrolyt hat auch noch den weiteren Vorteil, daß sein Gefrierpunkt sehr niedrig ist, er bleibt bis —35° flüssig. Eine andere Mischung wird von Wolff angegeben, die die unlöslichen Doppelsalze und

damit auch das Kriechen vermeiden soll: Er setzt auf 100 Teile
Salmiak 25 Teile Kochsalz und 25 Teile Chlorzink zu. Dietrich
und Herkt[1]) setzen einer 5% Salmiak-Lösung noch 5% Glyzerin
zu, was allerdings den inneren Wiederstand etwas erhöht. Wie
viel übrigens auf diesem Gebiet an sinnlosen Mischungen ge-
leistet wird, geht aus dem von Meserole in seiner Patentschrift
angegebenen Rezept (zur Füllung von Trockenelementen) hervor,
das einschließlich der Füllungsmasse 10 Bestandteile aufweist.
Übrigens hat jetzt fast jede Fabrik ihre spezielle Mischung, die
mehr oder weniger von diesem oder jenem der erwähnten Bestandteile verwendet und so die Nachteile der reinen Salmiakfüllung vermindert. So fabriziert z. B. die G. m. b. H. Elektrotechnische Industrie Dr. Riep und Friedländer, Berlin:
Dr. Rieps Elektrosalit, das sich durch konstante, gleichmäßige
Wirkung ohne Temperatureinfluß, bei sehr geringer Einwirkung
auf die Zinkelektrode im Ruhezustande und die Vermeidung
kriechender Salze auszeichnet; dabei soll die Ersparnis an Quan-
titäten nach Angabe der Fabrikanten ca. 20—30% gegenüber
reinem Salmiak sein. In gleicher Weise verwendet die Firma
Keiser und Schmidt, Berlin, ein ›Erregersalz von Leclanché‹,
das im wesentlichen die gleichen Eigenschaften besitzt. Desgl.
das N. E. W.-Erregersalz der neuen Elementwerke Gebr. Haß & Co.,
Rhenus-Erregersalz und viele andere.

§ 44. Die negative Elektrode im Leclanché-Element.

Als negative Elektrode wird fast stets Zink verwendet.
Das erheblich günstigere Magnesium ist jetzt noch zu teuer. Für
die Herstellung der Zinkelektrode gelten hier alle bereits früher
angeführten Vorschriften und Verbesserungen. Weil das Element
die größte Zeit über ruht, ist es hier vor allem wichtig, daß jede
Lokalaktion unterbleibt. Deshalb ist eine gute Amalgamation
unbedingt erforderlich. Die zweite Ursache der hier auftretenden
Lokalaktion ist aber schwerer zu beseitigen, das ist die Ver-
schiedenheit in der Zusammensetzung der in den einzelnen Höhen-
schichten des Elektrolyten befindlichen Lösungen. Im Falle der
Salmiaklösung entsteht bekanntlich bei Stromentnahme Chlorzink.
Dieses ist schwerer und setzt sich in der Ruhezeit zu Boden.
Dann ist die Zinkelektrode von zwei verschiedenen Elektrolyten
umgeben und es entsteht eine Potentaldifferenz, die einen Trans-

---

[1]) E. T. Z 1895. S. 685 und 736.

port des Zinks von oben nach unten bewirkt, so daß, wie Müller[1]) beobachtet hat, die Elektrode direkt eine kegelförmige Gestalt annehmen kann. Es findet hierbei eine Mitwirkung des Luftsauerstoffs an der Oberfläche des Elektrolyten mit statt; um diese auszuschalten, überzieht man die Elektrode an dieser Stelle am besten mit Kautschukschlauch. Bei der Reichspostverwaltung ist auch beobachtet worden[2]), daß die zylindrischen Zinkelektroden, weil sie nicht so tief in den Elektrolyten eintauchen, bedeutend weniger Lokalaktion zeigen.

§ 45. Elektromotorische Kraft, innerer Widerstand.

Die Elektromotorische Kraft ist 1,5 Volt; der innere Widerstand variiert sehr. Bei den gewöhnlichen Elementen, wie sie für kleinere Installationen gebraucht werden, beträgt er bis zu 10 Ohm, bei besseren Konstruktionen 0,4—2,0 Ohm. Durch besondere Anordnung, mehrere Platten etc. kann er aber noch darunter herabgedrückt werden. Die Erholungsfähigkeit ist das wichtigste Moment der Leclanché-Elemente. Sie kommt in der Hauptsache dadurch zustande, daß der nur teilweise reduzierte Depolarisator unter der Einwirkung des von der Flüssigkeit aufgenommenen Luftsauerstoffs wieder oxydiert wird. Ist allerdings die Umwandlung des Depolarisators schon zu weit vorgeschritten, so findet keine genügende Erholung wieder statt. Im großen und ganzen sind die Elemente als erschöpft zu betrachten, wenn ihre Spannung 30—50% unter die Anfangsspannung gesunken ist. Eine genauere Beurteilung der in Betracht kommenden Verhältnisse ist allerdings oft erst nach langer Probezeit möglich, da die Versuche, wenn sie auf kürzere Zeit zusammengedrängt sind, eben weil dann nicht genügende Zeit zur Erholung gelassen wird, kein zutreffendes Bild von dem tatsächlichen Verhalten in der Praxis geben können. Obach[3]) hat folgende Resultate mit einem Element mit Braunsteinzylinder erhalten: Ein Element mittlerer Größe wurde über 100 Ohm geschlossen. Die E. M. K. betrug 1,65 Volt, die Spannung sank rasch auf 1,2 Volt und dann in 63 Tagen langsam auf 1,0 Volt. In 30 Tagen Erholung stieg sie wieder auf 1,4 Volt, um beim weiteren Gebrauch schnell auf 1,0 Volt, in insgesamt 90 Tagen auf 0,85 Volt zu sinken.

---

[1]) F. T. Z. 1889, S. 294.
[2]) Archiv f. Post u. Telegraphie 1902.
[3]) E. T. Z. 1892, S. 180.

§ 46. Ältere Ausführungsformen des Leclanché-Elementes.

Bei dem ursprünglichen Leclanché-Element mit Braunsteinzylinder steht derselbe in einem Glasgefäß, das an der Seite eine Ausbuchtung hat, um den Zinkstab aufzunehmen. Die Zinkelektrode ist hier ein dünner Stab von 12—13 mm Dicke,

damit dem Elektrolyten im Ruhezustande keine große Angriffsfläche dargeboten wird. Hierdurch wird aber andererseits auch wieder ein großer innerer Widerstand bedingt. Doch werden diese Elemente noch viel angefertigt, so z. B. als Sternkohleelement (Fig. 27), in dem der Kohle-Braunsteinzylinder einen sternförmigen Querschnitt hat, um durch eine möglichst große Oberfläche die Depolarisation zu verbessern. Vielfach werden Elemente angefertigt, in denen der Zinkstab, durch ein Porzellanprisma von ca. 10 mm Dicke isoliert,

Fig. 26.   mittels Gummibändern an dem Braunsteinzylinder befestigt ist, wodurch der innere Widerstand natürlich herabgesetzt wird (Fig. 26).

Das Leclanché-Barbier-Element unterscheidet sich von diesem dadurch, daß der Kohle-Braunsteinzylinder hohl ist und

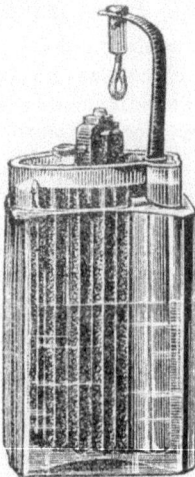

Fig. 27.

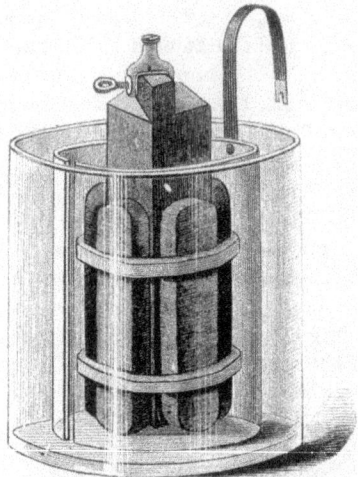

Fig. 28.

der Zinkstab in seiner Mitte angeordnet ist. Hierdurch wird eine gleichmäßigere Abnutzung erzielt; immerhin dürfte der innere Widerstand etwas größer sein.

Leclanché-Elemente mit Braunsteinplatten. — Prisma-Leclanché-Element (Fig. 28). In diesem ist eine Kohleelektrode als Platte oder Prisma geformt, vorhanden, an denen zur Depolarisation Braunsteinplatten mit Gummibändern befestigt sind. Schoop hält diese Form für nicht so günstig und dauerhaft; immerhin ist sie auch für kleinere Installationen sehr brauchbar, insbesondere wenn der sonst gebräuchliche große Elektrodenabstand dadurch verringert wird, daß der Zinkstab unter Benutzung eines Porzellanprismas als Isolation (s. o.) ebenfalls von dem Gummiband mit an der Kohleelektrode gehalten wird. Durch Benutzung mehrerer Platten kann hier auch der innere Widerstand ziemlich weit herabgedrückt werden. Die Firma Siemens & Halske z. B. fertigt hiervon drei Größen mit verschiedener Plattenanzahl.

Type	Platten-anzahl	Gewicht ohne Füll.	Glaszylinder	Salmiaksalz
Groß . . .	2	2,34 kg	250 × 105 × 105 mm	0,2 kg pulverisiert
	4	2,85 »		
Mittel . .	1	1,05 »	165 × 90 × 90 »	0,1 »
	2	1,30 »		
Klein . . .	1	0,75 »	125 × 75 × 75 »	0,07 »
	2	0,88 »		

Auch die Firma Schaefer & Montanus hat im Jahre 1890[1]) bereits Braunsteinelemente mit mehreren Platten gebaut, deren innerer Widerstand nur 0,05 Ohm betrug.

§ 47. Neuere Formen.

Das Leclanché-Element der Hydrawerke besitzt einen sehr geringen inneren Widerstand und sehr große wirksame Oberfläche infolge seiner eigentümlich gestalteten Zinkelektrode (Fig. 29). Diese besteht aus zwei konzentrischen Zylindern, die durch einen Steg verbunden sind. Der Kohlebraunsteinzylinder steht zwischen beiden. Die Isolation wird durch Glasstücke bewirkt. Für stärkere Ströme werden Elemente bis zu 28 cm Höhe hergestellt.

Das Fleischer-Element unterscheidet sich von dem Leclanché-Element mit Kohle-Braunsteinzylinder nur dadurch,

[1]) E. T. Z. 1890, S. 137.

daß an Stelle des Zylinders eine mehr glockenförmige Elektrode
verwendet worden ist, die mit einer größeren Standfestigkeit eine
größere Oberfläche verbindet. Die Zinkelektrode ist hier ebenfalls zylinderförmig, wodurch der an sich ziemlich große innere
Widerstand der entsprechenden Leclanché-Type etwas verringert wird. Die beigegebene Abbildung (Fig. 30) zeigt eine der
gebräuchlichsten dieser Formen. Auch die sog. Standkohle-
elemente sind von der gleichen Konstruktion. Diese Elemente zeigen bei der schon beschriebenen fehlerhaften Herstellung der Kohle-
Braunsteinzylinder indessen gewöhnlich eine zu große Polarisation.

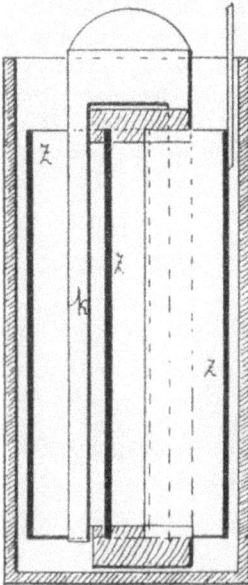

Das Zink-Kohleelement von
Th. Mann und C. Goebel, D. R. P.
164308, sucht dem Nachteil abzuhel-
fen, daß, um der Auflösung des Zinks
im Ruhezustande zu begegnen, nur
Zinkstäbe mit kleinen Oberflächen verwendet werden. Deshalb wird von den
fast gleichgroßen Elektrodenflächen die
Zinkoberfläche dadurch verkleinert, daß
an verschiedenen Stellen Isolatonsmasse
eingefügt wurde. Auf diese Weise wollen
die Erfinder einen dem theoretischen
bedeutend mehr angenäherten Zinkverbrauch erzielt haben.

Bei dem Element von Wolff[1]
ist andererseits die Standkohle mit Braunsteinpulver gefüllt, das in ihr durch einen
Harzpfropfen gehal-
ten wird. Hierdurch
wird die Depolari-
sation etwas verbes-
sert, wenn auch
nicht bedeutend, da
die Wasserstoffab-
scheidung ja nicht
direkt am Depolari-
sator erfolgt. Das
Element hat als wei-
tere Verbesserung

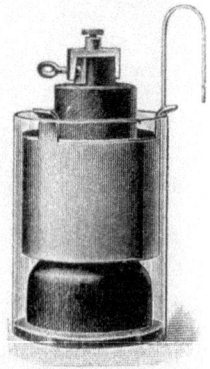

---

[1] E. T. Z. 1894, S. 123.

Fig. 29.   Fig. 30.

auch noch, daß die gegenseitige Lage der Kohleglocke und des
Zinkringes dadurch gesichert ist, daß der Zinkring auf einem
dreiarmigen Porzellanträger liegt, der auf einer Kröpfung der
Kohleglocke aufliegt. Der Elektrolyt hat, wie schon oben erwähnt, die Zusammensetzung: $100\,NH_4Cl + 25\,NaCl + 25\,ZnCl_2$,
um die Doppelkristalle zu vermeiden; außerdem ist als Ableitung
des Zinkzylinders ein Kupferdraht benutzt, der mit Guttapercha
überzogen ist, um die Lokalaktion zu vermeiden.

§ 48. Beutelelemente. (Allgemeines.)

Leclanché-Elemente mit Umpressung der Kohle
durch den Depolarisator (Beutelelemente). Es sind dies, wie
schon angeführt, die modernen Typen — als Beutelelemente bezeichnet — bei denen ein Gemisch von Braunstein
mit Kohle oder Graphit in einem Beutel um den Kohle-
stab gepreßt (Fig. 31), eine wirklich depolarisierende
Wirkung ausübt. In Wirklichkeit ist man daher mit
ihrer Konstruktion nur zum eigentlichen Leclanché-
Typus zurückgekehrt. Die Ausführung dieser Elemente
verlangt zwar immerhin eine etwas sorgfältigere Behandlung; dafür sind sie aber auch sehr leistungs-
fähig und, wo es nicht auf besondere Transportfähigkeit ankommt, sind sie den jetzt so beliebten Trockenelementen wohl entschieden überlegen. Im folgenden
seien einige solcher Elemente beschrieben und einige
Beobachtungen an ihnen mitgeteilt, ohne daß dadurch
gerade die Elemente dieser Firmen als einzige hingestellt sein
sollen; vielmehr fertigen wohl fast alle Fabriken galvanischer
Elemente jetzt auch die Beutelelemente.

Fig. 31.

§ 49. Beutelelement von Siemens & Halske.

Das Beutelelement von Siemens & Halske (Fig. 32)
besteht aus einer Standkohle von 65 mm Durchmesser; die De-
polarisatormasse (Kohle—Graphit—Braunstein) ist darum herumgepreßt und wird durch einen »Beutel« zusammengehalten. In
den Zinkzylinder sind Einschnitte gemacht, so daß einige Streifen
herausgedrückt werden können, die sich federnd gegen das Glasgefäß legen und so den in ihm stehenden Zinkzylinder festhalten. Auch sind am Boden des Glasgefäßes einige Vorsprünge,
die ein Verschieben der Elektroden verhindern. Zink- und Kohleelektrode sind außerdem noch am Deckel befestigt. Es werden
folgende Größen angefertigt:

Type	Gewicht ohne Füllung	Glaszylinder		Bedarf an Salmiak	Innerer Widerstand
B_1	2,8 kg	250 Höhe	125 Durchm.	0,35 kg	0,06 Ohm
B_2	1,5 »	160 »	105 »	0,25 »	0,065 »
B_3	0,6 »	120 »	65 »	0,075 »	0,09 »

Die elektromotorische Kraft beträgt 1,5 Volt. Die Depolarisation ist sehr gut. Die Type II gab bei Kurzschluß 11,6 Amp., bei Schluß über 10 Ohm besaß sie noch nach 30 Tagen 0,45 Volt und konnte da noch im Kurzschluß 0,2 Amp. liefern.[1] Die Firma fertigt auch ein abgeschlossenes Element mit Einfüllöffnung an.

[1] Zentralblatt f. Akkum. etc., 1907, S. 58.

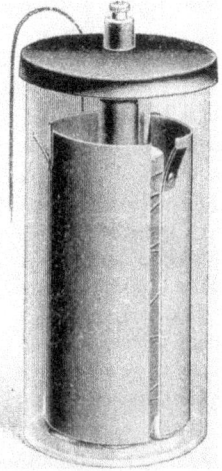

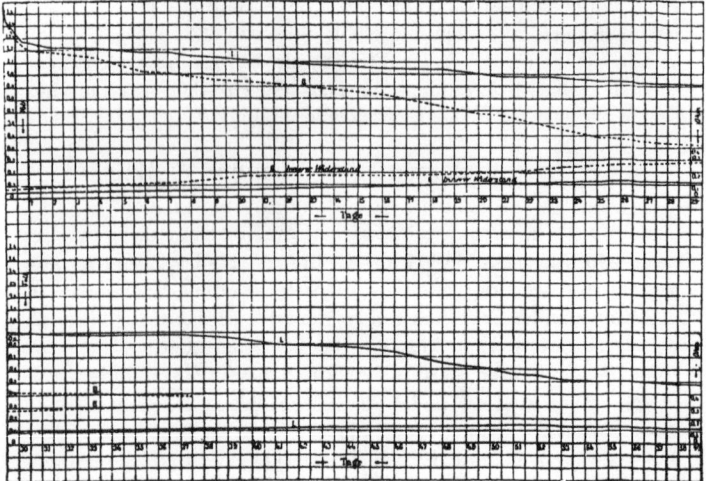

Fig. 32.

§ 50. Thor-Helios-Element. Atlantic-Element.

Thor-Element und Helios-Element Fig. 33) der Firma C. Erfurth, Berlin, sind genau von demselben Typus; nur haben die Kohleelektroden besonders geartete Formen, um die Braunsteinumpressung besser festzuhalten.

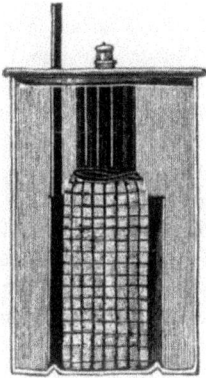
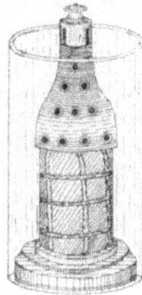

Fig. 33.   Fig. 34.

Auch das Atlantic-Element Fig. 34) der Firma Albert Friedländer & Co. ist von einer ähnlichen Konstruktion. Es ist ein sog. Lager- oder Füllelement, da es durch bloßes Zufüllen von Wasser gebrauchsfertig gemacht wird. Die Kohleelektrode ist mit Braunstein umpreßt. In einer durchlöcherten Hülse befindet sich dabei der in Wasser lösliche, von der Firma als »salzfrei« bezeichnete Elektrolyt. Der Zinkzylinder ist an einem Holzdeckel befestigt, das Ganze befindet sich in einem Gefäß aus schwer brechbarem Isoliermittel. Die E. M. K. soll 1,6 Volt, der innere Widerstand 0,09 Ohm betragen. Es wird besonders für zeitweilige Glühzwecke bei ärztlichen Untersuchungen empfohlen.

In dem Gnom-Element von Szubert ist ebenfalls der Kohlestift mit der aus Braunstein und Graphit bestehenden Depolarisationsmasse umpreßt und mit Leinwand gut umbunden. Der Zinkzylinder wird isoliert durch drei geschlitzte Fiberstreifen, die gleichzeitig die Zentrierung bewirken. Als Elektrolyt soll man schwache Salmiaklösung benutzen, oder auch nur Wasser aufgießen, das die im Depolarisator enthaltenen Salze teilweise auflöst. Zum Verhindern der Wasserverdunstung wird empfohlen, eine dünne Schicht Mineralöl aufzugießen. Das Gleiche empfiehlt sich übrigens bei allen diesen Elementen.

§ 51. Hydra-Beutelelement.

Die Hydraelemente mit Braunsteinpressung (Fig. 35) sind teils von derselben Form wie das Gnom-Element, teils wie die Hydraelemente ohne Umpressung. Auch in diesen wird die Isolation durch Stoffhalter (neuerdings mehr mit Glasisolationsfuß) (Fig. 36) bewirkt. Die E. M. K. ist dieselbe 1,5—1,6 Volt, der innere Widerstand 0,04—0,08 Ohm. Die Verwendungsfähigkeit ist bei der guten Depolarisation ziemlich bedeutend, wenngleich die Elemente nicht transportfähig sind.

Zacharias hat eine Reihe vergleichender Beobachtungen an einem derartigen Element (bezeichnet als analog den Trockenelementen konstruiert): A, mit einem gewöhnlichen Leclanché-Element (Braunsteinzylinder: Durchmesser 60/45 mm, 160 mm hoch: B, einem Fleischer-Element (Standkohle 77 mm hoch, oberer Durchmesser 55 mm): C und einem Leclanché-Element (wie B aber mit innerem und äußerem Zinkzylinder): D angegeben:

	A	B	C	D
Volt offen	1,5	1,3	1,15	1,36
Amp. Kurzschl. .	11	8	4,5	9
Ohm	0,09	0,10	0,175	0,10

Entladung über 5 Ohm:

	Volt	Amp.	Volt	Amp.	Volt	Amp.	Volt	Amp.
Anfang	1,45	0,255	1,3	0,23	1,10	0,19	1,28	0,225
5 Minuten . . .	1,44	0,255	1,22	0,21	0,93	0,15	1,2	0,225
15　　» 　. . .	1,42	0,250	1,18	0,20	0,86	0,13	1,16	0,20
45　　» 　. . .	1,40	0,250	1,13	0,19	0,80	0,125	1,11	0,187
1 Stunde	1,38	0,240	1,10	0,18	0,77	0,12	ca.1,08	0,187
2　　» 　. . . .	1,35	0,237	1,00	0,17	0,70	0,113	1,02	0,175
5　　» 　. . . .	1,30	0,225	0,79	0,12	ca.0,63	0,09	0,90	0,15
	Nach 52 Std.						nach 16 Std.	
	0,92	0,15					0,57	0,13

Regeneration:

nach 2 Stunden	1,27 Volt	2 St. 1,12 V.	2 St. 0,98 V.	3½ St. 0,86 V.
» 15　　»	1,33　»	12 » 1,24 »	12 » 1,06 »	
		48 » 1,26 »	48 » 1,09 »	

Wie man sieht, verhält sich das Hydraelement am besten, demnächst kommt das Leclanché-Element mit zwei Zinkzylindern. Wichtig für dieses gute Funktionieren ist jedenfalls, daß durch die Anordnung die Oberfläche des Kohle-Braunsteinzylinders gut ausgenutzt wird.

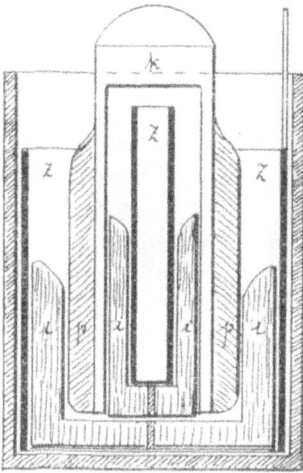

Für besonders hohe Stromentnahme werden jetzt geschlossene Elemente mit Eingußöffnung für den Elektrolyten angefertigt, die als Minimalleistung bei Kurzschluß 25 bzw. 30 Amp. geben.

Fig. 35.   Fig. 36.

§ 52. Elemente mit zusammengesetzter Kohleelektrode.

Auch das Reformelement besitzt außer der Umpressung den Vorteil einer möglichst großen wirksamen Oberfläche. Die Kohleelektrode ist hier in zwei bis vier Teile geteilt, deren jeder für sich umpreßt ist, und die oben mit einer gemeinsamen Platte verbunden sind. Es ist hierbei nicht nur ein geringer innerer Widerstand erzielt, da die Zinkelektrode durch ihre entsprechende Gestalt immer sehr nahe an der Kohleelektrode bleibt, sondern es bildet auch die Braunsteinumpressung eine erheblich dünnere Schicht, so daß der immer etwas erheblichere Widerstand, den die Depolarisationsmasse infolge mangelhafter Durchtränkung mit dem Elektrolyten besitzt, hier ebenfalls noch herabgemindert wird. Als Elektrolyt wird Chlorammonium verwendet. Die Type von 200 mm Höhe hat einen inneren Widerstand von nur 0,05 Ohm. Daher ist es insbesondere auch für größere

Stromstärken geeignet, so für Telephonzwecke und kleinere Beleuchtungsanlagen und auch für Zündungen. Seine E. M. K. ist 1,5—1,6 Volt, bei Benutzung von Salmiakkalcidum ist sie nach Zacharias ca. 1,7 Volt bei offenem Stromkreise. Messungen von Prof. Dr. Vogel[1]) haben ergeben: Stromstärke bei Kurzschluß 25 Amp., ferner bei Entnahme von:

1,3 Ampere eine Spannung von 1,50 Volt
6,3   ›   ›   ›   › 1,30 ›
12,1   ›   ›   ›   › 1,00 ›

Von Zacharias (l. c.) angestellte Versuche bei Dauerentladung ergaben folgende Resultate:

Bei Schließung . . . 1,1 Ampere und 1,48 Volt
Nach 12 Stunden . 0,7   ›   › 1,07 ›
  › 20   › . 0,65   ›   › .1,01 ›

Also jedenfalls ein ausgezeichnetes Resultat.

Um eine größere Oberfläche für die Kohleelektrode zu erzielen und zugleich diese möglichst biegsam herzustellen, hat G. H. C. Kolosche (D. R. P. 168854) mehrere mit Depolarisationsmasse umgebene Kohlestäbe oder Röhren durch eine oder mehrere sackartige Umhüllungen zu einer schmiegsamen Elektrode vereinigt. Man kann auf diese Weise, um eine gute Raumausnutzung zu erhalten, die negative Elektrode auch in die positive einwickeln.

§ 53.   Element der Neuen Elementwerke, Berlin (N. E. W.-Element).

Das N. E. W.-Element (neueste Type) der Neuen Elementwerke Gebr. Haß & Co., Berlin, besitzt ein eigentümlich geformtes Gefäß, um die Elektroden in genau zentrischer, unverrückbarer Lage festzuhalten (s. Fig. 37 u. 38). Der nach außen federnde Zinkzylinder f ruht mit seinen, mit Isolierlack überzogenen Flanschen d auf dem Gefäßstützring e. Durch die Verengung g des Gefäßes wird die Zinkelektrode zentrisch festgehalten, ohne den Boden des Gefäßes zu berühren. Der Kohlebeutel h steckt mit dem unten herausragenden Stiftende i in der Gefäßbodenvertiefung k, der Kohlehals a wird durch den Verschlußteller b,c in zentrischer Lage festgehalten. Der Verschluß wird bei den auseinandernehmbaren Beutelelementen durch

---

    [1]) s. Zacharias. Galv. Elemente der Neuzeit.

einen Filzteller gebildet, dessen Bodenfläche c durch Paraffin-
imprägnierung steif und isolierend gemacht ist. Der nach oben
gebogene und fettige Rand b schmiegt sich beim Hineinpressen
in die Öffnung an die Gefäßwand fest an und schließt das Gefäß
fast hermetisch ab. Es wird ein besonderes hygroskopisches,
nicht auskristallisierbares N. E. W - Erregersalz dazu geliefert.
Die Leistungen des Elementes sind vor allem auch durch den
geringen inneren Widerstand bedingt. Die Firma fertigt zwei
Güteklassen A und B an; die elektromotorischen Kräfte sind
1,65 bzw. 1,60 Volt und sinken nach einiger Zeit um 0,05 bis
0,10 Volt. Die übrigen Daten entsprechen im wesentlichen denen
der Trockenelemente, bei denen der Prüfungsbefund der Physikalisch-Technischen Reichsanstalt mitgeteilt wird.

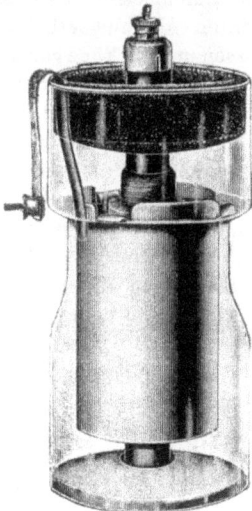
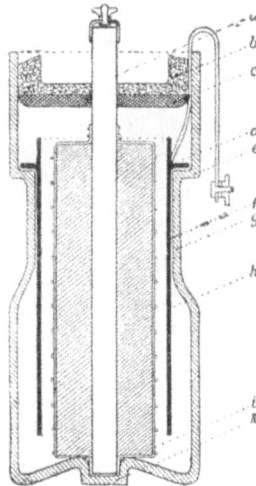

Fig. 37.   Fig. 38.

Kurz erwähnt sei noch das Rhenus-Beutelelement
(mit Rhenuserregersalz) der Rhenus-Elemente-Fabrik, Köln
a/Rhein, das einen besonderen Verschluß durch Glasdeckel besitzt. (Fig. 39).

§ 54. Einige besondere Abarten.

Die Galvanische Batterie der Société anonyme des
mines de Yauli (Pérou) (D. R. P. 101324) enthält zur Erhöhung

der Depolarisation in der Erregerflüssigkeit und der Masse der Elektrode Vanadinsalze, -säure, oder -dioxyd, die infolge der leichten Sauerstoffabgabe den entstehenden Wasserstoff schnell oxydieren. Diese Materialien sind aber zu teuer und können auch nicht das Leclanché-Element zu einer Leistungsfähigkeit bringen, die die Verwendung solcher Materialien rentabel machte.

Das Regenerativ-Element von Pollack[1]) benutzt als Depolarisationsmittel einen Kupferniederschlag auf der Kohleelektrode. Der Elektrolyt ist Kochsalz- oder Salmiaklösung. Diese löst etwas Kupfer zu Kupferchlorid auf, das die Depolarisation bewirkt. Die Kohleelektrode besteht demgemäß aus einem Hohlzylinder von 80 mm Höhe und 95 mm Durchmesser, der oben an dem hölzernen Abschlußdeckel befestigt und dessen unteres Ende galvanisch verkupfert ist. Die Elektrode taucht 30 bis 40 mm in den Elektrolyten. Die negative Elektrode besteht in einem etwas engeren Zinkzylinder von ungefähr 30 mm Höhe, dessen Ableitung durch einen Guttaperchaüberzug isoliert ist. Ein solches Element besaß nach Kollert[2]) über einen Widerstand von 10 Ohm geschlossen, bei einem inneren Widerstand von 1,016 Ohm innerhalb 670 Stunden eine mittlere E. M. K. von 0,932 Volt und eine mittlere Stromstärke von 0,0846 Ampere. Die tatsächliche E. M. K. sank dabei von 1,05 auf 0,88 Volt.

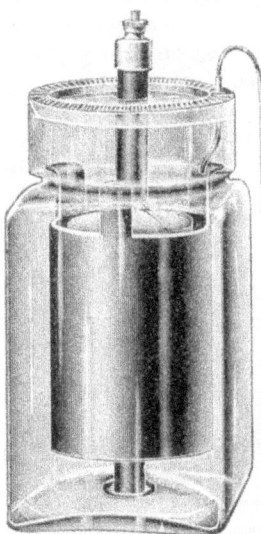

Fig. 39.

Der hohe innere Widerstand läßt sich nicht viel herabmindern, da sich bei einer geringeren Entfernung leicht Kupfer auf dem Zink abscheiden würde. Es darf aus dem gleichen Grunde auch nicht geschüttelt werden, stellt somit eine Art Gravitationselement dar. Da es aber keinen eigentlichen Depolarisator enthält und daher die Depolarisationswirkung von der Schnelligkeit der Kupferchloridbildung abhängt, ist es doch zu den inkonstanten Elementen zu zählen.

---

[1]) E. T. Z. 1886, S. 183.

[2]) J. Kollert, Die galvanischen und thermoelektrischen Stromquellen Handbuch d. Elektrotechnik, III, 1. 1900.

Schwefel als Depolarisator benutzt die Zelle von Le Blanc. Die negative Elektrode ist Zink, der Elektrolyt Kochsalz und als positive Elektrode dient ein verkupferter Bleistab, der mit Schwefelblumen als Depolarisationsmittel umgeben ist. Wenn wir im Leclanche-Element Kochsalzlösung verwenden, so erhalten wir an der positiven Elektrode nie etwas anderes als Wasserstoff. Dies kann man sich so vorstellen, als ob das freiwerdende Natrium sofort das Wasser zersetze, dabei Natronlauge NaOH bilde und so den Wasserstoff freimache. In Wirklichkeit ist es wohl eher so vorzustellen, daß aus dem gesamten Komplex, der durch das dissoziierte Kochsalzmolekül mit dem dissoziierenden Wasser gebildet wird, der Wasserstoff an der positiven Elektrode leichter abgeschieden wird als das Natrium. Bei der Verwendung von Schwefel ist das aber anders; da wird zugleich mit dem Wasserstoff auch Natrium mit abgeschieden, wobei wohl die beiden Reaktionen sich unterstützend nebeneinander verlaufen, und wir erhalten die Reaktionsgleichung:

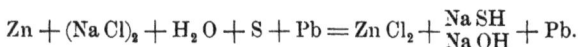

$$Zn + (NaCl)_2 + H_2O + S + Pb = ZnCl_2 + \frac{NaSH}{NaOH} + Pb.$$

Kapitel V.

Trockenelemente.

§ 55. Allgemeines.

Die Type ist meistenteils die Leclanché-Type, wenn auch einige andere, insbesondere der Daniell-Typus, öfters verwendet worden sind. Indessen besteht für Elemente, die dauernd Strom liefern sollen, wie die Daniell-Elemente, und die daher auch eine sorgfältigere Behandlung verlangen, kein Bedürfnis für die Form eines Trockenelementes. Das Trockenelement, d. h. was man jetzt unter einem solchen versteht, hat sich hauptsächlich eingeführt, weil man ein Element erstrebte, das ein Minimum von Pflege beansprucht und außerdem auch noch besonders für Transportzwecke geeignet ist. Dazu mußte es ein möglichst einfaches Element sein, und das hat man im Leclanché-Element, und außerdem mußte ein Verschütten der Flüssigkeit unmöglich gemacht werden, dazu wurde diese in einer geeigneten Füllmasse suspendiert. Der Nachteil einer größeren Inkonstanz und eines schnelleren Unbrauchbarwerdens,

das hier auch das Material des verbrauchten Elementes fast wertlos macht, nahm man dafür mit in den Kauf. Was man früher
eigentlich unter einem Trockenelement verstand, z. B. die bekannte Zambonische Säule, die allein mit Hilfe der Luftfeuchtigkeit betrieben wird — in der Universität Innsbruck wird eine
solche aufbewahrt, die seit 1823 dauernd ein elektrisches Pendel
betreibt — ein derartiges Trockenelement ist das moderne sog.
Trockenelement keineswegs. Es ist vielmehr in der Tat ein
nasses Element, dessen Merkmale es mehr oder weniger auch
erkennen läßt. Der Elektrolyt ist nur in geeigneter Weise in
einer Füllmasse aufgesaugt bzw. suspendiert. Ist aus dieser die
zum Betriebe nötige Feuchtigkeit verdunstet, so ist infolge des
Eintrocknens der Füllmasse auch das Element unbrauchbar,
wenn es nicht als Saug- oder Füllelement konstruiert ist, die
in einem späteren Kapitel behandelt werden sollen, und mit
denen man auch erst wieder auf ein Prinzip zurückgegriffen hat,
das in der ersten Zeit bei der Konstruktion sog. Trockenelemente
verwendet worden ist.

§ 56.   Die Füllmasse.

Als Füllmasse werden nun die verschiedensten Materialien verwendet. Unter den ersten, die man anwendete, befinden
sich auch die jetzt noch mit am häufigsten gebrauchten, nämlich eine Gipspaste, Gelatine (Agar-Agar) und Fließpapier. Das
letztere wird allerdings meistens mehr für Füll- und Saugelemente verwendet. Die Verwendung von Gipspaste ist jetzt
wohl noch die allgemeinste; ein Gipsbrei wird durch geeignete
Zusätze möglichst gallertartig erhalten, indem teilweise auch noch
weitere Zusätze zur Erhöhung der Leitfähigkeit gemacht werden.
So wird im Trockenelement von Wolff (D. R. P. 47164, 1888)
ein Brei aus 10 Teilen Gips mit 20 Teilen einer 5 — 10 proz.
Lösung von Tonerdesulfat angemacht, wodurch eine bessere Leitfähigkeit erzielt werden soll. Der eigentliche Elektrolyt besteht
in einer Lösung von 10 Teilen Salmiak in 20 Teilen Wasser.
Wird der Gipsbrei hierein eingetragen, so erhält man eine sofort
gelatinierende Masse. Für den Fall saurer Elektrolyten erhält
man aus Wasserglas eine gallertartige Ausscheidung von Kiesel-
säurehydrat. Man setzt drei Volumteile Salzsäure auf zwei Volumteile von Natriumsilikat (spez. Gew. 1,3) zu, indem man dabei die Salzsäure so konzentriert wählt, daß sie gerade zur Abscheidung der Gallerte genügt. Man hat dann gleich in der

Salzsäure, bzw. dem gebildeten Natriumchlorid, einen Ersatz als Elektrolyten für das Salmiak. Bei alkalischen Elektrolyten kann man auch durch Zusatz von Eisenvitriol einen steifen Brei von Eisenoxydhydrat erzielen. Dies wird auch bei Lalande-Elementen angewendet, die aber nur für Messungszwecke so eingerichtet werden, praktisch ist es sonst nicht von Bedeutung geworden. In dem Element von Orth und Mehner hat man auch den Depolarisator, den Weldonschlamm, da er genügend isoliert, als Füllmasse benutzt, wobei allerdings wohl nur noch bis zu einem gewissen Grade der Name »Trockenelement« beibehalten werden kann. In anderen Elementen wird der Elektrolyt durch Zusatz von Traganth, Gummi, Agar-Agar u. dgl. in einen dicken, klebrigen Schleim verwandelt, der aber nicht allzulange einen guten Kontakt mit den Elektroden behält — und außerdem noch durch die Veränderlichkeit der organischen Substanzen dem Verderben in ziemlich kurzer Zeit ausgesetzt ist.

Als reine Aufsaugemittel werden an Stelle des Fließpapiers auch verwendet: Schwamm, Mehl, feingesiebtes Sägemehl, besonders von Laubhölzern, auch Infusorienerde, die aber zu dicht ist und dann auch sehr schnell erhärtet, Kieselgur, Asbestwolle, Glaswolle, Zellulose, Baumwolle. Asbestwolle oder Glaswolle werden auch häufig zugleich mit gelatinierenden Mitteln verwendet, um die Füllmasse fester zu machen, oder auch andererseits um sie mehr aufzulockern, daß sie sich nicht so fest zusammensetzen kann. So wurden in dem von der Oerlikon-Fabrik angefertigten Element der Kieselsäuregallerte noch Asbestfasern zugesetzt.

§ 57. Der Elektrolyt, die Entgasung und die Depolarisation.

Für den Elektrolyten gilt im wesentlichen das bereits beim Leclanché-Element Gesagte. Nur ist es bei den Trockenelementen besonders hervorzuheben, daß der Elektrolyt möglichst neutral sein muß, um das Zink nicht anzugreifen. Zweitens dürfen möglichst nicht unlösliche Zinksalze auftreten, um den Depolarisator nicht zu verstopfen, was ja das Trockenelement sofort vollständig unbrauchbar machen würde. Und drittens ist am besten ein hygroskopisches Salz zu wählen, damit dieses durch Aufnahme von Luftfeuchtigkeit ein Eintrocknen des Elektrolyten verhindere.

Ein weiterer wichtiger Punkt ist noch die Entgasungsvorrichtung. Teilweise hat man hier ähnliche Entgasungsröhren

wie bei den nassen sog. hermetisch verschlossenen Elementen
(s. u.). So befinden sich z. B. im Hellesen-Element im oberen
Teil des Zinkzylinders mehrere Löcher, die den Austritt der Gase
in eine Schicht von Reisspreu gestatten. In dieser soll die Feuchtigkeit zurückgehalten werden, so daß durch eine im Deckel befindliche Glasröhre nur trockene Gase entweichen können. Nach
D. R. P. 108252 (S. & H.) ist sehr wesentlich, daß der Gasraum,
in den jene Entgasungsröhre führt, mit dem Elektrolytraum nur
durch die Poren des Depolarisators in Verbindung steht. Andere
Erfinder wollen die entstehenden Gase im Element absorbieren,
so Bender, (D. R. P. 48695) mittels Holzkohle, während Vogt
(D. R. P. 60868) das entwickelte Ammoniak durch Phosphorsäure
binden will.

Über den Depolarisator gilt gleichfalls das früher Ausge-
führte. Insbesondere bei den Trockenelementen hat man durch
ganz besondere Zusätze eine bessere Depolarisation erstrebt, da bei
der fehlenden Zirkulation des Elektrolyten und der geringen
Möglichkeit der Regenerierung durch die Luft eine besonders
gute Depolarisation nötig war. Andererseits gestattet auch die
feste Lage der einzelnen Teile gegeneinander und insbesondere
die vollkommen aufgehobene Zirkulation des Elektrolyten, an
der Kohleelektrode besondere Zusätze von Depolarisationssalzen
zu machen, die sonst nicht an dieser Stelle gehalten werden
könnten. Als besonders wirksam haben sich indessen hier die
einfachen Braunsteinumpressungen gezeigt, die nur aus einem
Gemisch von Braunstein mit Kohle bzw. Graphit bestehen und
sich jedem der teilweise sehr komplizierten Gemische, aus denen
die verschiedenen Depolarisationsmassen zusammengesetzt sind,
mindestens ebenbürtig gezeigt haben.

§ 58. Trockenelemente vom Daniell-Typus.

Trouvés Daniell-Trockenelement (Fig. 40) war eines
der ersten neueren Trockenelemente (1884). Es ist eigentlich
ein Saugelement, da es vor dem Gebrauch einige Sekunden in
Wasser gestellt werden muß. Sonst erinnert es noch sehr an
die Zambonische Säule. Es wurde als Doppelelement angegeben; jedes einzelne besteht aus einem Kupfer- und einem
Zinkzylinder, die die beiden Enden einer Glasröhre verschließen.
Der Zwischenraum zwischen beiden Elektroden wird durch
Scheiben von Fließpapier ausgefüllt, von denen die eine Hälfte
mit Kupfer- und die andere mit Zinksulfat getränkt ist.

Das **Element von Beetz** ist ebenfalls ein trockenes **Daniell**-Element in der ältesten (1884) und einfachsten Form. Er benutzt einfach ein **U**-Rohr, das mit einer Gipspaste gefüllt ist, die in dem einen Schenkel der Röhre mit Kupfersulfat, in dem anderen mit Zinksulfat getränkt ist. In die entsprechenden Schenkel tauchen natürlich auch die Kupfer- und Zinkelektroden.

Chlorsilber-Trockenelemente sind ebenfalls mehrfach angegeben worden, so von **Gaiffe**, der für ärztliche Zwecke ein einfaches Trockenelement in der von **Marié Davy** angegebenen Art mit Benutzung von einigen Lagen Fließpapier als Füllmasse herstellte; als Elektrolyt wurde eine 5 proz. Lösung von Zinkchlorid verwendet.

· Nach **Scrivanoff** kann man ein brauchbareres Trockenelement folgendermaßen herstellen: Man trägt Quecksilberoxyd in eine gesättigte Lösung von Salmiak ein, der man etwas Quecksilberchlorid zugesetzt hat. Dies mischt man mit 3 Teilen Seesalz und 0,3 Teilen Chlorsilber zu 10 Teilen zusammen, schmilzt dieses, pulverisiert dann die Schmelze und verreibt es mit dem hygroskopischen Zinkchlorid zu einer Paste, die, mit Asbestfasern verdickt, als Umpressung der positiven Elektrode von einem Sack gehalten wird. Die E. M. K. ist 1,5—1,6 Volt.

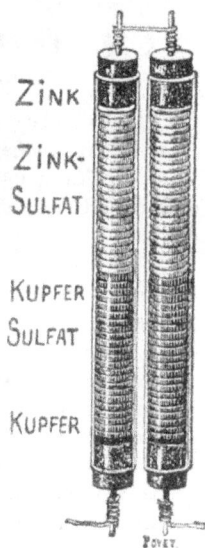

ZINK

ZINK-
SULFAT

KUPFER
SULFAT

KUPFER

Fig. 40.

Ein ähnliches Element in dicht verschlossener Form ist auch von **Trouvé** angegeben worden. In einem Ebonitkasten befindet sich auf dem Boden eine Kohleplatte mit einer in Guttapercha eingegossenen Elektrode. Über die Kohleplatte ist eine dünne Schicht Quecksilber gegossen, dann folgt eine dickere Schicht von gestoßener Kohle (oder Graphit), die mit Quecksilbersulfat gemischt ist. Diese Depolarisationsmasse wird dann durch eine vielfach durchbohrte Ebonitplatte abgeschlossen. Es folgt als Füllmasse eine Schicht von Asbestfasern, auf der eine Zinkplatte als negative Elektrode liegt. Der obere Abschluß wird durch eine Schicht Fließpapier und Verguß mit Wachs oder Paraffin bewirkt.

Auch von **Meinecke** wurde 1889 als Depolarisator Chlorsilber verwendet (D. R. P. 52223), indem der Kohlezylinder mit

Silbernitrat getränkt wurde. Die als Elektrolyt verwendete Salmiaklösung fällt hieraus sofort Chlorsilber aus. Diese Elemente sind später von der Firma Oerlikon hergestellt worden, die nach D. R. P. 54251 als Füllmasse Kieselsäuregallerte anwandte, der Asbest u. dgl. zur Auflockerung und Verminderung des inneren Widerstandes beigefügt wurde.

§ 59. Trockenelemente mit Chlorkalk bzw. manganigsaurem Kalk.

Das Trockenelement der Firma Hartmann und Braun[1] verwendet als Depolarisator eine Paste von Bleisuperoxyd und Kaliumpermanganat, während als Elektrolyt Chlorkalk oder irgend ein anderes unterchlorigsaures Salz verwendet werden soll.

Das Element von Orth und Mehner verwendet Kalkwasser, als Depolarisator und zugleich Füllmasse eine Paste von mangansaurem Kalk (Weldonschlamm). Da dieser weder das Zink angreift, noch metallisch leitet, so braucht er nicht von der negativen Elektrode getrennt zu werden. Man kann das Element einfach mit ihm anfüllen, nachdem er mit dem Elektrolyt angerührt worden ist. Der Weldonschlamm hat dabei noch zwei weitere Vorteile: Erstens ist seine Regeneration leicht zu erzielen, da er bei einfachem Schütteln an der Luft sich sofort wieder oxydiert, und zweitens ist er billig zu erhalten, da er bei der Braunsteinregeneration aus den Manganchlorürlaugen erhalten wird, die ein Abfallprodukt der Chlorbereitung sind. In gleicher Weise kann man auch das Element mit mangansaurem Baryt bei Benutzung von Barytwasser als Elektrolyt füllen und mit unlöslichem wolframsauren Kali oder Natron bei Benutzung des entsprechenden Ätzalkalis.

§ 60. Ältere Leclanché-Trockenelemente.

Eine größere Bedeutung als alle diese Konstruktionen haben aber die auf dem reinen Leclanché-Typus beruhenden gehabt, da eben dieser für die Zwecke, für die man überhaupt Trockenelemente gebrauchen kann, auch besonders geeignet ist.

Die älteren Konstruktionen zeigen noch mehrere Mängel: Gaiffe hielt den Braunstein um den Kohlezylinder

---

[1] E. T. Z. 1889, S. 445.

durch ein Tondiaphragma fest, wodurch der innere Widerstand
zu groß war. (In neueren Konstruktionen ist dieser Übelstand in
bekannter Weise durch Ersetzung des Tonzylinders durch einen
Beutel behoben). Bei anderen Konstruktionen war insbesondere
die Braunstein(-Koks)umpackung zu lose, wodurch ebenfalls ein
beträchtlicher Widerstand entstehen kann. Andererseits wurde
auch ein großer Teil des Depolarisators im Inneren des Kohlezylinders untergebracht, wo sie fast gar keine Wirkung haben
kann, so daß derartige Elemente eine sehr schnelle Polarisation
zeigten. Einen größeren Fortschritt hatte die Konstruktion dieser
Elemente erst zu verzeichnen, als man den Depolarisator als sog.
Braunsteinumpressung anwandte.

§ 61. Galvanophor und E. C. C.-Element.

Der Galvanophor von C. Vogt bzw. S. Szubert verwendet diese Umpressung bereits (1893). Wichtig ist hier natürlich
noch mehr als bei den nassen Elementen, daß die Umpressung
gut leitet, weil der Elektrolyt in die Zwischenräume des Depolarisators nicht so gut eindringen kann. Als Elektrolyt wird Chlorzink
verwendet, um die Austrocknung zu vermeiden. An Stelle einer
Paste dient hier Sägemehl, mit dem Elektrolyten getränkt, als
Füllmasse. Die Zinkelektrode ist wie bei den meisten neueren
Trockenelementen zugleich als Gefäß für das Element gebaut.
Die Kohle bzw. der Braunstein wird am Boden durch paraffinierte
Papierscheiben vom Zinkbecher isoliert. Der obere Abschluß
wird durch einen Pechverguß bewirkt, den kleine Glasröhrchen
durchsetzen, die die Entgasung bewirken. Der innere Widerstand
ist 0,15--0,4 Ohm; die E. M. K. 1,5—1,6 Volt. Die Verwendungsfähigkeit ist dieselbe wie bei allen diesen Elementen; sie können
hauptsächlich für Haustelegraphie und Telephon gebraucht werden,
wo sie genügend Zeit zu sofortiger Erholung nach genügend kurzem
Gebrauche haben.

Das E. C. C.-Element nach Warren ist von dem
gleichen Typus, nur daß anstatt des Sägemehls eine Gipspaste
als Füllmasse dient. Der Depolarisator ist aus Braunsteinkörnern
mit Kokspulver (auch schlechtem Graphit) gemischt. Das Zinkgefäß, das ebenfalls zugleich als Elektrode dient, wird außen
durch Einschluß in ein Pappgehäuse isoliert. Als oberer Abschluß ist zunächst eine Lage Baumwolle und darüber eine Harz-
masse angebracht. Der innere Widerstand ist teilweise ziemlich
hoch, die E. M. K. gibt Zacharias zu 1,45 Volt an. Verwendungsfähigkeit wie oben.

§ 62. Trockenelemente der Hydrawerke.

Das Trockenelement der Hydrawerke schließt
sich in seiner Ausführung vollkommen dem früher beschriebenen
nassen Element dieser Fabrik an, wie es auch als Lager- und
Füllelement wesentlich unverändert gebaut wird. Es ist ein
Leclanché-Element mit Braunsteinumpressung, die aber den
möglichst porösen und doch festen Kohlezylinder in verhältnismäßig dünner Schicht innen und außen umgibt, um einen geringen inneren Widerstand zu ermöglichen, da der Depolarisator
selbst nicht sehr gut leitet und auch den Elektrolyten nicht so
aufnimmt, daß dadurch bessere Leitung erzielt würde. Der Kohlezylinder ist oben geschlossen und an dieser Decke ist ein Kohle-
bügel befestigt, in dem die Polklemme fest eingebaut ist. Innen
und außen steht dem Kohlezylinder je ein Zinkzylinder gegenüber; beide sind bei der gebräuchlichen Type am Boden durch
gut isolierte Bleistreifen metallisch verbunden. Das Gefäß ist
von Glas oder ein mit Harz isolierter Weißblechbecher, der zum
Schutze außen noch mit Kaliko beklebt ist. Auf dem Boden
befinden sich zunächst Sägespäne, dann eine hygroskopische
Gipspaste, die bei richtiger Zusammensetzung gallertartig ist und
weder eintrocknen noch auch Flüssigkeit abgeben soll. Die Gas-
ableitung wird durch ein Bleirohr im Pechverguß bewirkt.

In einer anderen Type wird das Element auch mit zwei
Zinkpolen für Telephonzwecke (Mikrophon und Kontrollelement
vereinigt) hergestellt. Es besitzt dann jeder Zinkzylinder eine
Elektrode, der Kohlezylinder ist dann oben geöffnet.

Der innere Widerstand der Hydra-Trockenelemente ist 0,08
bis 0,3 Ohm, die E. M. K. 1,5—1,6 Volt.

Für größere Spannungen wird auch ein Doppelelement
geliefert, in dem in einem Zinkzylinder zunächst ein Kohlezylinder steht, der außen mit der Depolarisationsmasse umpreßt,
innen dagegen durch Pech- oder Paraffinüberzug gut isoliert ist.
An diesem liegt innen, durch Bleistreifen gut mit ihm verbunden,
ein zweiter Zinkzylinder und in dessen Mitte steht ein mit Braunstein umpreßter Kohlestift. Die Spannung des Elementes ist
natürlich verdoppelt, während der innere Widerstand ziemlich
klein bleibt. Bei den Typen von 2,7 kg Gewicht (145 mm Höhe)
und 2 kg Gewicht (100 mm Höhe) beträgt der innere Widerstand
nur 0,3 Ohm; die Anfangsspannung ist 3,15 Volt.

Messungen an Hydraelementen sind von Zacharias
ausgeführt worden.

I. Hydraelement, Type A.

a) Entladung über 1 Ohm Widerstand.

Offene E. M. K. am Anfang: 1,49 Volt.

	Anfang	27 Min.	2 St. 27 Min.	8 St. 12 Min.
Volt	1,31	1,18	1,12	1,00
Amp.	1,10	1,00	0,90	0,80
Ohm (Inn.) .	0,10	0,1	0,1	0,10.

Offene E. M. K. am Schluß: 1,15 Volt.   Wattstunden 8,281.

b) Entladung über 0,605 Ohm Widerstand.

Offene E. M. K. am Anfang: 1,53 Volt.

Stromstärke bei Kurzschluß: 8 Ampere.

	Anfang	20 Min.	1 St. 10 Min.	2 St. 40 Min.
Volt	1,14	1,00	0,91	0,79
Amp.	2,15	1,90	1,65	1,45.

Hieran schloß sich: Kurzschluß über 0,02 Ohm.

	5 Min.	9 Min. (mom. geöffn.)	3 St. 36 Min.	geöffnet	1½ St. Ruhe
Volt	0,13	0,12	1,0	0,015	0,8	1,16.
Amp.	3,70	3,30	1,00			

Schon die Entladung über 0,6 Ohm ist eigentlich für ein Trockenelement eine etwas zu starke Beanspruchung; immerhin ist es bemerkenswert, daß noch nach $2^3/_4$ Stunden die Spannung nicht unter 0,8 Volt gesunken ist. Daß nach der starken Inanspruchnahme im Kurzschluß sich das Element schon in $1^1/_2$ Stunden auf 1,16 Volt regeneriert, ist besonders hervorzuheben.

II. Doppelelement: zylinderförmig, 2,75 kg, 180 mm hoch, 95 mm Durchmesser.

Entladung über 5 Ohm.

Innerer Widerstand 0,16 + 0,17 Ohm.

	offen	Anf.	20 Min.	15 Min.	2 St. 40 Min.
Volt: total	3,17	2,88	2,72	2,61	2,44
äußeres El.	1,57	—	1,38	1,35	1,265
inneres El.	1,60	—	1,32	1,26	1,18
Ampere	—	0,70	0,60	0,50	0,46.

Erholung: 15 Stunden.   Innerer Widerstand: 0,2 + 0,34 Ohm.

	offen	5 Min.	10 Min.	2 St. 40 Min.	5 St. 40 Min.
Volt: total	2,86	2,65	2,55	2,33	2,12
außen . . .	1,44	—	1,31	1,23	1,21
innen . . .	1,43	—	1,23	1,10	0,91
Ampere	—	0,575	0,50	0,44	0,40.

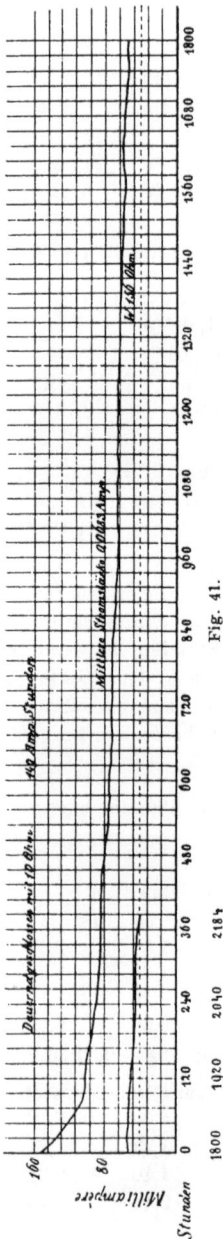

Die große Kapazität der Hydra-
trockenelemente wird durch die nebenstehende Kurve (Fig. 41) bestätigt, die
neuerdings vom elektrotechnischen Bu-
reau der Generaldirektion der Badi-
schen Staatseisenbahnen aufgenommen
worden ist. Sie zeigt den Verlauf der
Stromstärke bei Schließung über 10 Ohm;
es wird dabei bis zu einem Strom von
0,04 Amp., also einer Spannung von
0,4 Volt, eine Kapazität von 149 Amperestunden erhalten, was jedenfalls
als hervorragende Leistung bezeichnet
werden muß.

§ 63. Reformtrockenelement. Thor-, Bender-, Ludvigsen- Element.

Das Reformelement (s. auch
bei den nassen Elementen) ist dem
Hydraelement ziemlich ähnlich; auch
dieses wird als Trockenelement gebaut.
Es ist besonders für Entnahme stärkerer Ströme gebaut. So gab nach
Zacharias ein Element von 130 mm
Höhe und 70 mm Durchmesser im Kurzschluß 11—13 Amp. Im übrigen geben
derartige Prüfungen, insbesondere Kurz-
schlußprüfungen nicht allzu sicheren
Aufschluß über den Wert dieser Elemente. Das charakteristische der Leclanché-Elemente ist die Erholungsfähigkeit und insbesondere an Trockenelementen ist dies die wichtigste Eigenschaft. Prüfungen, die nicht genügende
Rücksicht hierauf nehmen, können
leicht ein falsches Bild von dem Wert
oder Unwert eines Elementes verursachen.

Eine Reihe anderer mit diesen
und den folgenden Elementen mehr
oder weniger verwandter Elemente sind

Fig. 41.

das Trockenelement Thor der Firma C. Erfurth, Berlin
(s. auch bei nassen Elementen), das Element Bender (D. R. P.
48 695), bei dem die Absorption der entstehenden Gase durch
Holzkohle im Kohlezylinder bewirkt werden soll, und bei dem
zum Verhüten des Austrocknens als hygroskopisches Salz Chlor-
kalzium zugesetzt ist, und das Ludvigsen-Element (D. R. P.
80 026). Das letztere, von der Firma Siemens & Halske fabriziert, wurde als Lagerelement gebaut, da es in nach außen fest
verschlossenen Röhren das hygroskopische Erregersalz enthält.
Vor dem Gebrauch wird der Verschluß geöffnet und so dem
Inneren des Elementes Luftfeuchtigkeit zugeführt.

§ 64. Gaßner-Trockenelement.

Das Gaßner-Trockenelement D. R. P. 45251, 1887
war das erste Trockenelement, das von der deutschen Reichspostverwaltung im Telephonbetrieb verwendet wurde. Es ist
ein gewöhnliches Leclanché-Element, dessen Kohle-Braunsteinzylinder aber noch mit Eisenchlorid getränkt ist, um eine
bessere Depolarisation zu erzielen. Das Zinkgefäß ist zugleich
negative Elektrode, Elektrolyt ist konzentrierte Salmiaklösung in
einer Gipspaste, der als hygroskopisches Salz noch Zinkoxyd
zugesetzt wird. Nach Schoop[1] besteht die Paste aus 1 Teil
Zinkoxyd, 1 Teil Salmiak, 3 Teilen Gips und 2 Teilen Wasser.
Das Zinkoxyd soll vor allem auch die Paste mehr porös machen.
An dem Kohlezylinder wird bei der Stromerzeugung Ammoniak
entwickelt, das das Eisenchlorid zersetzt, unter Bildung von
Eisenoxydhydrat, das den weiterhin entstehenden Wasserstoff
zu Wasser oxydiert.

Die E. M. K. ist ca. 1,3 Volt, der innere Widerstand etwas
unter 1 Ohm. Das Element polarisiert sich sehr rasch, schon
wenn es über 5 Ohm geschlossen ist; doch hat es eine sehr
große Erholungsfähigkeit. Im Telegraphenversuchsamt wurden
eine Reihe Gaßner-Elemente über 5 Ohm, indem alle Viertel-
stunden 3 Minuten lang Strom entnommen wurde, geprüft, um
so dem tatsächlichen Gebrauch des Telephons einigermaßen
entsprechende Verhältnisse zu schaffen. Hierbei sank die Stromstärke erst nach 400 Betriebsstunden unter 0,1 Amp., nachdem
bis dahin 51 Amp.-Stunden geliefert waren. Außerdem zeigten
aber die Elemente noch das Vermögen, auch nach völliger Erschöpfung in 3—6 Wochen den größten Teil ihrer anfänglichen
E. M. K. wieder zu gewinnen. Im Telephonbetrieb selbst haben

---

[1] Archiv f. Post und Telegraphie 1901. Bd. 29 S. 68.

sie sich aber noch weit besser bewährt. Sie hatten da augenscheinlich weit bessere Erholungsbedingungen, so daß ihre Betriebsdauer, die 2—4 Jahre lang ist, im großen und ganzen nur durch den allmählich eintretenden inneren Verderb des Elementes begrenzt ist. Nach kürzerer Zeit unbrauchbar geworden waren die Gaßner-Elemente nur dort, wo sie längere Zeit einem Kurzschluß ausgesetzt waren, so daß völlige Erschöpfung eintrat. Bei völliger Erschöpfung ist die auftretende Erholung nicht von Dauer, sondern sie verschwindet beim Eintritt des Gebrauchs sofort wieder. Die Versuche, durch langen Gebrauch erschöpfte Elemente durch Stromeinleiten zu regenerieren, führten zwar zu einer Spannung von 1,5 Volt zurück, indessen blieb der innere Widerstand auf ca. 3 Ohm stehen und wuchs nach kurzer Zeit auf über 5 Ohm wieder an, so daß man als Ursache der Erschöpfung mit Sicherheit den inneren Verderb annehmen muß.

Die im Telegraphenversuchsamt ausgeführten Vergleichsbeobachtungen[1]) ergaben folgende Resultate:

Gaßner (Anfangsspannung 1,47 Volt)							Leclanché (Anfangsspannung 1,28 Volt)			
Äuß. Widerstd.	Amp.-Std.	Volt	Ohm (Inn.)	Betr.-stdn.	Stromstärke		Amp.-Std	Volt	Ohm (Inn)	Betr.-Std
	am Ende				Anf.	Ende	am Ende			
konst. 12,5 Ohm	45,9	0,12	0,45	2150	0,115	0,01	18,9	0,1	1,7	1710
konst. 25 »	30,7	0,15	0,7	2150	0,06	0,01	20,8	0,15	1,3	1710
Je 3 Min. alle 1/4 Std. 5 Ohm	51,3	0,3	0,5	430	0,265	0,06 – 0,02	21,7	0,2	0,85	350

Schon hiernach zeigt sich das Gaßnersche Trockenelement dem Leclanché-Element sehr überlegen, insbesondere bei dem unterbrochenen Gebrauch. Das Element wurde eingeführt und hat sich auch im Vergleich mit anscheinend besser konstruierten Elementen noch bedeutend besser gehalten als diese Versuche vermuten ließen. Allerdings ist als Vergleichsobjekt augenscheinlich die schlechte Type der Leclanché-Elemente verwendet worden, die damals bei der Post in Gebrauch war (s. oben bei Leclanché-Elem.). Weiter ist, wie ebenfalls schon erwähnt, auch die Rentabilität dadurch entschieden verringert, daß die verbrauchten Trockenelemente nahezu gar keinen Wert mehr besitzen. Weitere Vergleichsmessungen sind noch weiter unten angegeben.

[1]) Archiv f. Post und Telegraphie, Juli 1893.

§ 65. Trockenelement von Kaiser und Schmidt.

Das Trockenelement der Firma Keiser & Schmidt, Berlin, wird, wie die meisten jetzigen Elemente mit einem besonderen Erregersalz gefüllt, das hygroskopisch die Füllung des Elementes genügend feucht erhält und zugleich die Bildung der unlöslichen Zinkkristalle verhindert. Im Jahre 1899 wurden vier Elemente von 185 mm Höhe und 85 mm Durchmesser der Physikalisch-technischen Reichsanstalt vorgelegt. Im Ruhezustande ging die E. M. K. in 190 Tagen von 1,60 auf 1,53 Volt zurück. Drei Elemente wurden über 10, 20 und 50 Ohm geschlossen. Die Ergebnisse waren folgende (Fig. 42):

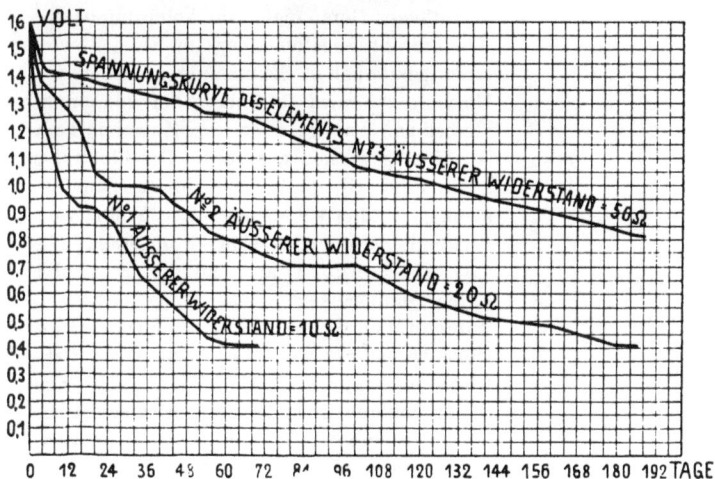

Fig. 42.

Zeit nach der Einschaltung	Geschlossen über 10 Ohm	20 Ohm	50 Ohm
offen :	1,60 Volt	1,61 Volt	1,60 Volt
5 Sekunden . . .	1,54 »	1,59 ‘	1,59 »
2 Stunden . .	1,49 »	1,55 »	1,57 ‘
1 Tag	1,35 »	1,44 .	1,51 »
10 Tage	0,96 »	1,29 »	1,40 »
30 Tage	0,77 »	1,04 »	1,36 »
50 »	0,49 »	0,88 »	1,29 »
69	0,40 »	0,75 »	1,23 »
187	— »	0,40 »	0,82 »
Amperestunden . .	121,2	166,1	101,1 (noch nicht erschöpft!)
Wattstunden : . . .	88,4	123,0	113,3.

§ 66. Das Hellesen-Element.

Das Hellesen-Element, von der Firma Siemens
& Halske (D. R. P. 48448) geliefert, ist das zweite Trockenelement, das sich in dem Telephonbetrieb der Reichspostverwaltung bewährt hat (Fig. 43). Ein mit einer Messingkappe ver-
sehener kompakter Kohlenzylinder dient als positive Elektrode,
sie ist in bekannter Weise mit einer Depolarisationsmasse umpreßt, die aus einem von einem Sack von Nesselgaze umgebenen
Braunstein-Kohlegemisch besteht. Die negative Elektrode ist ein
zylinderförmiger Zinkbecher, der zugleich als
eigentliches Gefäß dient; zur Ableitung ist ein
Kupferdraht angelötet, der im Element von
einer geklöppelten Schutzhülle umgeben ist.
Umschlossen wird der Zinkbecher von einem
viereckigen Pappgehäuse, der Zwischenraum
ist mit Sägespänen angefüllt. Der Elektrolyt
ist in einer Gipspaste suspendierte Salmiaklösung. Früher scheinen andere Füllmassen
verwendet worden zu sein, wenigstens gibt
Carhart-Schoop[1] an, daß der Elektrolyt
durch Gummizusatz o. dgl. zäh gemacht sei,
während bei Gérard[2] als Füllmasse Glaswolle bezeichnet wird. Der Abstand der Elektroden ist 10 mm. Die Füllmasse reicht nur
bis zum oberen Ende des Depolarisators. Über

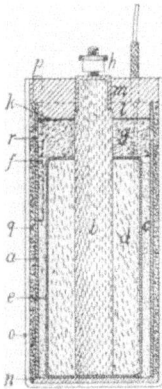

Fig. 43.

beiden ist eine Schicht von Reisspreu gelagert,
die nach oben durch eine Deckmasse aus Asphalt oder Wachs
abgeschlossen wird. In der Höhe der Reisspreuschichte sind in
dem Zinkbecher mehrere Löcher angebracht — das ist das wesent-
liche des Patentes — durch die die entstehenden Gase, nachdem sie in der Reisspreuschicht bereits möglichst getrocknet
sind, nach außen in den von Sägemehl gefüllten Raum zwischen
Zinkbecher und Pappgehäuse eintreten sollen; hier werden sie
vollständig getrocknet und können dann unschädlich durch ein
Glasröhrchen entweichen, das hier den Asphaltverguß durchsetzt.
Das entstehende Ammoniak diffundiert im Element übrigens
zum großen Teile zum negativen Pol, wo es mit dem gebildeten
Zinkchlorid ein Doppelsalz bildet.

---

[1] Carhart-Schoop, Die Primärelemente.
[2] Gérard, Leçons sur l'Électricité.

Der innere Widerstand beträgt für die einzelnen Größen 0,15—0,5 Ohm, die Spannung ungefähr 1,5 Volt. In der Physikalisch-technischen Reichsanstalt Charlottenburg wurden mehrere Elemente zweier Typen geprüft: Type (1): 2,75 kg, 175 × 100 × 100 mm, Type (2): 1,5 kg, 165 × 75 × 75 mm.

Messungsergebnisse (Fig. 44).

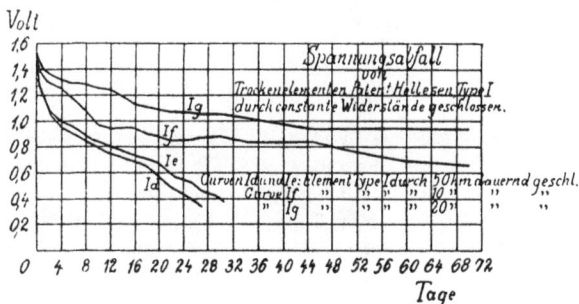

Fig. 44.

Die Spannung sank in 90 Tagen Ruhe von 1,53 Volt auf 1,5 Volt.

Entladung der Typen (1) über konstanten Widerstand:

Widerstand	Spannung bleibt üb. 1 Volt	über 0,8 Volt
5 Ohm	mehr als 3 Tage	10 Tage
10 »	» » 9 »	48 »
20 »	» » 35 »	ständig.

Entladung mit 0,2 Ampere.

Nach 4 Tagen betrug die Spannung noch 1 Volt
  » 14 »   »   »   »   » 0,6 »

Entladung der Typen (2) über konstanten Widerstand:

Widerstand	Spannung über 1 Volt	Spannung über 0,8 Volt
10 Ohm	ca. 4 Tage	14 Tage
20 »	über 9 »	43 »
50 »	∞	∞

Entladung durch 0,1 Ampere.

Nach 4 Tagen betrug die Spannung noch 1 Volt
  » 17 »   »   »   »   » 0,6 »

Bis zu einem Abfall auf 0,4 Volt wurden geliefert:

von Type (I): Entlad. m. 0,20 A. Über 5 Ohm. Über 10 Ohm. Über 20 Ohm.

89 Amp.-Std. ca. 100 A.-St. In 70 Tagen nicht erschöpft

145 A.-St. 88 A.-St.

(0,65 Volt) (0,94 Volt);

von Type (2): Entl. m. 0,10 A. Über 10 Ohm. Über 20 Ohm. Über 50 Ohm.

47 Amp.-St. 58 A.-St. 70 A.-St. In 70 Tagen

nicht erschöpft

40 A.-St.

(1,01 Volt).

Im deutschen Patent 161124 von Siemens & Halske ist das Hellesen-Element zu etwas größerer Leistungsfähigkeit durchgebildet, indem zur besten Raumausnutzung die zylindrisch angeordneten wirksamen Teile des Elementes bis zum oberen Abschluß des Elementes geführt sind, während die Gastrocknung ausschließlich in die Eckräume verlegt ist, die vermittelst eines Glasröhrchens mit der Depolarisationsmasse verbunden sind, das durch ein Loch des Zinkzylinders geht. Die Trocknung geschieht nur durch indifferente Stoffe, wie Sägespäne.

§ 67. Weitere Messungen und Vergleich von Hellesen- mit Gaßner-Element.

Das Telegraphen-Versuchsamt hat das Hellesen-Element (obige Type 1) ebenfalls geprüft und zwar speziell auf seine Brauchbarkeit im Telephonbetrieb.[1]) Wie die Gaßner-Elemente, wurden auch diese durch Entladung über 5 Ohm je 3 Minuten jeder Viertelstunde geschlossen (Fig. 45 u. 46). Es zeigte sich dabei eine gute Depolarisation, indem bis zur 650. Betriebsstunde die Stromstärke nicht unter 0,1 Amp. — der Mindeststromstärke für ein Mikrophon — sank. Die Leistung betrug dabei 92 Amp.-Stunden, während die Spannung in der gleichen Zeit (27 Tage) auf 0,88 Volt zurückgegangen war. Der innere Widerstand stieg von 0,2 auf 0,6 Ohm, nach 1150 Stunden auf 1,6 Ohm. Die Spannung blieb im geöffneten Zustande auf 0,9 Volt, sank aber beim Schließen sofort auf 0,4 Volt. Hiernach ergab sich für die Hellesen-Elemente eine bedeutend größere Leistungsfähigkeit als für die Gaßnerschen. Wenn auch letztere eine größere Erholungsfähigkeit besitzen auch bei völliger Erschöpfung, so hat

---

[1]) Archiv für Post und Telegraphie 1901, S. 65 ff.

doch diese Erholung keine längere Dauer, und also auch anscheinend keinen bedeutenderen Nutzen. Die von der Postverwaltung beim praktischen Gebrauch gemachten Beobachtungen[1])
ergaben aber ein ganz anderes Resultat. Hierbei erwiesen sich
die Gaßner-Elemente den Hellesen-Elementen vollkommen
ebenbürtig.

[1]) Archiv für Post und Telegraphie 1902, Nr. 12.

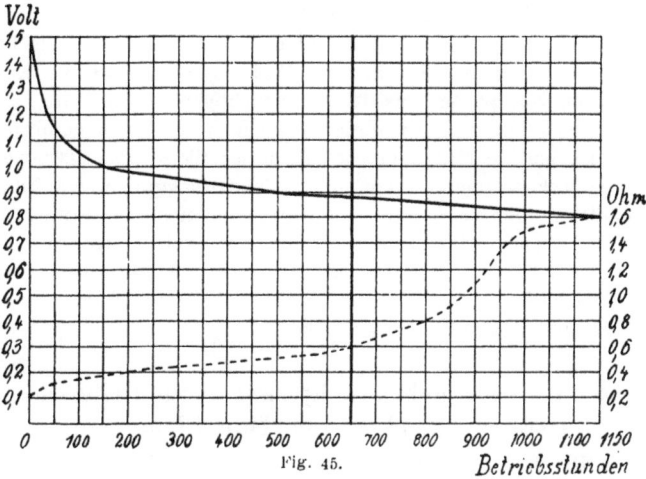

Fig. 45.

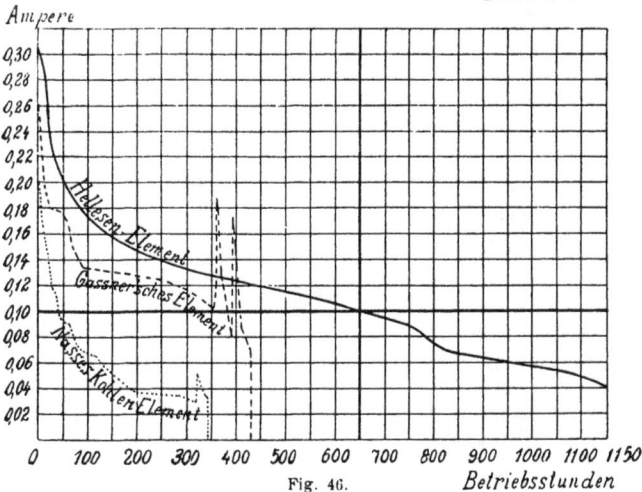

Fig. 46.

Dies ist ohne weiteres verständlich, wenn man bedenkt, daß, um Zeit zu ersparen, bei den Versuchen die Elemente täglich 96 mal geschlossen wurden, während es in der Praxis durchschnittlich nur 18 mal geschieht. Ferner ist der Mikrophonwiderstand ungefähr 10 Ohm, während bei den Versuchen 5 Ohm verwendet wurden. In der Praxis kam die größere Erholungsfähigkeit in der Ruhe, die die Gaßner-Elemente besitzen, mehr zur Geltung, die Gebrauchsfähigkeit wurde bei beiden Elementen nur durch den inneren Verderb begrenzt. Sie beträgt ca. 2 bis 3 Jahre für alle Größen, nach Ablauf dieser Zeit tritt eine bedeutende Zunahme des inneren Widerstandes, stärkeres Auswachsen von Salzen, Austritt von Feuchtigkeit u. dgl. ein.

Bemerkenswert ist übrigens noch die an der angeführten Stelle gemachte Mitteilung, daß in dieser Weise über 100 Arten von Trockenelementen von der Reichs-Telegraphenverwaltung geprüft worden sind, von denen nur neun noch zur Erprobung in der Praxis gekommen sind und nur zwei, Hellesen und Gaßner, bis zu jener Zeit die Probe bestanden hatten. Die praktische Erprobung geschieht übrigens bei zehn Oberpostdirektionen mit je 200 Elementen.

§ 68. Vergleichende Messungen an Hellesen-, Gaßner-, Bender- und Thor-Elementen.

Diese vergleichenden Messungen sind von Krehbiel[1] ausgeführt worden. Die E. M. K. betrug bei allen 1,4 — 1,5 Volt; eine Abhängigkeit von der Temperatur war fast gar nicht vorhanden. 1 1/2 monatliches Lagern hatte keinen Einfluß. Bei längerem Stromschluß nahmen die inneren Widerstände zu, am wenigsten bei Gaßner, am meisten bei Thor. Zur Vergleichung der Haltbarkeit wurden die E. M. K. mit Vergleichszahlen angegeben, indem die E. M. K. bei Beginn bei sämtlichen Elementen mit 100 bezeichnet wurde.

Die E. M. K. verhielten sich:

	Inn. Widerstand	Anfang.	nach 1 St.	nach 2 St	nach 24 St.
Über 60 Ohm geschlossen.				Erholung	
Hellesen	0,1—0,2 Ohm	100	98	98,2	99,4
Thor	0,3—1,1 »	100	94,9	95,1	97,6
Gaßner	0,1—0,2 »	100	97,3	97,9	99,6
Bender	0,4—0,7 »	100	96,3	97,1	98,8

[1] E. T. Z. 1890, S. 422.

Die E. M. K. verhielten sich:

	Anfang	nach 96 St.	nach 24 St. Erholung
Über 50 Ohm geschlossen.			
Hellesen	100	87,5	94,1
Thor	100	75,6	86,0
Gaßner	100	61,3	78,0
Bender	100	86,9	93,4.

Bei Entnahme stärkerer Ströme (über 3 Ohm) in kurzen Zeiten erwiesen sich sämtliche Elemente, insbesondere die von Hellesen und Bender, gut.

§ 69. Trockenelement Type T von Siemens & Halske.

In dem letzten Trockenelement von Siemens und Halske, Type T (Fig. 47) ist nach D. R. P. 181778 ein neuer Weg beschritten, die Frage zu lösen, was mit den erzeugten Gasen anzufangen sei. Hier ist jede Entgasung fortgelassen worden, der Gasdruck wird zur Regenerierung des Elektrolyten ausgenutzt. Das entwickelte Ammoniak strömt in einen besonderen, von der Füllmasse frei bleibenden Raum, der nach oben hin durch eine gegen Ammoniak beständige Vergußmasse gasdicht abgeschlossen ist, die auf einer in Paraffin getauchten Scheibe aus Papiermasse ruht. Entsprechend dem Steigen des Gasdruckes wird dann das Ammoniak vom Elektrolyten teilweise wieder aufgenommen, und es bildet sich infolgedessen Salmiak (NH_4Cl) aus Zinkchlorid ($ZnCl_2$) und NH_3 zurück. Hierdurch besitzt das Element neben großer Leistungsfähigkeit bei der Stromabgabe eine große Regenerierfähigkeit nach dem Gebrauche und eine ziemlich große Haltbarkeit im unbenutzten Zustande.

Die E. M. K. beträgt ungefähr 1,5 Volt, der innere Widerstand der einzelnen Typen ist etwas geringer geworden.

Type	Innerer Widerstand		Grund-fläche	Höhe
	der Type T	(Hellesen)		
	Ohm		mm	mm
T_1	0,10	(0,15)	100 × 100	197
T_2	0,15	(0,20)	76 × 76	182
T_3	0,20	(0,25)	63 × 63	155
T_4	0,20	(0,30)	57 × 57	122
T_5	0,25	(0,35)	38 × 38	112
T_6	0,35	(0,50)	32 × 32	83
T_7	0,15	(0,20)	90 × 45	165

Fig. 47.

Die Leistungsfähigkeit des Elementes ist, wie man aus dem Prüfungsbericht der Physikalisch-Technischen Reichsanstalt für die Type 2 und den zugehörigen Kurven (Fig. 48) entnehmen kann, ganz bedeutend gegenüber dem der entsprechenden Hellesen-Typen gesteigert.

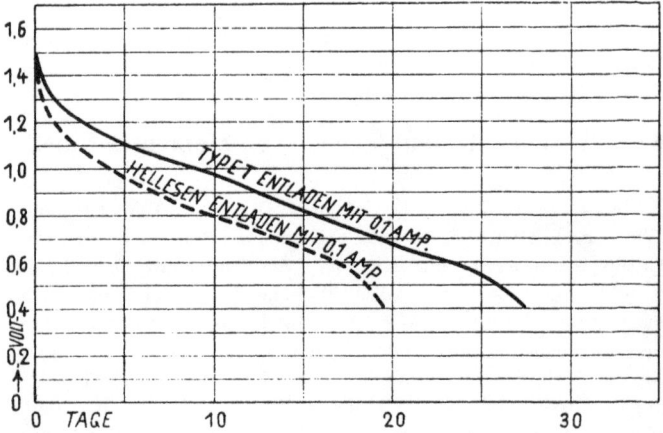

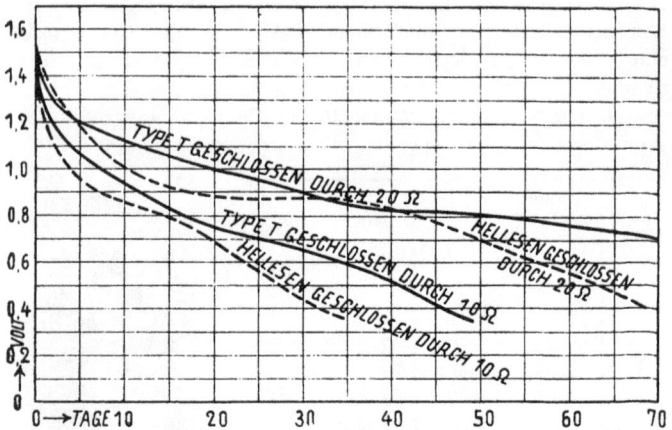

Fig. 48.

Das gleiche Bild geben die von der Telegraphen-Versuchs-anstalt aufgenommenen Kurven (Fig. 49). In den letzteren be-sitzt die neue Type unter den bekannten Versuchsbedingungen nach einer Betriebsdauer von über 120 Tagen noch ca. 1,05 Volt, während das Hellesen-Element auf 0,51 Volt gefallen war.

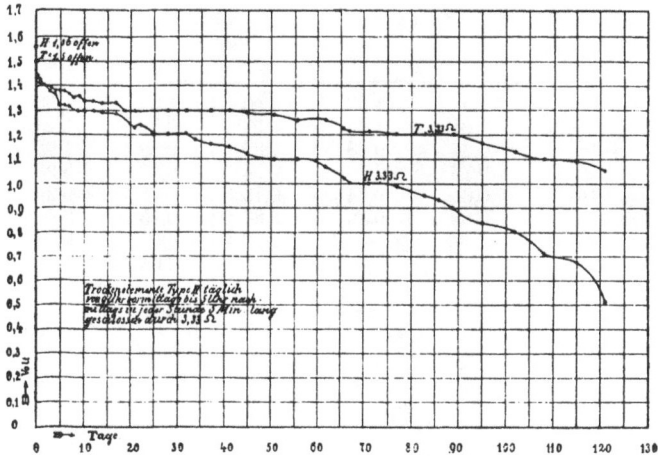

Fig. 49.

Vergleich der Prüfungsberichte der Physikalisch-Technischen

Trockenelemente

Größe 16,5 × 7,5 × 7,5 cm.

Elemente **System Hellesen.** Nach dem Prüfungsbericht von März 1898

Zeit nach dem Einschalten	Entladen mit 0,10 Amp.		Geschlossen durch		
			10 Ohm		20 Ohm
Tage	Volt	Volt	Volt	Volt	Volt
0	1,52	1,50	1,50	1,52	1,50
4	1,04	1,00	0,96	0,99	1,24
8	0,84	0,88	0,88	0,89	1,03
12	0,76	0,78	0,84	0,85	0,98
16	0,64	0,64	0,76	0,78	0,94
20	0,32	0,35	0,67	0,73	0,89
25	—	—	0,52	0,61	0,85
27	—	—	0,44	0,54	0,91
30	—	—	0,38	0,43	0,88
34	—	—	—	0,40	0,87
40	—	—	—	—	0,83
45	—	—	—	—	0,78
48	—	—	—	—	
52	—	—	—	—	
56	—	—	—	—	
60	—	—	—	—	0,54
64	—	—	—	—	
69	—	—	—	—	0,39
72	—	—	—	—	—
76	—	—	—	—	—
80	—	—	—	—	—
84	—	—	—	—	—
88	—	—	—	—	—
92	—	—	—	—	—
96	—	—	—	—	—
100	—	—	—	—	—
104	—	—	—	—	—
108	—	—	—	—	—
112	—	—	—	—	—
116	—	—	—	—	—
120	—	—	—	—	—
124	—	—	—	—	—
128	—	—	—	—	—
132	—	—	—	—	—
Gelieferte Elektrizitäts-menge bis zur Klemmen-spannung von 0,40 Volt Amp.-Stunden	46,8	47,1	54,3	62,4	69,8

Reichsanstalt über Hellesen-Elemente und Elemente Type T.

Type 2
Gewicht 1,5 kg.

Elemente Type T. Nach dem Prüfungsbericht vom Januar 1906

Zeit nach dem Einschalten	Entladen m. 0,1 Amp.	Geschlossen durch			
		10 Ohm		20 Ohm	
Tage	Volt	Volt	Volt	Volt	Volt
0	1,42	1,47	1,47	1,48	1,48
4	1,14	1,12	1,11	1,21	1,21
7	1,07	1,04	1,04	1,17	1,16
11	0,95	0,94	0,92	1,12	1,11
18	0,71	0,76	0,76	1,03	1,02
20	.	.	.	.	.
25	0,59	0,72	0,72	0,96	0,96
28	0,33	0,67	0,68	0,92	0,90
30	—	.	.	.	.
35	—	0,58	0,58	0,86	0,84
42	—	0,48	0,46	0,84	0,82
46	—	0,40	0,38	0,82	0,80
49	—	0,36	0,34	0,82	0,80
52	—	—	—	.	.
56	—	—	—	0,79	0,78
60	—	—	—		
64	—	—	—		
70	—	—	—	0,71	0,70
72	—	—	—		
76	—	—	—		
80	—	—	—		
84	—	—	—	0,64	0,66
88	—	—	—		
92	—	—	—		
96	—	—	—		
100	—	—	—		
103	—	—	—	0,59	0,52
108	—	—	—		
110	—	—	—	0,50	0,44
116	—	—	—	0,46	0,39
120	—	—	—	.	
123	—	—	—	0,40	0,37
126	—	—	—	0,40	—
131	—	—	—	0,35	—
Gelieferte Elektrizitätsmenge bis zur Klemmenspannung von 0,40 Volt Amp.-Stunden	65,3	84,3	82,7	117,7	109,0

Constante Stromentnahme = 0,2 Amp.
Mittl. Spannung = 10,3 Volt.
Kapazität = 98,83 Amp. Std.
Aussere Energie = 101,8 Watt Std.

Volt.

Ampère.

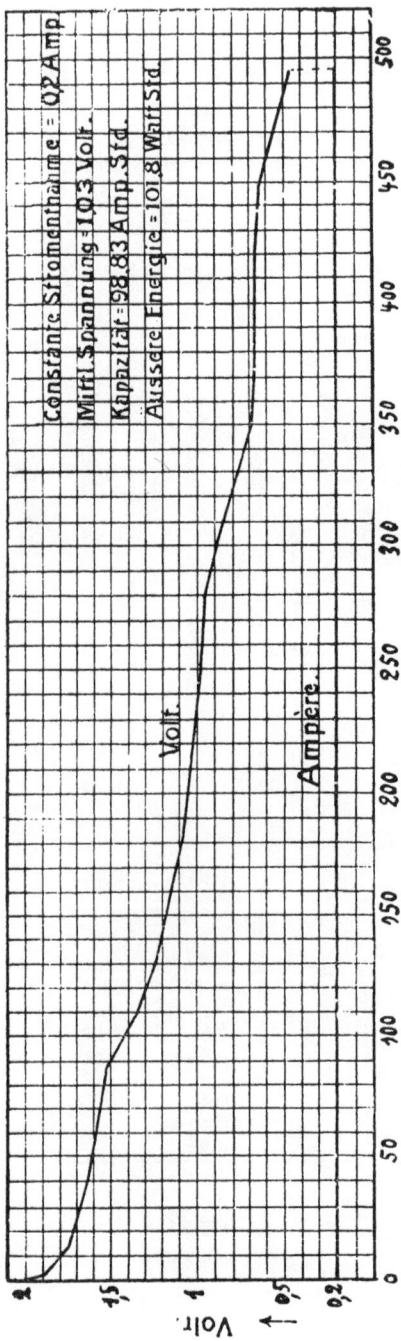

→ Stunden.
Fig. 50.

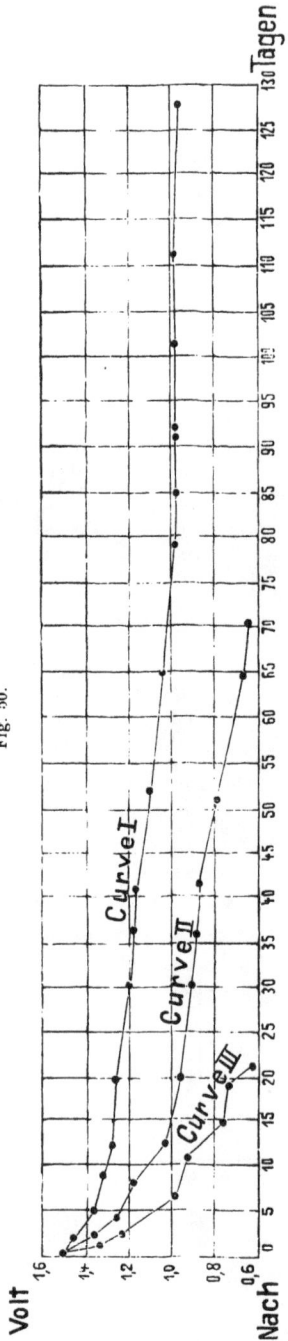

Volt

Curve I
Curve II
Curve III

Nach   Tagen

§ 70. Ferabin-Trockenelement und Element von Dr. Riep und Friedländer.

Das Ferabin-Trockenelement von A. Wedekind, Hamburg, zeichnet sich vor allem durch seine hohe Spannung von 1,9—2 Volt aus. Auch seine Erholungsfähigkeit ist groß, es ist vor allem (Fig. 50) neben den gewöhnlichen Zwecken der Schwachstromtechnik für Zünderbatterien von Automobilen etc. und für Kleinbeleuchtung, insbesondere Handlampen, von Vorteil.

Bei einer Prüfung des Physikalischen Staatslaboratoriums in Hamburg wurden die zugehörigen Osmiumlampen (Ferabin) mit Ferabin-Doppelelementen gebrannt. Es ergab sich bei dem Modell I für die Lampe ein Bedarf von 3 Volt und 0,31 Amp.: Das Doppelelement 195 × 90 × 90 mm besaß offen vor der Entladung 3,72 Volt und lieferte dann 57 Brennstunden lang den erforderlichen Strom, ehe es erschöpft war. Nach 24 stündiger Erholung vermochte das Element noch weitere 6 $\frac{1}{2}$ Stunden genügenden Strom zu liefern.

Modell II erforderte bei 3 Volt 0,36 Amp. Das Doppelelement 165 × 90 × 45 gab für 17 Brennstunden Strom und erholte sich in 4 Ruhetagen noch zu 1 $\frac{3}{4}$ Brennstunden.

Die gebauten Typen der einzelnen Elemente variieren in den Gewichten von 0,8—3,1 kg. Die Kurve ist von der größten Type IV: 197 × 95 × 95 mm, Gewicht 3,1 kg aufgenommen.

Das Trockenelement Dr. Riep & Friedländer ist ebenfalls eines der dauerhafteren Elemente von der E. M. K. 1,57 Volt. Vielleicht trägt hierzu auch der verwendete Elektrolyt (Dr. Rieps Elektrosalit (s. o.) mit bei. Die Leistungen einer mittleren Type (2): 165 × 75 × 75 mm, nach einer von Zacharias aufgenommenen Kurve bei Entladung über 5 Ohm (Fig. 51) sind zu den besseren zu rechnen.

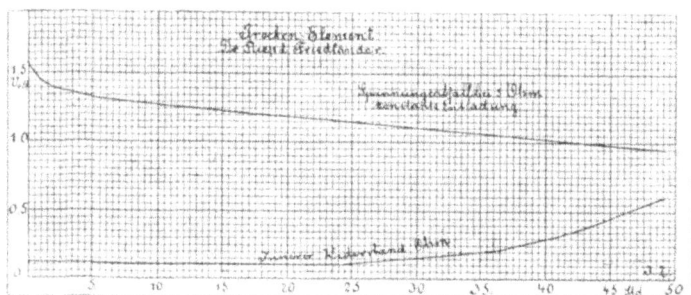

Fig. 51.

Die Spannung fällt in 48 Stunden anfangs steiler, dann ziemlich allmählich von 1,57 auf 0,95 Volt, während der innere Widerstand von 0,12 auf 0,6 Ohm steigt. Auch die Prüfungen der Physikalisch-Technischen Reichsanstalt an vier Elementen der gleichen Type zeigen in der Ruhe und bei Entladungen über konstante Widerstände von 10, 20 und 50 Ohm befriedigende Ergebnisse. Leider liegen die entsprechenden Daten über den Abschluß der Untersuchung, insbesondere über die Erholungsfähigkeit nach dieser vollständigen Entladung bis auf 0,4 Volt noch nicht vor.

Zeit	Beobachtete elektromotorische Kraft bzw. Klemmenspannung in Volt				Bemerkungen
	1	2	3	4	
	im offenen Zustand				
0 Tage	1,57	1,57	1,57	1,57	
7 »	1,57	1,57	1,57	1,57	
10 »	1,57	1,57	1,57	1,57	
	bleibt offen	geschlossen durch			
		10 Ohm	20 Ohm	50 Ohm	
10 Tage	—	1,56[1]	1,57[1]	1,57[1]	[1] Sofort nach d. Einschalten
1 Std.	—	1,50	1,53	1,55	
4 »	—	1,43	1,49	1,53	
7 »	—	1,40	1,46	1,51	
11 » —	—	1,32	1,39	1,46	
13 » —	—	1,16	1,33	1,41	
15 » —	—	0,97	1,30	1,38	
19 » —	1,57	0,93	1,15	1,35	
22 » —	—	0,88	1,01	1,33	
29 » —	—	0,73	0,94	1,29	
33 » —	—	0,68	0,94	1,27	
40 » —	1,56	0,57	0,91	1,25	
47 » —	—	0,44	0,84	1,21	
50 » —	1,55	0,37[2]	0,80	1,19	[2] ausgeschaltet
61 » —	—	—	0,68	1,10	
73 » —	1,54	—	0,57	1,04	
80 » —	—	—	0,48	0,99	
84 » —	—	—	0,41	0,94	
86 » —	1,54	—	0,40[2]	0,93	
Gelieferte Elektrizitätsmenge bis zur Klemmenspannung von 0,40 bzw. 0,93 Volt		70,08	75,2	43,5	
		Ampere-Stunden.			

§ 71. Trockenelement der N. E. W. und Dewa-Element.

Das Trockenelement der N. E. W. (Neue Element-werke, Gebr. Haß & Co., Berlin) entspricht in seiner neuen Form dem schon früher geschilderten Beutelelement (s. da). Der Prüfungsbefund der Physikalisch-Technischen Reichsanstalt für zwei Elemente von $180 \times 80 \times 80$ mm ergab einen inneren Widerstand von nur 0,09 Ohm, der nach 30 Tagen Stromschluß auf ca. 0,30 Ohm, nach weiteren 30 Tagen auf 0.35 Ohm stieg. Das weitere ausgezeichnete Verhalten ist aus der Tabelle bzw. der Kurve ersichtlich (Fig. 52):

Die Ablesungen der Phys.-Techn. Reichsanstalt sind folgende:

Zeit		N.E.W. Trockenelement Nr. 81 P		
		Offen Volt	Geschlossen durch 10 Ohm	
			Volt	Volt
	Sofort	1,58	1,55	1,56
Nach	2 Stunden . .		1,49	1,50
»	7 » . .		1,41	1,42
»	1 Tage		1,31	1,32
»	4 Tagen		1,18	1,19
»	7 »	1,57	1,03	1,05
»	11 »		0,98	0,9.)
»	17 »		0,86	0,88
»	26 »	1,56	0,75	0,75
»	33 »		0,69	0,68
»	44 »		0,65	0,62
»	54 »		0,52	0,58
»	60 »	1,54	0,47	0,57
»	72 »		0,44	0,57
»	77 »		0,44	0,62
»	84 »		0,46	0,66
»	90 »		0,50	0,59
»	96 »		0.51	0,50
»	98 »		0,49	0,43
»	99 »		0,47	0,39
»	100 »		0,43	—
»	101 »	1,53	0,40	—
Gelieferte Elektrizitätsmenge:		—	156,8	167
			Amperestunden.	

Hiernach ist, wenigstens bei dieser Entladungsform, das Element allen anderen gleichartigen Elementen überlegen. Von Bedeutung ist auch, daß die Firma unter gewissen Bedingungen Garantie leistet. Es werden auch bei den Trockenelementen zwei Güteklassen A und B geliefert. Die Haupttypen der neueren Elemente sind folgende:

Gefäß-		Garantie für normal period. Stromentnahme			
Höhe	Durchmesser bzw. Breite u. Länge	Klasse A		Klasse B	
		b. Milliamp.	Jahre	b. Milliamp.	Jahre
250	125	100	3	60	3
180	90	50	2	30	2
150	75	25	2	15	2
130	60	15	$1^1/_2$	10	1
180	85×85	60	2	35	2
125	65×65	20	$1^1/_2$	15	$1^1/_2$

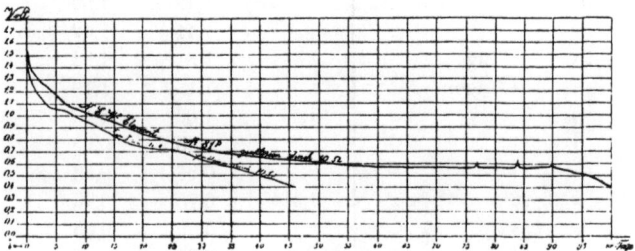

Fig. 52.

Das Dewa-Trockenelement von Anton Schneeweis, Berlin, besitzt ebenfalls nur einen geringen inneren Widerstand: 0,08 Ohm. Der Prüfungsbefund der Physikalisch-Technischen Reichsanstalt vom Jahre 1905 (Fig. 53 auf S. 92) ergab:

bei Entladung über 50 Ohm 88,1 Amp.-St. (Kurve I)
   »   ‹   » 20 » 89,0   »   (» II)
   »   »   mit 0,1 Amp. 55,9   »   » III.

Die E. M. K. im offenen Zustande sank in 180 Tagen von 1,55 auf 1,50 Ohm. Die Elemente sind in letzterer Zeit noch bedeutend verbessert worden.

§ 72. Elemente Bloc und Delafon.

Element Bloc ist besonders eigenartig, da es liegend in einem paraffinierten Eichenholzkasten eingebaut ist, eine Konstruktion, die übrigens in Frankreich öfters angewendet wird. Als Elektrolyt scheint Salmiaklösung zu dienen. Die Kohleplatte ist in Braunsteinkörnern eingelagert, die Zinkplatten sind durch eine dünne Schicht Torfmull von ihnen getrennt. Die Platten werden durch Federn fest gegen den Torf gepreßt. Bei Entnahme schwacher unterbrochener Ströme ist es sehr lange lebensfähig (bis zu 5 Jahren). Die E. M. K. ist 1,5—1,6 Volt, der innere Widerstand: 0,10—0,27 Ohm.

Element Delafon besitzt die von einem Sack umschlossene Braunsteinumpressung des positiven Kohlezylinders. Die Depolarisationsmasse, zu gleichen Teilen aus gekörnter Gaskohle und Braunstein, wird mit einem Druck von 300 kg pro qcm angepreßt. Die amalgamierten Zinkplatten werden durch isolierende Stücke getrennt gehalten und sind zur Vergrößerung der Oberfläche durchlöchert. Als Elektrolyt dient Salmiak in einer gegen die Zersetzung besonders zubereiteten Gelatine: gleiche Teile von Salmiak, Zinkchlorid und Filzstaub, dazu etwas Gelatine. Die E. M. K. ist 1,5—1,6 Volt, der innere Widerstand 0,07—0,05 Ohm. Die gebräuchlichste Type B ist 0,9 kg schwer und hat die Dimensionen $75 \times 75 \times 130$ mm; eine Type M ist 2,9 kg schwer, während noch eine besonders große Type gebaut wird, die bei den Dimensionen $150 \times 200 \times 240$ mm ein Gewicht von 10 kg besitzt. Die Kapazität ist dann aber auch 300 Amp.-Stunden. Für die Typen B und M teilt Berthier[1]) einige Beobachtungen mit:

Type B		Type M	
über 10 Ohm geschlossen			
nach 12 Stunden	1,2 Volt	nach 3$^{1}/_{2}$ Tagen	1,2 Volt
» 2 Tagen	1,0 »	» 12$^{1}/_{2}$ »	1,0 »
» 6 »	0,8 »	» 26 »	0,8 »
» 12 »	über 0,4 Volt	» 67 »	noch 0,5 Volt

§ 73. Einige weitere Trockenelemente des Leclanché-Typus.

Element Femerling und Pörschke (Engl. Pat. 234, 3. I. 06). Viele von den neueren Trockenelementen haben, wie

------

[1]) Berthier, Les piles sèches.

das Gaßner-Element, einen Zusatz von Eisenchlorid zur Erhöhung der Depolarisationswirkung, womit zugleich eine geringe Erhöhung der Spannung vorhanden ist. Das Eisenchlorid diffundiert aber zum Zink hinüber und schlägt sich dort nieder. Zur Verhütung dessen müssen dann Diaphragmen angewendet werden. Die Erfinder verwenden, um das zu vermeiden, Aluminiumchlorid, indem sie die Depolarisationsmasse herstellen aus:

15   20   20   20   Teilen Graphit,
35   30   20   40   » kristallisiertem Aluminiumchlorid,
55   50   60   40   » Braunstein.

Durch das Aluminiumchlorid werden die Zinkelektroden nicht angegriffen, weil dessen Bildungswärme größer ist, als die des Zinkchlorids. Die E. M. K. ist 1,8—2,0 Volt. Die Paste stellt man gut her durch Mischung von 25—30% Lösung mit 5—10% Magnesiumoxyd. Doch findet eine Schrumpfung statt, man muß daher die Gallerte besonders bereiten und dann zerquetschen und daraus erst die Paste herstellen.

Das Element Emil Talén ist durch seine Entgasungseinrichtung bemerkenswert. Der Gasraum befindet sich am Boden des Elementes. In ihm sammelt sich daher auch die überschüssige Flüssigkeit an. Zur Entfernung der Gase ist nun die Kohlenelektrode mit Längs- und kleineren Querbohrungen versehen. Durch diese Anordnung soll eine Verstopfung der Kanäle vermieden werden.

Das Element Etoile der Gesellschaft Le Carbone ist ebenfalls ein gut ausgeführtes Trockenelement. Das Gefäß ist zugleich Zinkpol; der obere Rand ist umgebogen, um den Pechverguß zu halten. Der Boden ist erhöht, der überstehende Rand sitzt in einem zweiten Holzboden, der etwas breiter ist, um ein Aneinanderstoßen der einzelnen Elemente einer Batterie zu vermeiden. Die positive Elektrode ist ein starker Kohlestift, der an der Seite einige ringförmige Einkerbungen besitzt, um ein Verschieben der Depolarisator-Umpressung zu vermeiden. Als Elektrolyt dient augenscheinlich Chlorzink, mit dem die Sägespänefüllung getränkt ist. Die nur zur Entnahme geringerer Ströme gebauten Elemente haben einen verhältnismäßig großen inneren Widerstand, da die beiden Typen im Kurzschluß nur 4 und 5 Ampere liefern sollen. Es werden gebaut:

Type CB   1,32 kg   185 mm hoch   75 mm Durchmesser,
  »   CA 2   »   185 »   »   85 »   »
In viereckiger Form: 185 × 110 × 85 mm und
125 × 66 × 56 »

Bei dem Trockenelement Carbi von Busson sind der Braunsteinumpressung Krystalle von Zinksulfat zugesetzt, um durch ihre allmähliche Auflösung die Masse poröser zu machen und die Bildung von Doppelsalzen zu verhindern. Nach Berthier[1] gab eine Type von 140 mm Höhe und 50 mm Breite folgende Resultate:

	Offen	über 10 Ohm geschlossen 50 St.	ca. 100 St.	300 St.
Volt	1,5	1,3	1,0	noch ca. 0,8.

Es existieren noch eine sehr große Anzahl derartiger Elemente. So wird auch ein Trockenelement nach Leclanché-Barbier (Paste unbekannt), ferner Brandt: (Engl. Pat. 14 021) Füllmasse Asbest, Desruelles: Füllmasse Asbestfasern, Wolle oder Glaswolle, Guérin: Füllmasse Agar-Agar angegeben.

Das Element Mario Buffa (Engl. Pat. 10 703, 11. Mai 1903) zeigt noch eine Besonderheit, indem in ihm als Elektrolyt eine an Alkali besonders reiche und halbflüssige Seife von Kokosnuß angewendet wird. Negative Elektrode ist Zink, als positive wird Eisen, Kupfer oder Zinn verwendet. Depolarisatoren sind Bleisuperoxyd, Braunstein oder Kupferoxyd. Der obere Abschluß wird durch Paraffinverguß bewirkt.

Kapitel VI.

Hermetisch verschlossene Elemente.
Lager- und Füllelemente.

§ 74. Allgemeines.

Der große Aufschwung, den in den letzten 15 Jahren die Fabrikation der sog. Trockenelemente genommen hat, hat auch die Konstruktion der nassen Elemente dahin gedrängt, die Formen der Elemente so abzuändern, daß sie mit jenen konkurrenzfähig bleiben. In ihrer Leistungsfähigkeit sind jedenfalls gut gebaute nasse Elemente im großen und ganzen den Trockenelementen trotz aller günstigen Resultate, die diese aufzuweisen haben, überlegen. Das zeigt sich natürlich nur, wenn insbesondere die Depolarisationsmasse in gleich zweckentsprechender Weise hergestellt wird. Es ist ohne weiteres klar, daß die Depolarisation

---

[1] Berthier, Les piles sèches.

an der Berührungsstelle eines flüssigen Elektrolyten mit dem
Depolisator viel besser erfolgen muß, insbesondere, da der Elektrolyt ja auch noch weiter in die poröse Depolarisationsmasse
eindringen kann. Der Hauptvorteil der Trockenelemente ist aber
ihre Transportfähigkeit, da sie gegen Verschütten des Elektrolyten
und auch gegen Veränderung des Elektrodenabstandes geschützt
sind; aus dem letzteren resultiert auch zugleich ein sehr geringer
innerer Widerstand. Durch entsprechende Umformung der gebräuchlichen nassen Elemente in hermetisch verschlossene ließen
sich diese Eigenschaften auch für diese erzielen. Mit diesen
verbinden aber die derartigen Elemente noch den Vorteil der
größeren Dauerhaftigkeit und vor allem der leichten Regenerierbarkeit, während die Trockenelemente nach einer gewissen Zeit
durch inneren Verderb unbrauchbar und damit auch zugleich
nahezu wertlos werden. Da die Trockenelemente infolgedessen
meistens sogar nicht einmal längere Zeit lagern dürfen, werden
auch eine ganze Reihe Elemente jetzt hergestellt, die als Lager-,
Füll- oder Saugelemente bezeichnet werden und denen man vor

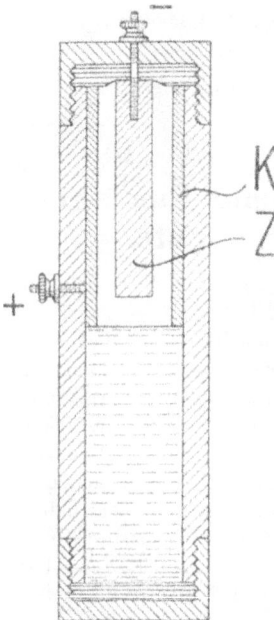

Fig. 54.

dem Gebrauch entweder den Elektrolyten oder wenigstens Wasser zum
Lösen der in ihnen enthaltenen Elek-
trolytsalze zuführen muß; auch diese
sind zum größten Teile mit hermetischem Verschluß eingerichtet.

§ 75. Nasse, hermetisch verschlossene Elemente.

Fast alle Firmen, die nasse Elemente besonderer Konstruktion bauen,
fertigen diese jetzt auch in der transportablen Form an. Es seien daher
nur einige besondere Konstruktionen
aufgeführt:

Eine der ersten dieser Formen
ist das Element Trouvé à ren-
versement (Fig. 54). In einem dicht
verschlossenen Ebonitkästchen befinden sich die Elektroden, Zink und
Kohle, so am Deckel befestigt, daß
sie nicht in den Elektrolyten tauchen,
der aus Quecksilbersulfat besteht.

Kehrt man das Element um, so ist es geschlossen. Es ist dies Element zwar nur als eine Art Spielerei anzusehen, stellt indessen die erste Form eines in der Tasche tragbaren Elementes dar. Infolge der primitiven Herstellung und der geringen Bedeutung für den Gebrauch ist auch keine Vorrichtung zur Depolarisation und insbesondere zum Entweichen der gebildeten Gase vorhanden.

Das Element Bazin (Franz. Pat. 320066, 8. 8. 02) wird ebenfalls verschlossen angefertigt. Es besitzt durch seine Anordnung von zwei Kohle- und Zinkzylindern mit Braunsteinumpressung einen sehr geringen inneren Widerstand. Der anzuwendende Elektrolyt zeigt eine eigentümliche Zusammensetzung, wie man sie überhaupt in vielen Patenten findet, er besteht aus: 350 g Manganchlorid, 15 g Salzsäure, 100 g Ammoniumkarbonat und 100 g Ammoniumchlorid auf 1 l Wasser. Die Salzsäure wird wohl zugesetzt, um die Bildung der bekannten Zink-Salmiak-Doppelsalze zu verhüten, indessen wird diese Wirkung ja völlig verhindert, da sie durch das Ammoniumkarbonat unter Austreibung der Kohlensäure sofort gebunden wird. Diese Zusammensetzung ist also für das Element von gar keiner Bedeutung. Ein solches Element von 41 cm Höhe und 18 cm Breite besaß nach Berthier eine Kapazität von 500 Amp.-Stunden und im Kurzschluß eine Stromstärke von 30 Amp.

§ 76. Elemente vom Lalande-Typus.

Besonders war es von Bedeutung, auch Elemente vom Lalande-Typus transportabel herzustellen. Bei diesen kann der hermetische Abschluß vollständig sein, da keine Gase erzeugt werden, und er ist auch noch besonders günstig, da er eine Aufnahme von Kohlensäure aus der Atmosphäre verhindert.

In dem Element von E. Fishell und W. Clymer (Amer. Pat. 701319 14/8. 01.) stellt das Eisengefäß in Zylinderform zugleich die positive Elektrode dar, während ein Zinkzylinder, der um eine größere Oberfläche zu geben durchlöchert ist, als negative Elektrode dient. Das depolarisierende Kupferoxyd ist auf einer Schicht Sand aufgelagert und vom Zink durch Watte getrennt, die E. M. K. ist ca. 1 Volt. Oben wird das Element zunächst durch eine Platte von Asbest geschlossen, die die Flüssigkeit zurückhält, aber etwa entstehenden Gasen den Austritt gestattet. Darüber ist ein Eisendeckel befestigt, der eine verschließbare Öffnung enthält, um Gase herauszulassen. Schließlich

ist das Ganze noch durch Asphaltverguß gasdicht abgeschlossen.
Auf diesem Prinzip beruhen wohl sämtliche Konstruktionen der
sog. hermetisch verschlossenen Elemente; dadurch, daß am Abschluß ein Hohlraum geschaffen wird, wird bewirkt, daß die durch
den Gasdruck durch den ersten Abschlußdeckel mitgerissenen
geringen Flüssigkeitsmengen, von dem zweiten Deckel sicher
zurückgehalten werden.

Die Elemente Schoenmehl (Amer. Pat. 705616) und
Woolsey Alpine Thomson. (Amer. Pat. 693274. 30. III. 01.)
gehören dem gleichen Typus an; nur besteht das Gefäß nicht
aus der positiven Elektrode, sondern aus einem nichtleitenden
Stoffe. Bei dem ersten Elemente ist die positive Elektrode per-
foriert, das Kupferoxyd füllt den Zwischenraum zwischen beiden
aus. Die Zinkelektrode befindet sich in der Mitte. Der Nachteil,
daß der Depolarisator sich auf der der negativen Elektrode ab-
gewendeten Seite befindet, ist evident. Das zweite Element hat
als positive Elektrode ein oxydiertes Kupfernetz. Dem Elektrolyt:
Kalilauge wird Kalium-Cyanür oder Natriumhyposulfit zugesetzt,
um die Bildung von unlöslichen Zinksalzen zu verhindern. Für
das Element Schoenmehl ist im Amer. Pat. 848570 (16. 11. 1905)
eine Einrichtung zur Vermeidung der Lokalströme an den Ab-
zweigungen der Zinkelektrode getroffen. Diese sind nämlich
ziemlich starke Stangen aus Zink, die bis an den Elementdeckel
reichen; die Klemmenschrauben, die die Elektrode auch zugleich
am Deckel halten, sind in diese Stangen versenkt.

Das Element James W. Gladstone. (Amer. Pat. 730014
17. 12. 03.) ist bemerkenswert durch die Konstruktion seiner
positiven Elektrode und die Elektrodenanordnung. Zur Anfertigung
der positiven Elektrode wird Kupferoxyd mit Kali- oder Natronlauge durchgeknetet, dann in Platten geformt und durch Erhitzen
auf Rotglut erhärtet. Diese Platten werden von einem Metall-
(Kupfer)-rahmen festgehalten. Der Rahmen ist entweder mit
breiten durchlöcherten Backen versehen oder mit je einem metal-
lenen Querband, die mit einer durchlöcherten Metallscheibe von
jeder Seite an die Platte drücken. Hierdurch werden die Platten
besser festgehalten, es wird ein guter Kontakt bewirkt und infolge der Durchlöcherung erstreckt sich die Wirkung des Depolarisators auch auf die Oberfläche dieser Metallbänder. Der Kupferoxydplatte, die an zwei Trägern hängt, stehen zwei Zinkplatten
gegenüber, die an einem gemeinsamen Träger sich befinden; ihre
gegenseitige Entfernung und damit der innere Widerstand des
Elements ist gering. Die Ableitungen sind an der Oberfläche

des Elektrolyten mit Ebonithüllen umgeben, um eine Lokalaktion
zu vermeiden.

Das Element Eugène Demergue (Franz. Pat. 325019,
7. 10. 02.) besitzt ein Gefäß aus emailliertem Eisenblech, in dem
ein dicker Zinkzylinder durch drei Stifte von Messing am Deckel
festgehalten wird, die unter sich durch ein Messingband verbunden
sind. In der Mitte des Deckels ist ein weiterer Metallstift befestigt, an dem als positive Elektrode sich ein am Boden leicht
konvexes Kupfergefäß befindet, das 1 kg Kupferoxyd als Depolarisator enthält. Die Zinkelektrode enthält 6 % Quecksilber,
die Elektrolytflüssigkeit besteht aus 3 Teilen Ätznatron auf
7,5 Teile Wasser.

In dem Element William Banks. (Amer. Pat. 696924)
ist die korbförmige positive Elektrode in mehrfacher Hinsicht
verbessert. Sie ist erstens durchlöchert, um die depolarisierende
Wirkung zu verstärken, zweitens reicht das Kupferoxyd über
den Elektrolyten hinaus, wodurch die Regeneration mit Hilfe
der atmosphärischen Luft erleichtert wird und drittens wird mit
einer Verminderung der Menge des Kupferoxyds eine Vergrößerung
der wirksamen Oberfläche durch die eigenartige Gestalt der Elektrode erzielt. Diese besteht nämlich aus einem Zylinder, der
durch einen Metallstab getragen wird; der Zylinder wird aber
unten durch einen spitz nach innen verlaufenden, ebenfalls durchlöcherten Kegel abgeschlossen. In diesen Korb wird das Kupferoxyd bis 25 mm von dem Deckel eingefüllt, während der Elektrolyt 50 mm tiefer als dieser stehen soll. Er wird durch eine
Ölschicht gegen die Aufnahme von Kohlensäure geschützt. Die
Zinkelektrode wird von der positiven Elektrode durch besondere
Stützen in ihrer Stellung festgehalten.

§ 77. Hermetisch verschlossene Elemente vom Leclanché-Typus.

Hermetisch verschlossene Elemente des Leclanché
Typus, Elemente der Société Le Carbone. Element Le
Carbone (Engl. Pat. 4274. 19. 2. 02.) besteht aus einem Zinkgefäß, das zugleich als negative Elektrode dient, und einer Kohleelektrode, die von einem Thondiapfragma umgeben ist, das den
Depolarisator enthält. Eine besondere isolierte Stütze am Boden
dient zum Festhalten der positiven Elektrode. Das Element
ist mit einem Pechverguß abgeschlossen und enthält eine besonders konstruierte Öffnung zum Entweichen der Gase. Das

Element Martin Bair. (Amer. Pat. 722662, 21. 3. 02.) hat
einen besonders festen Verschluß, im übrigen ist seine Konstruktion nicht besonders geeignet, da es als Zinkelektrode
nur einen Zinkstab und dabei die gleiche positive Elektrode
wie obiges Element mit Tondiapfragma besitzt; es hat also
einen erheblicheren inneren Widerstand. Die Gesellschaft Le
Carbone hat auch ihr Etoile-Trockenelement neuerdings
als hermetisch geschlossenes nasses Element gebaut, um den
Vorteil der größeren Dauerkaftigkeit auszunutzen. In dieser Type
sind die Elektroden am Deckel gut, aber dadurch leicht aus-
wechselbar befestigt, daß jede an einem besonderen Stopfen sitzt.
Als Elektrolyt werden 100 g Salmiak auf 300 g Wasser genommen.
Es werden folgende Größen angefertigt:

G. M. C. 125 × 75 × 65 mm
H. D. C. 185 × 75 × 65 mm
H. M. C. 185 × 84 × 84 mm;

Von diesen gibt das mittlere Element bei Kurzschluß ca.
25 Ampère Stromstärke.

Das Element La Volta (Frz. Pat. 327470, 18. 12. 02.,
begnügt sich ebenfalls mit einem einzigen Abschluß, der hier
durch einen paraffinierten und gewachsten Porzellandeckel bewirkt wird.

Der Depolarisatorsack besteht aus gewachstem und paraf-
finiertem Papier; der innere Widerstand des Elementes wird
dadurch ebenfalls vergrößert. Der Elektrolyt ist Salmiak und
Quecksilbersulfatlösung. Das Gefäß ist aus emailliertem Eisen
angefertigt.

Das Kolumbus-Trockenelement (der Kolumbus-Elek-
trizitäts-Gesellschaft, Ludwigshafen a/Rhein) ist ebenfalls ein
nasses Element mit hermetischem Verschluß, aus dem die Gase
frei austreten können, während der Elektrolyt durch einen doppelten
Deckel zurückgehalten wird. Der erste Abschluß wird durch
einen geölten Filzdeckel bewirkt, der den Gasen den Austritt in
einen Hohlraum gestattet. In diesem bleiben dann etwa mitgerissene Flüssigkeitsteilchen zurück, während für das Entweichen
der Gase in dem zweiten, mit Pech vergossenen, Verschluß sich
ein Entgasungsrohr befindet. Zur Depolarisation dient hier übrigens
die bekannte Umpressung, im Beutel eingeschlossen.

Nach Angaben der Fabrik werden folgende Kurzschluß-
stromstärken erzielt:

Type	Maße	Ampère	Gewicht kg
B_0	90 : 60	7	0,450
B_1	130 : 70	14	0,850
B_2	145 : 85	16	1,400
B_3	180 : 85	22	1,850
$B A_1$	170 : 75 : 60	25	1,400

(BA$_1$ ist zur Zündung von Automobilmotoren
bestimmt.)

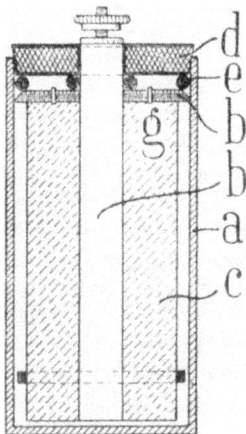

Fig. 55.

Auch das Element Erich Friese
(Fig. 55.) (Deutsch. Pat. 131872. 3. 2.
01.) ist in derselben Weise konstruiert;
nur dient hier die Zinkelektrode (a)
zugleich als Gefäß. Die Kohleelektrode
(b) besitzt ebenfalls Braunsteinumpressung (c). Der untere Deckel besteht aus
Holz (f) und ist von engen Löchern (g) durchbohrt, der obere (d)
ist von Kork; beide werden durch Kautschukringe in richtiger
Entfernung gehalten (e). Patentiert ist übrigens nur dieser Korkverschluß.

Ein ähnlicher Verschluß für Primär- und Sekundärelemente ist auch W. G. Heys patentiert worden (D. R. P. 152756).
Auch hier befinden sich zwei Deckel übereinander, die durch
einen Gasraum getrennt sind. Ein Bolzen verschließt die übereinander befindlichen Einfüllöffnungen beider Deckel; in diesem
befindet sich eine knieförmige Durchbohrung, die den Gasraum
mit der Außenluft verbindet, während der untere Deckel kapillare
Öffnungen besitzt, die die entstehenden Gase in den Gasraum
treten lassen.

Sayerne und Roux verwenden in ihrem Element an
Stelle des Salmiaks verdünnte Schwefelsäure. Hierdurch wird
aus dem Braunstein leichter Sauerstoff entwickelt. Man erhält
daher eine bessere Depolarisation, aber das Element verbraucht
sich infolgedessen viel schneller, insbesondere auch in geöffnetem
Zustande.

§ 78. Füll-, Saug- und Lagerelemente.

Diese Konstruktionen sind Übergangstypen zu den eigentlichen Trockenelementen. Die Elemente haben sich deshalb als
günstiger und teilweise als notwendig erwiesen, weil die eigent-

lichen Trockenelemente mehr oder weniger verderben, wenn sie längere Zeit vor dem Gebrauch unbenutzt stehen. Man mußte daher einen Ersatz finden, der mit den Vorteilen der Trockenelemente die größere Haltbarkeit verbindet. Die Elemente werden infolgedessen größtenteils wie die Trockenelemente mit einer Füllmasse, die den Elektrolyten aufnehmen kann, hergestellt. Als solche Füllmasse sind daher auch die meisten bei den Trockenelementen gebrauchten Materialien verwendbar.

Füllelemente enthalten teilweise den Elektrolyten überhaupt noch nicht, derselbe wird erst kurz vor dem Gebrauch eingefüllt, dann kann man natürlich nahezu jede Gattung in dieser Art konstruieren. Die Füllelemente unterscheiden sich dann wenig von den oben beschriebenen hermetisch verschlossenen Elementen, sie besitzen wie diese größtenteils einen Abschluß, der die Flüssigkeit zurückhält und nur die Gase entweichen läßt, nur daß sie noch eine besondere fest verschließbare Öffnung zum Zufüllen des Elektrolyten und ev. auch zum Ablassen der verbrauchten Flüssigkeit besitzen. In einer anderen Form, in der sie auch vielfach als Lagerelemente bezeichnet werden, enthalten sie bereits das Elektrolytsalz, — es ist dann nur die Leclanché-Type in ihren verschiedenen Modifikationen, die hier in Frage kommt, — und man hat dann vor dem Gebrauch nur noch Wasser hinzuzufügen. Während die erste Gattung mehr die Eigenschaften eines nassen Elementes besitzt, indem man ohne Schwierigkeit wenigstens den Elektrolyten von Zeit zu Zeit erneuern kann, hat die letzte Art nur wenig von den eigentlichen Trockenelementen voraus, da sie nach Verbrauch des in ihnen enthaltenen Salzes wertlos werden. Im übrigen wird der Name Lagerelement auch auf Elemente der ersten Art angewendet.

§ 79. Hutchison Acoustic Company-Elemente.

Die Hutchison Acoustic Company-Elemente sind von dieser Gattung. Das Element engl. Pat. 11430. 17. 5. 02. besitzt einfach am oberen Deckel eine fest verschließbare Öffnung, um den Elektrolyten einzufüllen, sodaß er zwischen Zinkzylinder und Gefäß eintritt, eine zweite am Boden dient zum Ablassen des verbrauchten Elektrolyts, während eine dritte Röhre durch den Deckel bis in die innere Füllmasse reicht, um die entstehenden Gase entweichen zu lassen. In dem engl. Pat. 4208, 23. 2. 03. (Fig. 56) ist der Deckelverschluß verbesert worden. Der Verschluß besteht aus einem doppelten Deckel, indem an nicht übereinanderliegenden Stellen kapillare Öffnungen angebracht sind,

die die Gase entweichen lassen, während mitgerissene Flüssigkeitsteilchen in dem Raume zwischen beiden Deckeln zurückbleiben.
Zwei übereinanderliegende größere Öffnungen, die durch einen
mit Gewinde versehenen Stöpsel fest verschließbar sind, dienen
zum Zufüllen des Elektrolyten.

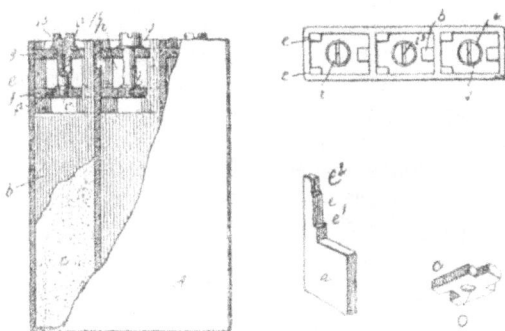

Fig. 56.

§80. Siemens & Halske- u. Hydrawerk-Dauerelemente.

Die Lager- und Saugelemente der Firma Siemens
& Halske, Berlin-Charlottenburg sind dem Hellesen-Tro-
ckenelement derselben Firma nachgebildet, um dieses in den
Fällen zu ersetzen, wo das Element längere Zeit vor dem Gebrauch stehen muß, und daher infolge Alterns keine genügenden Resultate liefern würde. Das Lagerelement hat auch die
Pappumhüllung, wie jenes, denselben Verschluß und Entgasungseinrichtung, bei der die Gase durch kleine Öffnungen im Zinkzylinder in eine trocknende Reisspreuschicht eintreten und dann
erst durch ein Glasröhrchen entweichen können. Durch ein
Einfüllrohr wird vor dem Gebrauch konzentrierte Salmiaklösung
zugeführt. Ein Nachfüllen von Salmiaklösung ist bis zu einem
gewissen Grade möglich.

Etwas besser aufzufrischen ist vielleicht das Saugelement.
Dieses besitzt nicht die Pappumhüllung, die Zinkelektrode dient
als Becher geformt direkt als Gefäß. Man stellt es, um es gebrauchsfertig zu machen ca. 1 Stunde bis in die Mitte in konzentrierte Salmiaklösung hinein, zum Ablaufen überschüssiger
Flüssigkeit sind Untersätze aus Papiermaché vorhanden. Im
übrigen ist die Einrichtung wie oben. Doch ist es hier möglich,
das Element öfters aufzufrischen, was allerdings hier wiederum
für ein gutes Arbeiten auch erforderlich ist.

Auch die Lager- und Füllelemente der Hydrawerke
zeigen die allgemeine Konstruktion der Trockenelemente dieser
Fabrik, nur daß an Stelle der Füllmasse eine lockere Substanz,
Sägemehl oder dgl. tritt.

Das Dauerelement der Hydrawerke ist im Aufbau
konstruiert, wie die entsprechenden anderen Fabrikate derselben
Gesellschaft. Im übrigen ist es zum Gebrauch wie das obige
Element einfach mit Wasser aufzufüllen. Dann gibt es aber eine
Klemmenspannung von 1,9—2,0 Volt, die durch die Art der
Zusammensetzung der Depolarisationsmasse wenigstens bei inter-
mittierendem Betrieb gut erhalten werden. Zum Zwecke der
momentanen Entnahme größerer Stromstärken wird empfohlen,
einige Tropfen Schwefelsäure zuzuführen.

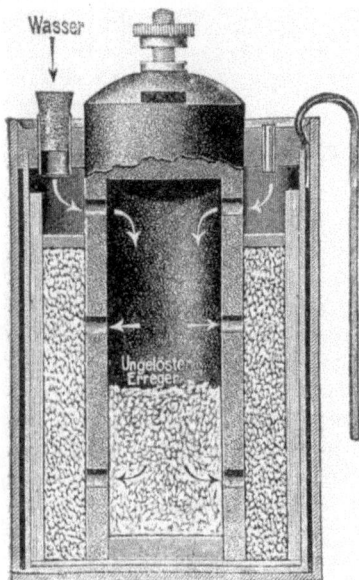

Fig. 57.

In dem neuen Patent-
Lager-Element (Fig. 57)
derselben Gesellschaft ist in
einfachster Weise erreicht
worden, daß das Element im
ungebrauchten Zustande nahezu unbegrenzt haltbar ist.
Das Element besitzt die hohle
Kohleelektrode, die auch
sonst in den Fabrikaten der
Gesellschaft verwendet wird,
in dieser befindet sich aber
hier das Erregersalz in un-
gelöstem Zustande. Bei der
Zufüllung von Wasser muß
dieses erst durch die oberen
Löcher der Kohleelektrode
in das Innere derselben eindringen, dort das Elektrolytsalz lösen und kann erst
dann durch tiefer gelegene
Löcher der Kohle in den
Raum zwischen dieser und
der Zinkelektrode eindringen. Durch diese im Patent geschützte
Anordnung: »hohle Kohleelektrode mit eingefülltem trockenen
Erreger« wird erreicht, daß der Elektrolyt mit dem Zink überhaupt nicht in Berührung kommt, bevor das Element gebrauchsfertig gemacht ist, womit ein Verderben ausgeschlossen ist.

§ 81. Element Warson, Timka Henry Klinker und R. Gabrielsky.

Das Element Warson (Franz. Pat. 318025. 24. 1. 02.) besteht aus einem äußeren Behälter mit zwei Öffnungen, indem sich ein oder mehrere Elemente, bestehend aus Kohlezylinder und Zinkstab, befinden. Die eine Öffnung führt in eine bis zum Boden reichende Röhre zum Einfüllen des Elektrolyten, der am Boden der Elemente durch Öffnungen eintritt, die obere Öffnung dient zum Entweichen der Gase. Der Zinkstab ist um Kurzschluß zu vermeiden, mit Fließpapier umhüllt, das zur Erzielung besserer Leitung aber wieder mit Graphit überzogen ist, wodurch häufig Kurzschluß im Element entsteht.

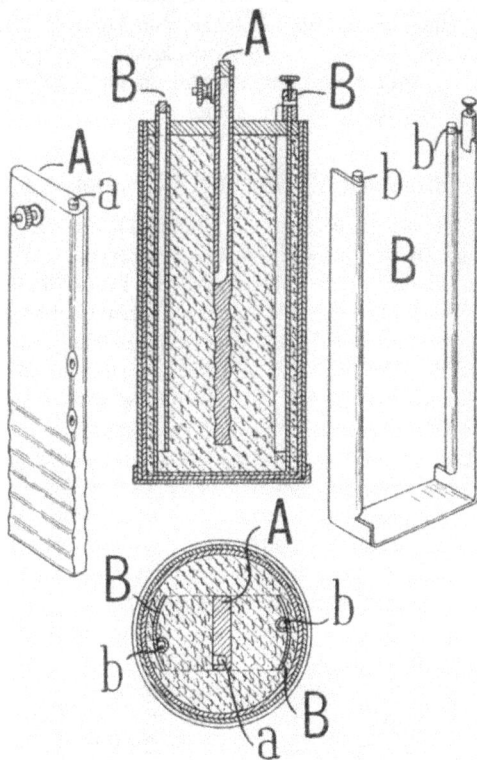

A) Kohle. B) Zink. a, b Einfüllröhren.
Fig. 58.

Eine besondere Form besitzt das Element von Timka
Henry Klinker und Richard Gabrielsky (Amer. Pat. 710278,
5. 4. 02.) (Fig. 58). Der Typus ist ebenfalls der des Le-
clanché-Elementes. Als Einfüllrohr dienten hier die entsprechend
geformten Elektroden selbst. Zu diesem Zwecke ist die platten-
förmige Kohlen-Elektrode oben bis über die Hälfte hohl und
besitzt mehrere verschieden hoch angebrachte Öffnungen, oben
ist eine mit einer Schraube fest verschließbare Einfüllöffnung
vorhanden; um auch am unteren Teile den Elektrolyten fester
zu halten, ist dort die Außenfläche der Elektrode nicht flach
sondern mit horizontal verlaufenden Rillen versehen. Auch die
negative Elektrode ist entsprechend geformt. Sie besteht aus
einem breiten Zinkblech, das zweimal rechtwinkelig gebogen ist,
sodaß die beiden senkrechten Flächen, den Breitseiten der Kohleelektrode gegenüberstehen. Diese senkrechten Stücke sind nur
zur Hälfte als Röhren zusammengerollt, die gleichfalls zum Nachfüllen des Elektrolyten dienen sollen.

§ 82. Elemente Jacobson, Strickland, Brandt.

Das Element Jacobson (Engl. Pat. 5081. 5. 3. 03.)
(Fig. 59) ist als ein dreifaches Element gebaut. Als positive
Elektroden dienen dicke Kohlenstäbe, die sich in Zinkzylindern
befinden. Die Füllmasse zwischen den positiven und negativen
Elektroden besteht aus Fließpapier, während die einzelnen Elemente von einander und den Ableitungen durch Asphalteinguß
oder Zement isoliert werden. Oben befindet sich eine fest verschließbare Öffnung zum Einfüllen des Elektrolyten.

Das Element von William Strickland (Engl. Pat. 16706,
28. 7. 02.) enthält die nötigen Salze bereits in sich, sodaß
nur eine Zufüllung von Wasser noch nötig wird. Es ist ein
Zink-Kohleelement mit Salmiakfüllung, der aber noch zur besseren
Erholungsfähigkeit etwas Quecksilbersulfat zugesetzt ist. In der
äußeren Umhüllung von Papiermaché befindet sich ein Zinkzylinder, der mehrfach durchlöchert ist, um dem Elektrolyten
auch den Zutritt zu der äußeren Seite der Elektrode zu gestatten
und so die wirksame Oberfläche zu vergrößern. Die Kohle ist
in bekannter Weise von dem Depolarisator umgeben, der durch
einen Sack zusammengehalten wird. Der Zwischenraum zwischen
Zink und Kohle wird durch Watte ausgefüllt. Der oben über
der Depolatisator-Umpressung bleibende freie Raum ist mit Salmiak-
und Quecksilbersulfat-Krystallen angefüllt, die sich nach Ein-

füllen von Wasser sofort lösen. Zum Einfüllen dient eine Röhre, die bis zum Depolarisator herabreicht. Der obere Abschluß wird durch einen Pech- oder Asphaltverguß bewirkt.

Auch das Element von Brandt (Engl. Pat. 14021) ist in ähnlicher Weise konstruiert. Als Füllmasse dienten Asbestfasern.

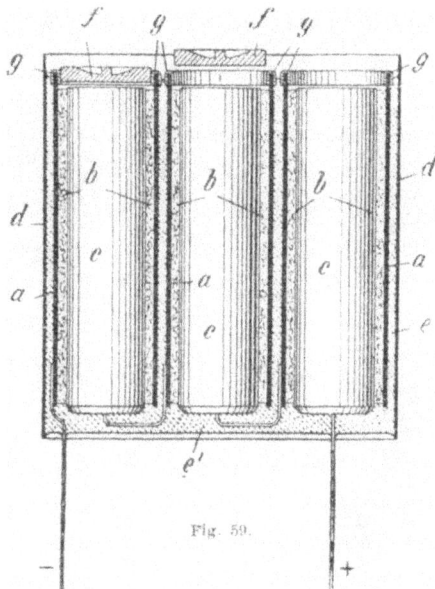

Fig. 59.

§ 83. Füllelement der N. E. W.

Das Füllelement der N. E. W. (Gebr. Hass & Co., Berlin) entspricht im Großen und Ganzen den von dieser Firma gebauten nassen und trockenen Elementen. Es ist mit einer Isoliermasse vergossen, sodaß sich der abschließende Deckel auch bei sehr hoher Temperatur nicht senken kann. Durch ein Einfüllrohr ist nur Wasser einzugießen, um das Element gebrauchsfertig zu machen. Der Elektrolyt (N. E. W.-Erregersalz) ist in konzentriertem Zustande in den Kohlebeutel eingepreßt; das Wasser löst ihn allmählich auf. Die angesetzten Elemente erreichen erst nach ca. 24 Stunden ihre volle Stromstärke. Der flüssig bleibende Elektrolyt hat dann eine Stärke von ungefähr 10° Bé, greift die Elektroden nicht an, kristallisiert nicht aus und ver-

langsamt die Verdunstung infolge seiner hygroskopischen Eigenschaften.   Die Entgasung erfolgt durch ein in der Verschluß-
kappe eingebettetes imprägniertes Plättchen.

§ 84.   Dura-Element.

Das Dura-Element (Fig. 60) von der Dura-Elementbau
G. m. b. H., Schöneberg, ist ein als Lagerelement gebautes
Trockenelement. Nach D. R. P. 157 416 (Paul Möllmann) werden
die Bestandteile des Elektrolyten in pulverpörmigem Zustande
mit ebenfalls pulverisiertem Traganth innig genischt und dies
aus klebrigen Krümeln bestehende Gemenge als Füllung in das
Element (vom Leclanché.Typus) eingetragen. Die Einlagerung
in den Traganth ent-
zieht das Salz der Ein-
wirkung der Luft-
feuchtigkeit, so daß es

Fig. 60.   Fig. 61.

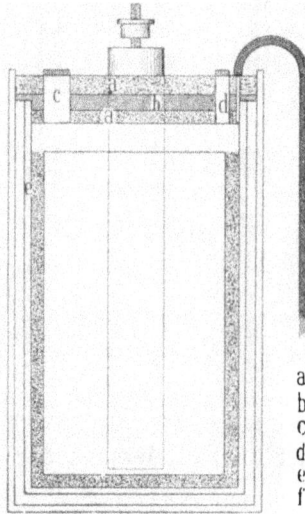

a Hockplatten
b Isoliermasse
c Einfüllrohr
d Luftrohr
e Zinkelektrode
f Beutelkohle.

längere Zeit lagern kann, ohne seine volle Gebrauchsfähigkeit
zu verlieren; es hat sich auch in den Tropen selbst gut bewährt.
Um es gebrauchsfertig zu machen, ist es mit Wasser aufzufüllen. Das Element besteht zunächst aus einem Gefäß von
Isolit oder Zinkblech, in dem die durch Umhüllung mit Gaze
geschützte umpreßte Kohleelektrode steht, der Zinkzylinder ist
längsseitig aufgeschlitzt und steht so, daß zwischen ihm und
der Gefäßwand, als auch der Kohleelektrode Raum bleibt, in

den der Elektrolyt eingefüllt wird. Der Elektrolyt selbst besteht aus einem Gemenge von Zinkchlorid und Chlorammonium. Der obere Verschluß geschieht durch einen Korkverschluß (D. R. G. M.) (Fig. 61), der das lästige Auslaufen der Vergußmasse in der Hitze verhindert, bei dem trockenen Zustande, in dem sich das Element beim Transport befindet, aber vollständig ausreicht. Durch den Korkverschluß geht auser den Klemmen ein Einfüllrohr, das mit einem Korkstöpsel verschlossen ist und ein Glasröhrchen zur Entgasung. Nach dem Auffüllen mit Wasser löst sich die aktive Masse schnell auf, der Traganth verdickt sich in kurzer Zeit zu einer gallertartigen Masse.

Über Versuche mit dem Element an dem Telegraphen-Versuchsamt berichtet A. Fischer[1]. Hiernach besitzt es direkt nach dem Auffüllen eine Klemmenspannung von 1,55 Volt und einen inneren Widerstand von 0,12 Ohm. Im intermittierenden Berrieb, nach der Prüfungsmethode des Versuchsamtes, betrug nach 90 Tagen die Spannung noch 1,05 Volt und der innere Widerstand nur 0,78 Ohm. Ganz besonders spricht aber für die Güte der Herstellung, daß auch im Ruhestrombetrieb das Element in 90 Tagen nur auf 0,85 Volt herabging, und der innere Widerstand nur auf 1,22 Ohm stieg. Auch die von der ungarischen Postbehörde aufgenommenen Vergleichskurven zwischen einem Dura-Element und einem gewöhnlichen Leclanche-Element bei intermikierender Schließung über 5 Ohm, je 15 Minuten geschlossen und 15 Minuten Ruhe, zeigen insbesondere an der Spannungskurve ein sehr gutes Verhalten. (Fig. 62 auf S. 114).

Die von der Firma gefertigten Typen mit den Stromstärken, die sie sofort nach dem Ansetzen im Kurzschluß liefern, sind in der Hauptsache folgende

Nr.	Durchmesser mm	Höhe mm	Ampère
31	85	180	20—24
32	75	150	16—18
33	65	130	15—16
34	55	115	12
5	38	78	10
6	35	56	8

---

[1] Kriegstechnische Zeitschrift 1906, Heft 5.

Grimm, Chem. Stromquellen. **8**

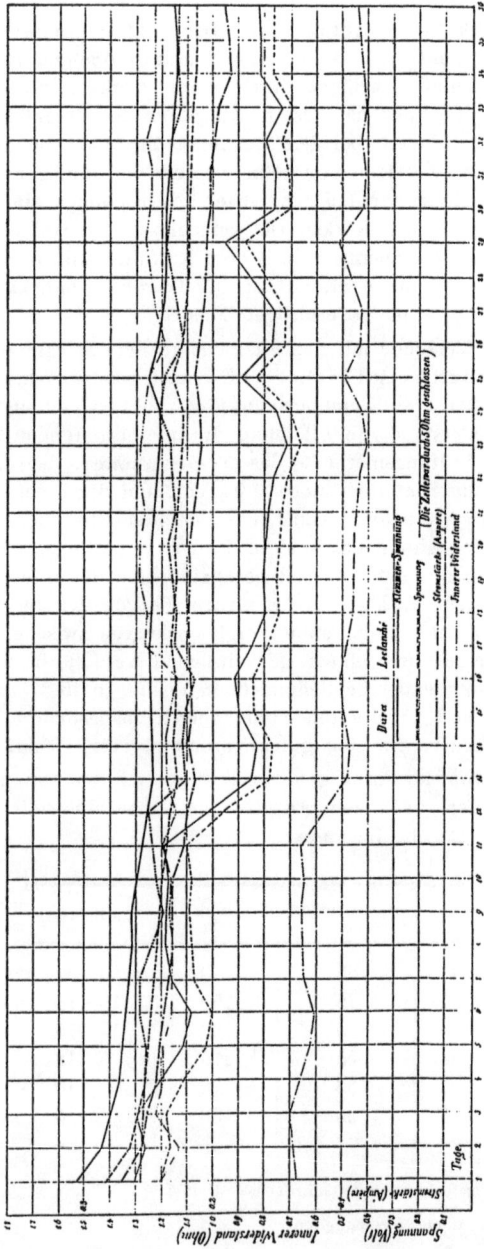

Fig. 62.

§ 85. Element von Tzukamoto. — Elemente mit innerem Flüssigkeitsvorrat.

Das Galvanische Element von Tzukamoto (Amer. Pat. 809647, 9. 1. 05.) ist ebenfalls mit Wasser aufzufüllen, wenn man es gebrauchsfertig machen will. In dem äußeren Zinkzylinder befinden sich poröse Kohleröhren mit der Depolarisationsmasse. Zu dieser sind 240 g Graphit, 160 g Braunstein, 8 g Kaliumchlorid, 20 g Kaliumpermanganat, 50 g Salmiak mit 500 g einer gesättigten Kaliumpermanganatlösung gekocht und in eine bestimmte Form gepreßt worden. Die positive Elektrode ist von Pflanzenfaserstoff oder Fließpapier umgeben. Als Füllmasse, die den Elektrolyten mit enthält, dient: 100 g Salmiak, 8 g Kaliumchlorid, 400 g Gips, 1 g Quecksilbersulfat und 500 g Dextrin gut gemischt und getrocknet.

Die Trockenelemente mit innerem Flüssigkeitsvorrat sind eine besondere Abart der Lagerelemente. Bei ihnen ist das Element fertig bis auf den Elektrolyten, der in einem besonderem Behälter im Inneren des verschlossenen Elementes sich befindet. In dem Element von W. H. Gregory (D. R. P. 165234) ist dieser Behälter allseitig geschlossen und zerbrechlich und so angeordnet zwischen äußerem Metallzylinder und Füllmasse daß er durch einen Stoß oder Schlag auf den Metallzylinder zerbrochen wird und ausläuft. Auf diese Weise ist ein zufälliges Entleeren fast ausgeschlossen, wie es bei anderen Konstruktionen leicht vorkommen kann, bei denen dieser Behälter einseitig geöffnet und durch Kippen zu entleeren ist.

Kapitel VII.

Einige besondere Elementkonstruktionen.

§ 86. Elemente zur direkten Umwandlung der Kohlenenergie in elektrischen Strom.

Der verhältnismäßig geringe Nutzeffekt, der erzielt wird, wenn man die Kohlenenergie indirekt, d. h. mit Vermittelung einer Dampfmaschine, in elektrischen Strom umsetzt, in Verbindung mit der großen Billigkeit des Materials haben eine ganze Reihe von Erfindern dazu geführt, ein galvanisches Element zu

konstruieren, das die Kohle als negative (Auflösungs-) Elektrode
enthält, um so die volle, in der Kohle aufgespeicherte Energie
ausnützen zu können. Obwohl diese Versuche zu praktischen
Erfolgen bisher nicht geführt haben und auch wohl kaum führen
werden, da zu der Oxydation der Kohle im Element eine ziemlich
hohe Temperatur nötig ist, soll hier doch des allgemeinen Interesses
halber kurz darauf eingegangen werden.

Das Element von Jablokoff besteht aus der Kombination:
Kohle, geschmolzener Salpeter, Eisen. Das Eisen dient dabei in
der Form eines Tiegels gleichzeitig als Elektrode und Gefäß. Der
im Element ablaufende Vorgang kann durch folgende Gleichung
dargestellt werden: $C + O_3 NK + Fe = CO + O_2 N + K + Fe$

Der Salpeter wird also ständig unter Bildung von Nitro-
dämpfen zersetzt. Zum Betrieb des Elementes gehört daher
außer der ständigen Erhitzung auch noch das Nachliefern von
Salpeter, hierdurch wird das Element unrentabel.

Das Element: Eisen, Bleioxyd, Kohle ist schon von
Faraday vorgeschlagen worden. Die Anordnung ist die gleiche
wie oben. Das Bleioxyd zersetzt sich, indem es die Kohle zunächst
zu Kohlenoxyd (CO) und dann dies sekundär zu Kohlensäure
(CO_2) oxydiert. Das reduzierte Blei setzt sich dann am Boden
des Tiegels ab, das Bleioxyd schwimmt oben und verhindert die
Aufnahme des Sauerstoffs durch das Blei. Deshalb hat man das
Element in zwei Abteilungen geteilt, in deren einer die Strom-
bildung vor sich geht, während in der anderen durch Einblasen
von Luft wieder Bleioxyd erzeugt wird, das der ersten Abteilung
dann wieder zugeführt werden kann.

Nach Ostwald ist indessen diese Anordnung prinzipiell
verkehrt, da die Kohle so zum größten Teil unter Wärmeent-
wickelung direkt verbrennt. Das Bleioxyd darf nicht direkt die
Kohle berühren, sondern muß nur das Eisen umspülen. Deshalb
ist ein Diaphragma anzuwenden. Aber auch ein derartiges Element
Eisen, PbO / Diaphragma / Pottasche + Soda, Kohle hat
noch keinen Erfolg gehabt. Insbesondere bewirken stets Verunreinigungen der Kohle eine derartige Verunreinigung des
Bleioxyds, daß dieses als Elektrolyt nicht mehr zu gebrauchen ist.

Der Versuch, durch Vergasung der Kohle eine geeignete
Batterie zu konstruieren, führte zum weiteren Ausbau der

§ 87. Gasbatterien.

Bereits Grove hatte die Möglichkeit von derartiger Elementen gezeigt. Bei der Zersetzung angesäuerten Wassers ent-

steht bekanntlich Wasserstoff und Sauerstoff, die man getrennt auffangen kann, wenn man die beiden Elektroden mit je einem oben geschlossenen Gefäße bedeckt. Die Platinelektroden waren nun mit Platinschwarz überzogen, wodurch die Adsorption der Gase erhöht wird; sie waren außerdem so lang, daß sie sich zu einem großen Teil in dem Gasraum befanden und doch auch noch in den Elektrolyten tauchten. Bei Unterbrechung des Zersetzungsstromes zeigte sich dann sofort ein Polarisationsstrom, der die Wiedervereinigung der Gase zu bewirken strebte. In gleicher Weise konnte man auch mit einer Reihe anderer Gase galvanische Elemente bilden.

Borchers Gasbatterie besteht aus einem Kohlezylinder, der zur Einführung von Luft, und einem Kupferzylinder, der zur Einführung von Kohlenoxyd (CO) dient. Als Elektrolyt wird Kupferchlorür benutzt, das sowohl Luft als Kohlenoxyd absorbiert. Die Absorption des Kohlenoxyds bewirkt die Bildung von Kupferchlorid ($Cu Cl_2$), das seinerseits wieder zur Depolarisation dient. Die beiden Lösungen spielen die Rolle der Elektroden. Der Strom im Inneren des Elementes führt vom Kupfer- zum Kohlezylinder wobei das Kupferchlorid reduziert und das Kohlenoxyd zu Dioxyd oxydiert wird. Die E. M. K. ist 0,4 Volt, es werden 27 % der Energie gewonnen. Benutzt man Generatorgas und eine etwas günstigere Anordnung, so kann man sogar 0,56 Volt und 38 % erhalten.

Die Batterie von Mond und Langer. Durch Überleiten von Wasserdampf über glühende Kohlen wird Wasserstoff erzeugt und durch Röhren in Zellen mit Platinwänden geführt, die mit Platinmohr überzogen sind; diese stellen die eine Elektrode dar. Die andere Elektrode wird durch gleiche Platinwände gebildet, die aber Luft absorbieren; als Elektrolyt dient eine mit Schwefelsäure getränkte Gipspaste.

Auch dies Element hat nur einen theoretischen Wert.

Von dem Generatorgaselement von Haber und Moser[1]) gilt das gleiche. Da ein reines Kohleelement nur bei höheren Temperaturen möglich ist, benutzten die Verf. als Elektrolyt Glas, das oberhalb 400° den Strom gut leitet. Ein Reagenzrohr wurde innen und außen mit Platinschwamm überzogen; innen wurde Luft oder Sauerstoff, außen ein Gemisch von Kohlensäure und Kohlenoxyd zugeführt. Das Ganze wurde in einen Glasmantel eingeschlossen, der durch siedenden Schwefel auf

---

[1]) Zeitschrift f. Elektrochem. **11**, 593—609, 1905.

440° oder Schwefelphosphor auf 518° konstant gehalten wurde.
Die thermodynamische Berechnung der E. M. K. stimmte mit
der beobachteten innerhalb der Versuchsfehler überein.   Auch
die Änderung der Konzentrationen wurde richtig dargestellt.

Bei der Benutzung von Glas als Elektrolyt in einer Knall-
gaskette erhielt man indessen eine wenn auch nicht große Differenz
zwischen beobachteter und berechneter E. M. K., deren Ursache
nicht aufgeklärt wurde.

Kapitel VIII.

Die Normalelemente.

§ 88. Das Clarkelement.

Die Normalelemente dienen nur zu Meßzwecken, und zwar
zu genauen Spannungsmessungen.   Um hierzu brauchbar zu
sein, müssen sie eine ganze Reihe Anforderungen erfüllen.
W. Jaeger[1]) formuliert diese dahin, daß ein ideales
Normalelement vollkommen reversibel sein, eine
konzentrierte Lösung des Elektrolyten und Depolarisators mit Überschuß von festen Salzen enthalten,
dabei konstant mit möglichst kleiner Polarisation,
von geringem Temperaturkoeffizienten und stets mit
Sicherheit reproduzierbar sein muß.   Diesen Bedingungen haben bis jetzt nach den Erfahrungen der
Physikalisch-Technischen Reichsanstalt nur die Elemente von Clark und Weston genügt.

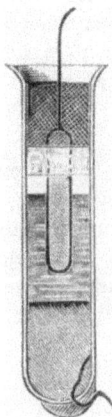

Das Clark-Element besteht aus der Zusammensetzung: Quecksilber-Quecksilbersulfat und Zink-
sulfat-Zink.   Dabei wird in der einfachsten Form
(Fig. 63) die Ausführung nach Rayleigh folgendermaßen gestaltet: In einem weiten, unten zuge-
schmolzenen Glasrohr mit eingeschmolzenem Platin-

Fig. 63.   draht befindet sich unten, diesen Draht bedeckend,
ein gewisses Quantum reines, im Vakuum destilliertes Quecksilber
als Elektrode.   Auf diesem ruht eine Paste, die man aus 150 g
Quecksilbersulfat mit 5 g Zinkkarbonat unter Zumischung von
der gerade genügenden Menge warm gesättigter Zinksulfatlösung

---

[1]) Zentralblatt f. Akkumulatorenbau und verw. Gebiete 1900, S. 3 ff.
Zeitschrift f. Elektrochem. **8**, 845, 1902.

erhält. — Das Karbonat soll etwa vorhandene überschüssige Säure neutralisieren. — Dieser Paste werden noch überschüssige Zinksulfatkristalle zugesetzt. In die Paste taucht die Zinkelektrode, die von einem Korkstopfen getragen wird, der das Element oben verschließt, während ein Überguß von Marineleim den luftdichten Abschluß bewirkt. Rayleigh war zu dieser Konstruktion auf Grund seiner Beobachtungen an dem ursprünglichen Clark-Element gekommen. Er hatte dabei gefunden, daß die E. M. K. des Elementes zu hoch ist, wenn die Paste sauer ist (was allerdings nach ca. 1 Monat von selbst verschwindet) oder wenn die Zinksulfatlösung nicht gesättigt ist. Dagegen ist die E. M. K. zu niedrig, wenn die Zinksulfatlösung übersättigt, das Quecksilber nicht rein oder das Element eingetrockner ist. Die verwendete Zinkvitriollösung muß daher, um Komplikationen zu vermeiden, bei einer Temperatur gesättigt sein, die niedriger ist als die Gebrauchstemperatur. — Die E. M. K. seines Elementes hatte Clark auf 1,437 Volt (auf wahre Volt umgerechnet) angegeben. Nach Rayleigh ist die E. M. K. seiner Modifikation $= 1,435 [1 - 0,00077 (t-15)]$.

In neueren Konstruktionen ist die Quecksilberelektrode durch eine amalgamierte Platinelektrode ersetzt. Callendar und Barnes haben eine geschlossene Zelle (Fig. 64) konstruiert, bei der

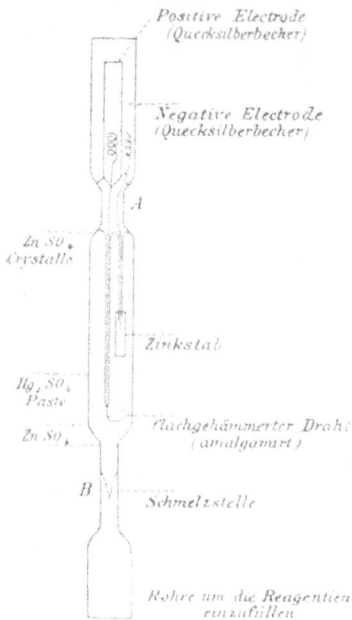

Fig. 64.

die Elektrodendrähte durch Kapillaren in das Elementgefäß reichen, in die sie eingeschmolzen werden. Oben dienen die als Becher erweiterten Enden als Quecksilbernäpfe. Die Quecksilberelektrode wird durch einen amalgamierten, flach gehämmerten Platindraht dargestellt. Dieser befindet sich in dem Brei von Quecksilberoxydulsulfat, darüber sind Zinksulfatkristalle in gesättigter Lösung den Zinkstab umgebend gelagert.

Die von der Firma **Hartmann & Braun** nach Modellen der Phys.-Techn. Reichsanstalt hergestellten Elemente (Fig. 65) werden in der abgebildeten älteren Form mit einer Tonzelle hergestellt, die das amalgamierte Platinblech nebst Paste umschließt, wodurch das Element gut transportabel wird. Ein in das Innere tauchendes Thermometer ist von außen bequem ablesbar, das Ganze ist durch eine Metallhülse geschützt. Das Gewicht der Type ist 1,3 kg. Eine neuere kleinere Form ist in der Rayleighschen **H**-Form (s. u. bei Westonelement) hergestellt und wiegt (ebenfalls mit Metallschutzhülse) nur 0,5 kg. Nach den Beobachtungen der Phys.-Techn. Reichsanstalt[1] ist die E. M. K. derartiger Elemente

$$= 1{,}4328 - 0{,}00119\ (t - 15^0) - 0{,}000007\ (t-15^0)^2\ \text{Volt}.$$

Das Element hat immerhin noch einen störend merkbaren Temperaturkoeffizienten, doch ist es sehr genau reproduzierbar. Es dürfen aber die Elemente im allgemeinen nur in Kompensationsschaltungen benutzt und nur ganz kurze Zeit und auch dann nur durch Widerstände von mindestens 50000 Ohm geschlossen werden.

Man muß weiter darauf achten, daß das Element nicht über 39^0 erwärmt werden darf, weil bei dieser Temperatur das im Element enthaltene Hydrat $Zn\ SO_4 + 7\ H_2O$ in ein Hydrat von nur 6 Molekülen Kristallwasser: $Zn\ SO_4 + 6\ H_2O$ übergeht und auch beim Abkühlen in diesem Zustande verbleibt, so daß man dann nicht mehr den richtigen Wert erhält. R. Luther[2] hat die Bemerkung gemacht, die auch auf das Weston-Element zutrifft, daß jedes Element mit (kristall-)wasserhaltigem Bodenkörper in seiner E. M. K. durch Verunreinigungen der Salze des Elektrolyten und Änderung des Lösungsmittels beeinflußt wird, während für Elemente mit wasserfreiem Bodenkörper das nicht zutrifft. Eine thermodynamische Überlegung zeigte, daß die Verschiedenheiten in der E. M. K. in diesen Fällen nur vom Dampfdruck abhängen, die E. M. K. wachsen mit diesem; dies wurde auch experimentell

1:3
Fig. 65.

[1] W. Jaeger (l. c.).
[2] Zeitschrift f. Elektrochem. 8, 493, 1902.

bestätigt. Hiernach ist also das Ideal eines Normalelementes
nur bei Benutzung eines kristallwasserfreien Bodenkörpers zu
erreichen.

§ 89. Das Weston-Element.

Das Weston-Normalelement verwendet anstatt einer
Zink- eine Kadmiumelektrode. Ursprünglich wurde auch hier
auf das Quecksilber eine Paste aufgelagert, die man durch Zu-
sammenreiben von Quecksilbersulfat mit konzentriertem Kadmiumsulfat und Kristallen von Kadmiumsulfat erhielt, dem als
negative Elektrode ein Kadmiumstab gegenüberstand. Jetzt wird
das Element gewöhnlich in der Rayleighschen H-Form nach

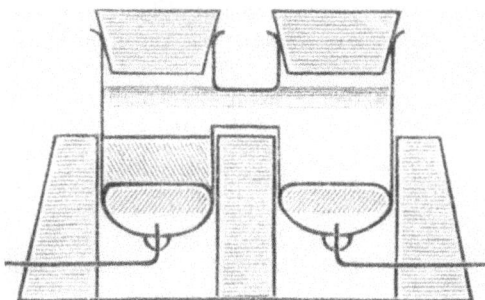

Fig. 66.

Jaeger und Wachsmuth konstruiert (Fig. 66). In dem einen
Schenkel befindet sich dann Quecksilber, bedeckt mit einem
Brei von Quecksilberoxydulsulfat, während der andere Schenkel
ein flüssiges Kadmiumamalgam von 6 Teilen Quecksilber auf
1 Teil Kadmium enthält und als Elektrolyt Kadmiumsulfat das
Gefäß füllt. Schoop empfiehlt hier und analog beim Clark-
Element eine bei 0° gesättigte Lösung von Kadmiumsulfat, doch
haben Cohnstamm und Kohn[1]) gefunden, daß bei 15° eine
Umwandlung des den Bodenkörper bildenden kristallwasserhaltigen
Kadmiumsulfats eintritt, weshalb man das Element nur über
15° C gebrauchen darf. Nach Jaeger[2]) bleibt ein Kadmiumsulfat mit $^8/_3$ Molekül Kristallwasser bis zu 72° vollkommen unverändert; ebenso ist auch das Kadmiumamalgam von 12—13% Cd
vollständig unveränderlich. Die Konstanz beider Elektroden zueinander erwies sich während mehrerer Jahre an der Phys.-

[1]) Ann. d. Phys. 1898, 344.
[2]. l. c.

Techn. Reichsanstalt innerhalb 0,001 Volt. Die E. M. K. des Weston-Elementes ist $1,0186 - 0,000038 (t-20°) - 0,00000065 (t-20°)^2$. Der Temperaturkoeffizient ist also bei 20° ca. 23 mal kleiner als beim Clark-Element.

§ 90. Normalelement von Geo. A. Hulett.

raff. Petroleum

Cd SO₄ + H₂O und- Lösung

Cd-Spirale

Cd Amalgam

Fig. 67.

Normalelement von Geo. A. Hu-lett[1]. Das neuerdings angegebene Element besteht aus Cd / Cd SO₄ / Cd-Amalg. $(5-13°/_0)$ Der Erfinder stützt sich dabei auf die von W. Jaeger und H. C. Bijl festgestellte Tatsache, daß die elektromotorische Kraft von Kadmiumamalgam innerhalb dieser Grenzen konstant ist. Die Konstruktion ist folgende (Fig. 67): In eine dünnwandige Glasröhre von 8—10 mm Durchmesser, in der sich am Boden und 2—3 cm darüber zwei Platinelektroden (die obere eine Spirale befinden, wird ca. 0,5 ccm 13 $°/_0$ Kadmiumamalgam vorsichtig eingetragen und darüber $Cd SO_4 + ^8/_3 H_2 O$ Kristalle bis über die Spirale aufgefüllt sowie gesättigte Kadmiumsulfatlösung zugegossen. Dann wird oben abgeschmolzen, das Ganze in eine weitere Glasröhre gesteckt und zur Isolation mit Paraffinöl umgossen. Die Platinspirale wird nun durch einen Strom von 0,005 bis 0,002 Amp., der mindestens 20 mg Kadmium abscheidet, zur Cd-Elektrode gebildet. Die E. M. K. ist dann $0,05175 - 0,000244 (t-20°)$ Volt. Der Temperaturkoeffizient soll praktisch linear sein, indessen ist er im Verhältnis zu der geringen E. M. K. doch wohl zu groß.

§ 91. Daniell-Element und andere als Normalelemente.

Das Daniell-Element als Normalelement. In seiner ursprünglichen Form ist das Daniell-Element nicht umkehrbar, da beim Einleiten von Strom an der Zinkelektrode keine Ab-

[1] Transact. Am. Electrochem. Soc., Advance sheet, Boston 1905. Zeitschrift f. angewandte Chem. 1905, S. 1365.

scheidung von Zink, sondern von Wasserstoff eintritt. Wird als Elektrolyt indessen Zinksulfat verwendet, so ist das Element reversibel und damit als Normalelement brauchbar. Indessen ist es aber auch so nur in geringem Maße konstant und reproduzierbar. In der von Fleming angegebenen Form wurde es von der englischen Postverwaltung verwendet. Zacharias empfiehlt ein solches nach Prof. Grotrian [1]), da es, wenn auch weniger konstant, doch leichter selbst herzustellen und auch weniger polarisierbar ist als das Clark- und das Weston-Element. Außerdem ist es seines großen inneren Widerstandes wegen nicht so sehr gegen geringen Kurzschluß empfindlich. Es muß vor allem jede Diffusion der Flüssigkeiten vermieden werden, deshalb wird das Element aus zwei Gefäßen aufgebaut. Das eine enthält die Kupferelektrode in Kupfersulfat, das andere Zink in Zinksulfat. Aus jedem hängt ein Fließpapierstreifen, in dem der Elektrolyt hochsteigt; bei der Messung werden beide zur Berührung gebracht, und man hat so eine leitende Verbindung. Ungünstig ist bei dieser Zusammenstellung der große innere Widerstand des Elementes und die Gefahr einer verschiedenen Temperatur beider Gefäße. Das Zink muß stets vorher frisch amalgamiert, das Kupfer galvanisch verkupfert werden, dann erhält man eine ziemlich konstante E. M. K. von 1,101 Volt bei 22,5°C.

Andere Normalelemente sind noch öfters angegeben worden, so das Quecksilberoxyd-Element von Gouy. Dies entsteht aus dem Clark-Element, wenn man das Quecksilberoxydulsulfat durch Quecksilberoxyd als Depolarisator ersetzt. An Stelle einer gesättigten Lösung von Zinksulfat wird ferner nur eine 10°/₀ige vom spez. Gewicht 1,06 verwendet. Die E. M. K. ist dann 1,390 legale Volt—0,0002 $(t-12^{\circ})$ C.

Das Kalomel-Element von Helmholtz ist von Ostwald wieder vorgeschlagen worden. Es besteht aus: Quecksilber mit Quecksilberchlorür (Kalomel) und Zink in Zinkchlorid:

$$Hg/ Hg_2 Cl_2 / Zn Cl_2 / Zn.$$

Ostwald giebt an, daß das Element, mit einer Zinkchloridlösung vom spez. Gewicht 1,409 bei 15°C gefüllt, eine E. M. K. von 1 Volt bei 15° besitze. Der Temperaturkoeffizient ist $+0,00007$ Volt pro 1°C. Schoop fand die E. M. K. = 1 Volt für ein spez. Gewicht von Zinkchlorid 1,391 bei 15°.

Das Chlorbleinormal-Element von Baille und Féry soll nur erwähnt werden.

---

[1]) Elektrotechn. Zeitschrift 1898, S. 561.

II. Teil.

Die Sekundärelemente oder Akkumulatoren.

———

§ 92. Allgemeines.

Die Sekundärelemente, gewöhnlich Akkumulatoren, auch
neuerdings vielfach Stromsammler genannt, unterscheiden sich von
den bereits besprochenen Primärelementen nicht prinzipiell.
Es sind vielmehr reine galvanische Elemente, die nur gewöhnlich
durch ein besonderes Verfahren »die Formierung« mit Benutzung
des elektrischen Stromes in den gebrauchsfertigen Zustand übergeführt und nach Verbrauch der stromerzeugenden Bestandteile
durch Einleiten eines elektrischen Stromes, des »Ladestromes«,
in entgegengesetzter Richtung zu dem »Entladestrom« wieder
regeneriert werden können. Da diese Elemente einen erheblichen
Teil der bei der Regenerierung (Ladung) aufgewendeten Energie
— bis zu $85\,^0/_0$ — bei der Entladung wieder abgeben, sind sie
zunächst als Akkumulatoren bezeichnet worden. Dieser Name,
der sich allgemein eingebürgert hat, ist wohl besser durch Sekundärelemente oder eine andere derartige Bezeichnung zu ersetzen als durch die unklare Verdeutschung »Stromsammler«.
    Der Akkumulator ist, wie schon gesagt, wenn man von
seiner ursprünglichen Herstellung einstweilen absieht, ein reines
Primärelement, das eben nur die Regeneration durch den elektrischen Strom selbst gestatten muß, d. h. es muß vollkommen
umkehrbar (reversibel) sein. Eine Reihe der Primärelemente,

insbesondere das Daniell-Element in der Form: Zn/Zn SO₄/ Cu SO₄/Cu, ist ebenfalls reversibel; bei diesen ist aber teils der große innere Widerstand der Elemente hinderlich, teils aber ist es vor allem das Auftreten von Nebenreaktionen, die entweder überhaupt nicht umkehrbar verlaufen oder wenigstens zu ihrer Rückbildung nicht ausnutzbaren Strom beanspruchen. Es sind also die wesentlichsten Eigenschaften eines Akkumulators seine vollkommene Umkehrbarkeit und das Fehlen von Nebenreaktionen, die seinen großen Nutzeffekt bedingen; dazu kommt natürlich noch, daß im Ruhezustande keine Reaktion an den Elektroden auftreten darf. Nach dem Gesagten ist es klar, daß die Akkumulatoren zu den Elementen gehören, bei denen nur eine sehr geringe Polarisation auftritt, so daß man sie praktisch zu denen rechnen kann, die einen vollkommenen Depolarisator besitzen. An dem bis jetzt noch allein bewährten Bleiakkumulator kann man sehen, daß in den derartigen Elementen die Depolarisationswirkung durchaus keine Nebenreaktion darstellt. Enthält ein Element einen vollkommenen Depolarisator, so tritt dieser jedenfalls stets selbst mit dem Elektrolyten in stromliefernde Reaktion, und es ist das Auftreten einer größeren Polarisation dadurch vollständig ausgeschlossen.

Der Bleiakkumulator.

Kapitel I.

Theoretisches.

§ 93. Theorie von Planté.

Ersetzt man in der Groveschen Gasbatterie die Platinelektroden durch solche aus Blei, so findet beim Durchleiten von Strom zunächst keine Gasentwickelung statt, sondern es tritt an der Anode eine Bräunung auf, die von einer Oxydation des Bleies herrührt, während an der Kathode infolge von Reduktion die stets vorhandene matte Oxydschicht verschwindet und reiner Metallglanz erscheint. Die bei der Zersetzung der verdünnten Schwefelsäure entstehenden Gase: Sauerstoff und Wasserstoff bewirken also Oxydation und Reduktion der Elektroden. Es tritt dabei zwischen diesen beiden Elektroden eine

Spannung von 2 Volt auf. Schließt man jetzt das Sekundär-
element kurz, so erhält man einen kräftigen Strom. Planté beobachtete nun, daß die von dem Element gelieferte Energiemenge
sich wesentlich vergrößert, wenn man diesen Vorgang viele Male
hintereinander wiederholt, weil dabei die Oxydations- und Re-
duktionswirkung immer tiefer in die Platten eindringt. Damit
war die Möglichkeit einer praktischen Verwertung gegeben.
Planté gab nun selbst auch in seinen »Recherches sur l'électricité«[1]) eine Theorie, die im wesentlichen auf der Annahme
von bloßen Oxydations- und Reduktionsvorgängen beruhte. Die
braune Schicht, die bei der Ladung auf der Anode entsteht, ist
Bleisuperoxyd. Planté nahm daher an, daß bei der Ladung
die Anode zu Bleisuperoxyd oxydiert. die Kathode zu Blei, und
zwar zu Bleischwamm reduziert werde, bei der Entladung verwandelt sich das Bleisuperoxyd in eine niederere Oxydationsstufe,
währennd der Bleischwamm wieder in Bleioxyd übergeführt wird.

§ 94.   Theorie von Gladstone und Tribe.

Doch schon J. H. Gladstone und A. Tribe stellten dieser
Theorie in ihrer Arbeit: »Die chemische Theorie der sekundären
Batterien nach Planté und Faure«[2]) die sog. Sulfattheorie gegen-
über. Sie wiesen durch chemische Untersuchung der aktiven
Masse nach, daß sich bei der Entladung Bleisulfat bildet, das
bei der Ladung in entsprechender Weise wieder zersetzt wird.
Die chemischen Vorgänge lassen sich demgemäß durch die fol-
genden Gleichungen darstellen:

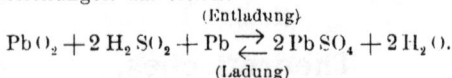

(Entladung)

$$PbO_2 + 2 H_2 SO_2 + Pb \rightleftarrows 2 PbSO_4 + 2 H_2 O.$$

(Ladung)

Hierfür sprach auch, daß die Konzentration der Schwefelsäure bei der Ladung steigt und bei der Entladung durch die
Bildung von Sulfat und Wasser sinkt. Doch wandten sich gegen
diese Theorie eine Reihe anderer Forscher; so stellte Darrieus[3]) eine Theorie auf, in der insbesondere die Bildung des
Bleisulfats als sekundär angenommen wird; Sieg[4]) schloß sich
ihm im wesentlichen an. Auch Elbs[5]) hat eine abweichende
Theorie gegeben.

---

[1]) Deutsch von Prof. Wallentin. Wien, Alfred Hölder, 1886.
[2]) Deutsch von Dr. R. v. Reichenbach. Wien, Hartleben, 1881.
[3]) Siehe Schoop, Handbuch der Akkumulatoren 1898.
[4]) Dr. E. Sieg, Die Akkumulatoren, Handbuch der Elektrotechnik
III 2, 1901.
[5]) Zeitschrift für Elektrochemie. 1896, S. 70.

§ 95. Theoretische Untersuchungen von Dolezalek.

Dagegen hat Dolezalek[1] in einer eingehenden theoretischen Behandlung des Bleiakkumulators fast zwingend nachgewiesen, daß sowohl theoretische Gründe, nämlich die Berechnung der Energie auf thermodynamischem Wege, als auch eine Reihe sorgfältigster praktischer Untersuchungen nur die Sulfattheorie als berechtigt erscheinen lassen. Die von ihm aufgeführten Tatsachen sind im wesentlichen folgende:

Die Annahme, daß an der positiven Elektrode nicht Bleisuperoxyd, sondern irgendeine andere Oxydationsstufe des Bleis oder des Bleisuperoxydhydrats gebildet werde, wird durch die Versuche von Streintz[2] widerlegt. Dieser Autor untersuchte die elektromotorische Kraft der verschiedenen Oxyde gegen eine Zinkelektrode und zwar Pb_2O, PbO, Pb_3O_4, H_2PbO_3 und PbO_2, von denen allein das letztere die richtige Größenordnung, dieser Stoff aber auch genau den richtigen Wert gab, wie er einer geladenen positiven Akkumulatorplatte entspricht.

Die Tatsache, daß bei der Entladung des Akkumulators Bleisulfat gebildet wird, ist zwar schon lange bekannt, es wurde dies aber hauptsächlich auf Nebenreaktionen zurückgeführt. Doch hatten schon Ayrton[3] und Mugdan[4] durch Analysen der aktiven Masse, W. Kohlrausch und C. Heim[5] durch Bestimmung der Schwefelsäurekonzentration bei Ladung und Entladung nachgewiesen, daß die Sulfatbildung bzw. der Schwefelsäureverbrauch ziemlich genau der Stromentnahme entspricht. Dolezalek entwickelte darauf in der Hauptsache nach Bestimmungen von Fr. Streintz[6], Tscheltzow[7] und Thomsen[8] über die in Betracht kommenden Bildungswärmen für die einzelnen gebildeten chemischen Verbindungen, daß die thermodynamischen Gleichungen für den Akkumulator auf Grund der von der Sulfattheorie aufgestellten Gleichung genau die richtige elektromotorische Kraft ergeben. In neuerer Zeit haben auch K. Elbs und F. W. Rixon[9] gezeigt, daß die Bildung des Bleischwamms direkt von

---

[1] Dr. Fr. Dolezalek, Die Theorie des Bleiakkumulators. Halle a. S., Wilhelm Knapp, 1901.
[2] Wied. Ann. **38**, 311, 1889.
[3] Proc. Roy. Soc. **50**, p. 105, 1891.
[4] Zeitschrift f. Elektrochem. 1899, Heft 23.
[5] Elektrotechn. Zeitschr. 1889, S. 327.
[6] Wied. Ann. **53**, 698, 1894.
[7] Compt. rend. **100**, 1158, 1885.
[8] Thermochem. Untersuchungen.
[9] Zeitschrift f. Elektrochem. **9**, 267.

der Anwesenheit eines Plumbisalzes in dem Elektrolyten abhängt, daß also das in der Akkumulatorsäure vorhandene Bleisulfat für den Abscheidungsprozeß direkt notwendig ist.

§ 96. Untersuchungen von M. U. Schoop.

Schließlich ist aber noch durch die ausgezeichneten Versuche von M. U. Schoop[1]) mit vollster Sicherheit auch experimentell die Richtung dieser Theorie nachgewiesen worden. Schoop wog zu diesem Zwecke die Platten bei Ladung und Entladung. Das sonst angewendete Verfahren, hierbei die an und in den Platten befindliche Säure einfach abtropfen zu lassen, ersetzte er aber dadurch, daß der die Platten direkt in dem Elektrolyten wog. Bei diesem Verfahren hatte er allerdings eine Reihe von Korrektionen in Betracht zu ziehen: die Veränderung der in den Poren der Platte enthaltenen Säurekonzentration und die Veränderung der Porengröße und damit des Flüssigkeitsvolumens in der Platte selbst sowie die verschiedenen Säurekonzentrationen im Akkumulator selbst. Doch gelang es ihm durch einen einfachen Kunstgriff die letzte Änderung auszuschalten, indem er nämlich die zu untersuchende Platte zwischen zwei gleichartige Platten stellte, auf die durch den durchgeschickten Strom der entgegengesetzte Einfluß ausgeübt wurde als auf die zu untersuchende Platte. Dadurch wird in der untersuchten Zelle, besonders bei Verwendung nicht zu großer Flüssigkeitsmengen, eine genügende Konstanz der Säurekonzentration erreicht. Unter Berücksichtigung dieser Korrektionen ergaben nun die Versuche ebenfalls einen rein quantitativen Zusammenhang zwischen Stromentnahme und Sulfatbildung, so daß jetzt in dieser Hinsicht kein Zweifel herrschen kann.

Die vollständig stromliefernde Bildung von Bleisulfat ist es auch, die jede eigentliche Polarisation unmöglich, also den Bleiakkumulator vollständig reversibel machen müßte. In der Tat wird aber doch eine mit der angewandten Stromdichte proportionale geringe Polarisation gefunden. Wie Dolezalek theoretisch folgerte und durch die Versuche von Schoop ebenfalls einwandfrei bewiesen wird, ist die Ursache hierfür die in den Poren der Platten auftretende stärkere Konzentrationsänderung. Bei stärkeren Stromdichten ist vor allem an der Superoxydplatte eine größere Konzentrationsänderung durch gleichzeitigen Verbrauch von Schwefelsäure und Bildung von Wasser vorhanden,

[1]) Sammlung elektrotechnischer Vorträge V, 1904, S. 205.

als daß durch die Diffusion ein Ausgleich insbesondere zwischen dem äußeren Elektrolyten und den in den Poren befindlichen Teilen desselben stattfinden könnte. Gibt man durch Stromunterbrechung Zeit zu diesem Ausgleich durch Diffusion, so tritt die normale E. M. K. nach einiger Zeit auf, was man als »Erholung« zu bezeichnen pflegt. Auch dies hat Schoop nachgewiesen und somit den Beweis erbracht, daß eine Polarisation im eigentlichen Sinne nicht vorhanden ist.

§ 97. Die Gasentwickelung und die Bedeutung des Bleisulfats.

Eine weitere in dieser Beziehung wichtige Frage ist noch die: Warum tritt im Akkumulator bei ca. 2 Volt bei der Entladung gar nicht, bei der Ladung erst am Schluß unter Ansteigen der Spannung auf ca. 2,5 Volt eine Entwickelung von Wasserstoff und Sauerstoff in Gasform ein, während bei Platinelektroden diese Zersetzung schon bei 1,7 Volt auftritt? Dies ist von Nernst[1]) eingehend erörtert worden. Er kommt dabei zu dem auch von Dolezalek angenommenen Schlusse, daß für die Entwickelung von Gasblasen wesentlich die Okklusionsfähigkeit des Elektrodenmetalls für das betreffende Gas mit in Frage kommt. Diese ist nun bei Blei sehr gering, so daß eine entsprechend größere Arbeit als bei Platin zur Bildung von Gasblasen aufzuwenden wäre. Deshalb findet in diesem Falle die Bildung von Bleisuperoxyd und Blei aus Bleisulfat, die an und für sich mehr Energie als die Bildung des Knallgases verbraucht, früher statt als diese, die erst nach Verbrauch des sämtlichen Bleisulfats eintritt. Strasser und Gahl[2]) haben ausführlichere Versuche über die Verschiedenheiten der Ladespannungen bei Bleiantimonlegierungen angestellt. Sie fanden das obige Resultat bestätigt, daß die Ladespannung vom Material und der Beschaffenheit der negativen Platte abhängt. Unterschiede in der E. M. K. waren dabei kaum zu bemerken: Die Ruhespannung betrug bei Weichblei 2,1 Volt, bei Hartblei mit 24 % Antimon 2,08 Volt. Die Gasabscheidung erfolgte am leichtesten an reinem Antimon, am schwersten an reinem Blei, die Legierungen befinden sich in der Mitte. Der Spannungsunterschied bei den Abscheidungen an Hartbleischwamm und reinem Bleischwamm betrug 0,1 Volt. Bei dem Vergleich mit reinem, festem Blei wird er noch größer.

---

[1]) Zeitschrift f. Elektrochem. **6**, 549, 1900.

[2]) Zeitschrift f. Elektrochem. **7**, 11, 1900.

Die große Nutzbarkeit des Bleiakkumulators beruht im wesentlichen noch darauf, daß das gebildete Salz, des Bleisulfat, nicht oder vielmehr nur sehr wenig im Elektrolyten löblich ist. Infolge dieser Tatsache reicht man mit einem verhältnismäßig geringen Quantum Säure aus, während sonst eine viel größere Menge Flüssigkeit vorhanden sein müßte. Man hat aber früher gerade die Bildung von Bleisulfat bei der sog. »Sulfatisierung der Platten« gegen die Sulfattheorie eingewendet. Diese Sulfatisierung besteht darin, daß bei längerem Stehen entladener Platten in der Ruhe sich auf ihnen weiße Kristalle von Bleisulfat bilden, die allmählich die Platten mit einer unlöslichen und schwer leitenden Schicht überziehen. Es ist indessen klar, daß diese Schicht augenscheinlich durch Zusammenwachsen größerer Bleisulfatkristalle entsteht, was infolge der geringen Löslichkeit des Bleisulfats durch abwechselnde Lösung und Auskristallisation bei geringen Temperaturschwankungen eintritt, während gewöhnlich das Bleisulfat nur in sehr kleinen Kristallen vorhanden ist, die sich auch ihrer Kleinheit wegen leichter lösen.

Nur kurz erwähnt sollen an dieser Stelle die osmotischen Theorien von Le Blanc und Liebenow[1]) werden. Ihre Folgerungen haben in rein chemischer Beziehung den gleichen Effekt wie die Sulfattheorie, sie versuchen nur die Nernstsche osmotische Theorie der Stromerzeugung auch auf den Akkumulator anzuwenden. In beiden Fällen treten aber immerhin bemerkbare Schwierigkeiten auf, wie sich aus Dolezaleks schon vielfach zitiertem Buche ergibt. Die innere Schwierigkeit, die dieser Tatsache zugrunde liegt, ist die geringe, kaum zu beobachtende Löslichkeit des Bleisulfats in der Schwefelsäure. Immerhin kann man auch diese beiden Theorien dahin interpretieren, daß die von ihnen angenomene Ionenbildung einzig an der Berührungsfläche der Elektroden mit dem Elektrolyten stattfindet, wenigstens soweit das Blei oder Bleisuperoxyd selbst dabei beteiligt ist. Die eigentliche Stromleitung bleibt nur den Wasserstoff- oder Schwefelsäureionen übrig. Wir können also ebensogut annehmen, daß die eigentliche Stromerzeugung und die Vorgänge bei der Ladung nur in der Oberflächenschicht der Elektroden stattfinden, in der dann Blei resp. Bleisuperoxyd mit der Schwefelsäure unter der Einwirkung des Stromes aufeinander einwirken, ohne eine Entsendung von Blei- etc. Ionen in die Akkumulatorsäure selbst annehmen zu müssen.

---

[1]) Zeitschrift f. Elektrochem. **2**, 420 u. 653, 1896.

§ 98. Die E. M. K. in ihrer Abhängigkeit von der Säurekonzentration.

Hierüber sind eingehende Messungen von Heim[1]), Streintz[2]), Gladstone und Hibbert[3]) an Akkumulatorplatten, von Dolezalek[4]) an Platten aus reinem Material angestellt worden. Die Werte von Streintz lassen sich durch eine lineare Formel:

$$E_z = 1,850 + 0,00057 \cdot z.$$

gut darstellen, wo z den Säuregehalt in Grammen pro Liter, E_z die zugehörigen elektromotorischen Kräfte sind. Dolezalek erhielt folgende Werte:

Dichte	% H_2SO_4	E. M. K. (bei 15° C)
1,050	7,37	1,906
1,150	20,91	2,010
1,200	27,32	2,051
1,300	39,19	2,142
1,400	50,11	2,233

Die von Dolezalek gegebene thermodynamische Ableitung stellt in gleicher Weise den Verlauf gut dar. Sie benutzt den Temperaturkoeffizienten des Akkumulators und die Dampfspannung der Schwefelsäurelösungen und erhält dabei das wichtige Nebenresultat, daß jeder Zusatz zur Akkumulatorsäure, der die Wasserdampfspannung derselben erniedrigt und nicht störend in den elektrolytischen Prozeß eingreift, die elektromotorische Kraft erhöhen muß. Allerdings ist ein solcher Zusatz, der zugleich der Oxydation und Reduktion widerstehen muß, schwer zu finden. Andererseits sind stärkere Säurekonzentrationen nicht anwendbar, da sie den Bleischwamm angreifen. So wird in der Praxis für stationäre Sammler eine Säure von 1,16 — 1,2 spez. Gewicht, für transportable 1,2 — 1,27 angewandt. Durch Amalgamation des Bleies kann man bis zu einer E. M. K. von 2,7 Volt kommen, jedoch nur auf kurze Zeit.

Von Wichtigkeit ist es, beim Akkumulator stets die einzelnen Platten getrennt zu untersuchen. Man hat daher mehrfach die Elektrodenpotentiale gegen eine dritte (Hilfs-) Elektrode

[1] E. T. Z. X, Heft 4. 1889.
[2] Wied. Ann. **46**, S. 449, 1892.
[3] E. T. Z. XIII, Heft 32, S. 436, 1892.
[4] Dolezalek, Die Theorie des Bleiakkumulators. Halle 1901.

9*

bestimmt. Dabei muß, wie Dolezalek zeigt, die Verwendung der Mercurosulfatelektrode für die Bleielektrode eine Unabhängigkeit von der Konzentration ergeben, da in dieser Einzelkette Bleisulfat und Mercurosulfat fest zugegen, also von ihnen auch gesättigte Lösungen vorhanden sind. In ähnlicher Weise läßt sich die von Streintz verwendete Zink/Zinksulfatelektrode als ungeeignet nachweisen. Dolezalek verwendete die Wasserstoffelektrode und erhielt damit Werte, die mit der theoretischen Ableitung gut übereinstimmen:

Säuredichte	%	E. M. K. bei 0° C			
15° C	H_2SO_4	PbO_2-H_2		$Pb-H_2$	
		gemessen	berechnet	gemessen	berechnet
1,033	4,86	1,610	1,604	0,269	0,275
1,064	9,33	1,617	1,617	0,282	0,282
1,141	19,76	1,654	(1,654)	0,317	(0,317
1,192	26,36	1,682	1,678	0,339	0,343
1,428	52,93	1,801	1,791	0,426	0,436

Da sich bei diesen Messungen das Potential der Hilfselektrode mitverändert, so geben sie nur ein angenähertes Bild von dem Verlauf. Genauere Aufschlüsse erhält man durch die Betrachtung von Konzentrationsketten mit den zu untersuchenden Elektroden selbst:

Pb / PbSO$_4$ konz. Säure — verdünnte Säure PbSO$_4$ / Pb und ebenso mit PbO$_2$. Derartige Ketten sind von Gladstone und Hibbert studiert worden, sie geben ein mit den von Dolezalek entwickelten Formeln übereinstimmendes Resultat.

§ 99. Der Temperaturkoeffizient.

Der Temperaturkoeffizient ist zuerst von G. Meyer[1] untersucht worden, eingehender dann von F. Streintz.[2] Die erhaltenen Werte lassen sich gut durch die Formel:

$$\frac{\partial E}{\partial T} = 357 \cdot 10^{-6} - 0,64 \, (E - 1,998)^2$$

darstellen. Bei einer Säuredichte von 1,160 (22% H_2SO_4) erreicht der Koeffizient mit einem Werte von $3,41 \cdot 10^{-4}$ Volt ein Maxi-

---

[1] Wied. Ann. **33**, 278, 1888.
[2] Wied. Ann. **46**, 449, 1892.

mum. Um den vollständigen Verlauf der Kurve festzustellen,
hat auch Dolezalek Beobachtungen angestellt, die in neben-
stehender Kurve (Fig. 68) wiedergegeben sind. Interessant ist
dabei außer der Bestätigung des Streintzschen Maximums,
daß bei geringeren Konzentrationen (von ca. 0,8 g-Mol. H_2SO_4) der
Temperaturkoeffizient auch negative Werte annehmen kann.

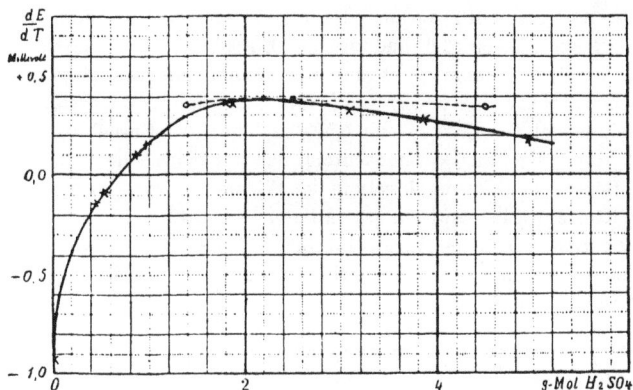

Fig. 68.

§ 100. Der innere Widerstand.

Der innere Widerstand ist sehr gering, da die Schwefelsäure einer der besten elektrolytischen Leiter ist. Er beträgt
daher auch bei sehr kleinen Typen nur wenige Hundertstel, bei
großen wenige Zehntausendstel Ohm.

Spezifischer Widerstand der Schwefelsäure
nach F. Kohlrausch[1]).

$\%\,H_2SO_4$	Dichte bei 18° C	Spez. Widerstand bei 18° C
2,5	1,0161	0,9249
5	1,0331	0,4833
10	1,0673	0,2574
15	1,1036	0,1855
20	1,1414	0,1544
25	1,1807	0,1406
30	1,2207	0,1365
35	1,2625	0,1392
40	1,3056	0,1483
50	1,3984	0,1866

[1]) Wiedemann Bd. I, S. 596.

Die beste Leitfähigkeit besitzt die Schwefelsäure bei einem spez. Gewicht von 1,23.

Für den inneren Widerstand des Akkumulators kommen aber infolge dieser guten Leitfähigkeit des Elektrolyten in der Hauptsache nur die Widerstände der Platten in Betracht. Sehr einwandfreie Versuche über den Gesamtwiderstand sind von Haagn[1] gemacht worden. Es ergab sich, daß in den verschiedenen Phasen der Ladung und Entladung der Widerstand von der Stromintensität so gut wie unabhängig war. Die beigegebene Kurve (Fig. 69) zeigt die beobachtete Widerstandszunahme bei der Ladung mit 0,52 Amp. und der Entladung mit 0,65 Amp. Boccali[2] beobachtete, daß am Schluß der Ladung mit Beginn der Gasentwickelung der Widerstand wieder ansteigt. Die Konzentrationsänderungen an den Elektroden haben nach Haagn nur sehr geringen Einfluß auf den Widerstand der Zelle, wie vergleichende Versuche mit langsamer und schneller Entladung beweisen.

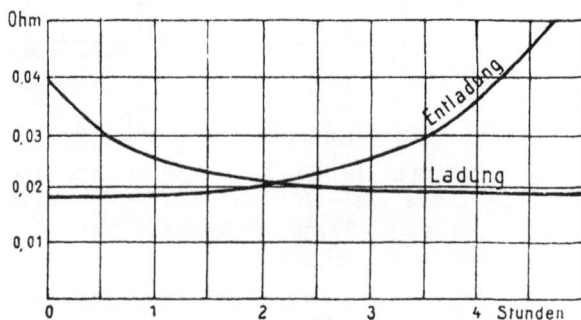

Fig. 69.

Die Widerstände der Elektroden selbst hat zwar Haagn ebenfalls untersucht, doch sind seine Resultate nicht einwandfrei; auch die Angaben von E. Sieg[3], die den Widerstandsverlauf der einzelnen Platten in der Differenz zwischen stromloser Potentialdifferenz und Betriebsspannung gegenüber einer Hilfselektrode darstellen, geben kein genaueres Bild.

[1] Diss. Göttingen 1897. Zeitschrift f. physikalische Chemie XXIII, Heft 1, 1897.
[2] E. T. Z. 1891, S. 51.
[3] Die Akkumulatoren. Handbuch d. Elektrotechnik III, 2. Leipzig 1901.

§ 101. Betriebsspannung, Ladung und Entladung.

Die Betriebsspannung K muß sich von der E. M. K. des Akkumulators E gemäß dem Ohmschen Gesetz nach der Formel : $K = E \pm iw$ unterscheiden, wo i die Stromstärke, w der innere Widerstand des Akkumulators ist und das $+$ Zeichen für die Ladung, das $-$ Zeichen für die Entladung gilt. Da in dem Akkumulator der innere Widerstand sehr gering ist, so müßte auch das Glied iw sehr klein sein; man beobachtet aber bei konstantem Strom Unterschiede in der Klemmenspannung zwischen Ladung

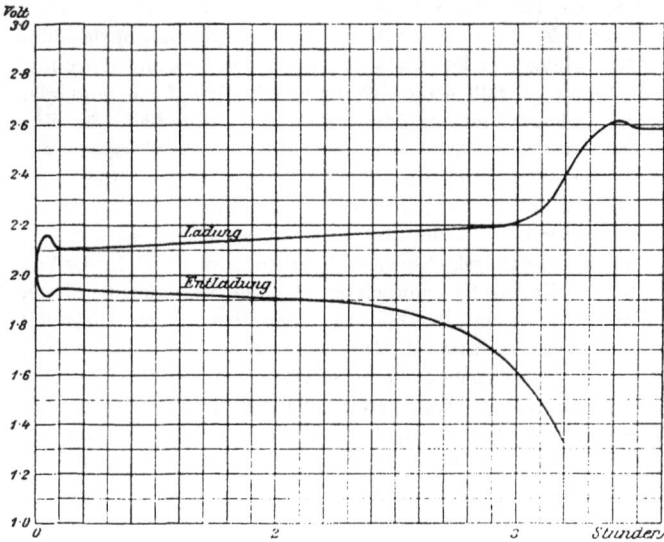

Fig. 70.

und Entladung die mehrere Zehntel Volt betragen. Die nebenstehende Fig. 70 zeigt eine derartige Kurve. Wie schon an früherer Stelle erwähnt, ist die hiernach vorhandene Polarisation, die den Hauptenergieverlust im Akkumulator verursacht, auf mangelnden Ausgleich der in den Poren der Platten befindlichen Säure und die dadurch hervorgerufenen Konzentrationsunterschiede zurück zuführen. Beträge von 0,08 Volt verlangen hiernach eine Differenz in der Konzentration von ungefähr 10 %. Die bei der Ladung und Entladung auftretenden Schlieren zeigen deutlich das Bestehen solcher Konzentrationsunterschiede an.

Betrachten wir die beiden Kurven einzeln, so bemerkt man an der Ladekurve zunächst einen raschen Anstieg, der durch die Säurebildung in den Elektroden hervorgerufen wird. Dann folgt ein kleiner Spannungsabfall, der vermutlich durch eine Verringerung des inneren Widerstandes infolge Zersetzung der oberflächlichen Sulfatschicht hervorgerufen wird. Weiter nimmt die Spannung allmählich wieder zu infolge Zunahme der Säurekonzentration, bis schließlich alles oder fast alles Sulfat zersetzt ist. Kurz vorher steigt die Spannung entsprechend stärker an, bis sie zu dem Punkte gelangt, wo die Gasentwickelung eintritt, in welchem Falle durch besseres Mischen der Säure wieder ein geringer Abfall eintritt. Mit Beginn reichlicherer Gasentwickelung ist die Ladung beendet. Läßt man dann den Akkumulator einige Zeit stehen, so fällt seine Spannung schnell auf den normalen Betrag, indem Sulfat aus dem Innern nachdiffundiert. Ist alles Sulfat zersetzt, so bildet sich unter stürmischer Wasserstoffentwickelung Sulfat durch freiwillige Entladung zurück. Dies weist darauf hin, daß am Schluß eine Bleisulfatkonzentrationskette im Akkumulator besteht, die die hohe Spannung verursacht.

Die Entladungskurve verläuft analog; auch bei ihr ist kurz nach dem Beginn gewöhnlich ein kleines Spannungsminimum vorhanden, das auf die Bildung einer übersättigten Bleisulfatlösung zurückgeführt wird. Die weitere Spannungsabnahme tritt nur infolge der geringeren Säurekonzentration ein; denn Ayrton, Lamb und Smith haben gezeigt, daß ein Mangel an wirksamer Masse nicht der Grund sein kann, da wohl bei der Ladung alles Sulfat zersetzt, bei der Entladung aber auch in den äußeren Schichten nur ca. 60 % der aktiven Masse an der Stromlieferung teilnehmen.

Der Charakter aller Akkumulatorenkurven ist der gleiche, wenn auch quantitativ Unterschiede vorhanden sind. Insbesondere nimmt der Unterschied zwischen Lade- und Entladespannung bei geringeren Stromdichten sehr ab. Dolezalek gibt eine Kurve (Fig. 71) an, die an einem großen Akkumulator von ca. 200 Amp.-Std. Kapazität aufgenommen wurde und die Differenz der Spannungen für verschiedene Stromstärken darstellt.

Die Verteilung dieser Polarisation auf die einzelnen Platten zeigen nebenstehende Kurven von Streintz (Fig. 72). Sie zeigen, daß es im wesentlichen die Superoxydelektrode ist, die diese Polarisation zeigt. Man kann dies aber auch ohne weiteres theoretisch ableiten, da die Konzentrationsänderungen hier bedeutend stärker sein müssen, da hier zugleich mit der Bildung oder dem Ver-

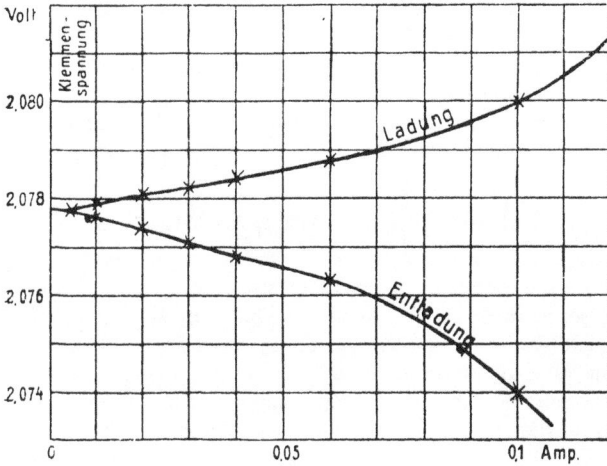

Fig. 71.

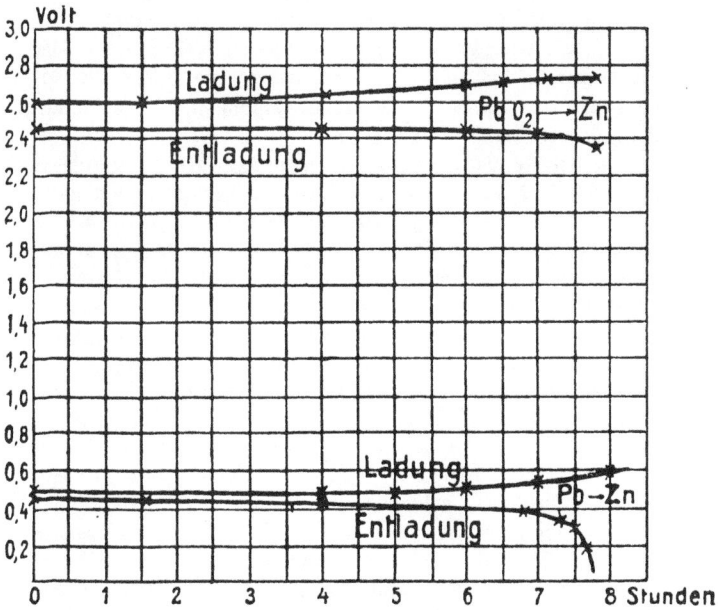

Fig. 72.

brauch der Schwefelsäure auch ein Verbrauch bzw. die Bildung von **Wasser** erfolgt, und ferner, weil selbst gleiche Konzentrationsänderungen an der Superoxydplatte eine 1,6 mal größere Polarisation hervorrufen müssen als an der Bleiplatte. Neuerdings sind auch von Mugdan (l. c.) und Sieg (l. c.) derartige Versuche gemacht worden, die das Obige voll bestätigen.

§ 102. Erholung, Sulfatisierung, Selbstentladung.

Von den ersten beiden Vorgängen haben wir bereits gesprochen. Die Erholung des Akkumulators, sei es bei der Entladung, sei es auch bei Überladung, beruht rein auf Diffusionsvorgängen. Im ersteren Falle findet ein Ausgleich an Säure, im letzteren Falle an Bleisulfat statt.

Die Sulfatisierung tritt durch allmähliches Anwachsen größerer Sulfatkristalle unter Auflösung der kleineren, leichter löslichen Kristalle ein, wie es bei längerem Stehen, z. B. infolge von Temperaturschwankungen, auftreten kann. Am günstigsten ist es deshalb, wenn im Akkumulator eine Säure von möglichst geringer Löslichkeit für Bleisulfat vorhanden ist. Dies ist bei ca 13—14 °/₀ H_2SO_4 im normal entladenen Zustande der Fall, während bei jeder größeren oder geringeren Konzentration der Säure eine erheblich größere Löslichkeit für das Bleisulfat vorhanden ist und daher günstigere Bedingungen für die Sulfatisierung gegeben sind.

Die Selbstentladung des Akkumulators tritt in geringem Grade stets auf, sie beträgt gewöhnlich bei guten Zellen nicht mehr als 1—2 °/₀ pro Tag. Tritt dagegen eine stärkere Selbstentladung auf, so ist sie im wesentlichen durch Verunreinigungen insbesondere der Akkumulatorsäure bedingt. Durch in ihr enthaltene fremde Metalle wird besonders die Bleischwammelektrode stark angegriffen, wenn nämlich dies Metall durch das Blei aus der Lösung ausgefällt wird, also elektronegativer ist als dieses. Dolezalek weist darauf hin, daß diese Eigenschaft von der Natur der Lösung abhängig ist, so daß in der Akkumulatorsäure das Blei positiver ist als z. B. Nickel, Kobalt und Eisen, die es in anderen Bleisalzlösungen nicht auszufällen vermag. Das ausgefällte Metall schlägt sich dann auf der Bleischwammelektrode nieder, und es bildet sich dabei ein kurzgeschlossener Lokalstrom, durch den der Bleischwamm unter starker Wasserstoffentwickelung in Bleisulfat übergeführt wird. Die Wasserstoffentwickelung erfolgt an dem abgeschiedenen Metall; das ist

aber in diesem Lokalelement nur möglich, wenn das Metall eine
kleinere Spannung gegen die Wasserstoffelektrode besitzt als Bleischwamm nämlich 0,33 Volt. Es sind dies: Platin platiniert
(0,005 Volt), Gold (0,02), Eisen (0,08), Platin blank (0,09, Silber
(0,15), Nickel (0,21) und Kupfer (0,23 Volt). Von den hiervon in
Betracht kommenden Metallen ist es besonders das Platin, das
bei Verwendung von Schwefelsäure, die in Platinkesseln einge-
dampft worden ist, leicht vorkommt und besonders verderblich
wirkt, da es auf keine Weise wieder zu entfernen ist, während
die anderen Metalle nach einiger Zeit, wahrscheinlich durch
Legierung, wieder unwirksam werden. Die Beobachtung, daß die
Selbstentladung mit der Säurekonzentration ansteigt, weist ebenfalls auf die Rolle hin, die der Wasserstoffentwickelung zukommt,
da die E. M. K. der Kette Wasserstoff-Bleischwamm bei steigender
Säurekonzentration ebenfalls ansteigt, die mit Wasserstoff beladenen
fremden Metalle also vermutlich als Wasserstoffelektroden wirken.

Die Superoxydplatte besitzt ja stets noch Bleiteile, als Kern,
Träger, Rahmen; hier ist also an sich schon Veranlassung zur
Bildung einer Lokalkette gegeben, die eine allmähliche Zerstörung
der Bleiteile bewirkt, doch kommt die Selbstentladung nur bei
Platten mit sehr dünnen Superoxydschichten mehr in Betracht.

Ferner kommen noch Verunreinigungen in Betracht, die
leicht oxydierbar und reduzierbar sind, wie Manganverbindungen;
diese werden an der Superoxydelektrode oxydiert, diffundieren
dann an die Bleischwammelektrode, wo sie den Sauerstoff wieder
abgeben usw. Ebenso wirken auch andere Salze, die in mehreren
Oxydationsstufen auftreten können, wie Eisensalze. Schließlich
wirken auch gelöste Gase, Wasserstoff und Sauerstoff, in der
gleichen Richtung.

§ 103. Kapazität und Entladestromstärke.

Die Kapazität eines Akkumulators ist die Elektrizitäts-
menge in Amp.-Stunden gemessen, die er liefern kann. Da aber
die Entladung eines Akkumulators bis zu seiner völligen Erschöpfung nicht angängig ist, wird als Kapazität nur die Anzahl
Amp.-Stunden bezeichnet, die der Akkumulator liefert, bis seine
Spannung auf $^1/_{10}$ der Anfangsspannung, also von 2,0 auf 1,8 Volt,
gesunken ist. Die Kapazität müßte eigentlich nur von der Menge
der wirksamen Masse abhängen, doch kann dies nur für ganz
geringe Stromstärken zutreffen. Die Erfahrung hat vielmehr
gezeigt, daß sie abhängt: 1. von der Entladungsstromstärke,

2. der ˏPlattendicke, 3. der Säuredichte und 4. der Temperatur.

1. **Abhängigkeit von der Entladestromstärke:** Die Versuche von Liebenow[1] (Fig. 73) haben gezeigt, daß diese Abhängigkeit sich annähernd wenigstens für geringere Stromstärken bei konstantem Strom durch die Formel $K = \dfrac{M}{1 + \alpha J}$ darstellen läßt, wo M und α Konstanten sind, die man für jeden Akkumulator einzeln ermitteln muß. In der Figur stellt die ausgezogene Kurve die beobachteten, die punktierte die mit Hilfe dieser Formel berechneten Werte dar; wie man sieht, decken sich beide sehr gut bei nicht allzu großen Stromstärken. Für Stromstärken, die sich in den in der Praxis gebräuchlichen Grenzen halten, hat Peukert[2] eine einfache Abhängigkeit von der Entladungsdauer gefunden;

$$I^n\, t = \text{konst.}$$

und die Werte n für eine Reihe verschiedener Systeme aufgestellt. Er fand:

System	Gülcher	Akk.-Fabr. A.-G.		Pollak			Correns		G.Hagen		de Khotinsky	
Type	A	Cu. E	E	E S	S K	R	H	Q	A	B	N	X
n	1,38	1,36	1,35	1,48	1,36	1,51	1,72	1,64	1,39	1,39	1,55	1,55

Auch Loppé[3] hat die Formel bei einer großen Anzahl von Typen bestätigt gefunden. Dolezalek hat mit Hilfe des Diffusionsgesetzes von Fick nachgewiesen, daß die Formel von Liebenow direkt die Abhängigkeit der Kapazität von der Diffusion in den Platten darstellt, wenn nicht die Stromstärken zu groß gewählt werden. Er hat dadurch gezeigt, daß nur die Diffusionsvorgänge dafür maßgebend sind.

Wenn der Entladungsstrom geschlossen wird, so beginnt die aktive Masse dem Elektrolyten Säure zu entziehen, indem sich Sulfat bildet. Diese Säure wird naturgemäß zunächst aus den Poren entnommen, bis der Diffusionsaustausch gleich dem Säureverbrauch geworden ist. Hieraus ergibt sich aber auch für die einzelnen Platten ein verschiedenes Verhalten. An den Bleisuperoxydplatten finden nach der Theorie die größeren Konzentrationsänderungen statt, also müssen sie auch die geringere Kapazität haben. Bei den Bleischwammplatten hingegen findet

---

[1] Zeitschrift f. Elektrochem. IV, 61, 1897.
[2] E. T. Z. 1897, S. 287.
[3] Assoc. des Ingénieurs-Électr. II. 11, 1898.

eine viel größere Verengerung der Poren durch das gebildete
Bleisulfat statt, infolgedessen bedingen diese das Anwachsen des
inneren Widerstandes im Laufe der Entladung und damit mit
der Abnahme der Spannung auch die der Kapazität. Man sieht
dies auf den von Sieg [1]) angegebenen Kurven (Fig. 74), die das
Verhalten verschieden dicker Platten in der Abhängigkeit von
der Entladestromstärke erkennen lassen.

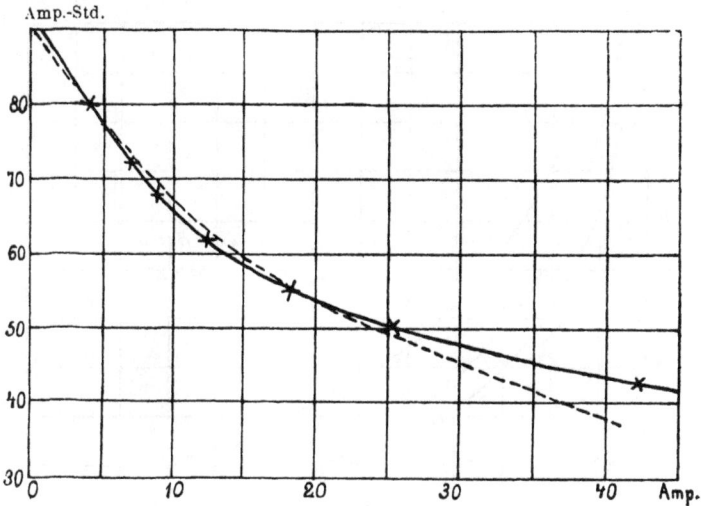

Fig. 73.

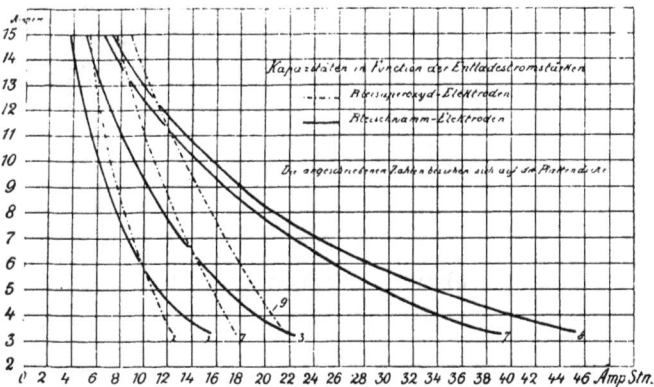

Fig. 74.

[1]) Sieg, Die Akkumulatoren. Handbuch d. Elektrotechnik III 2, S. 84.

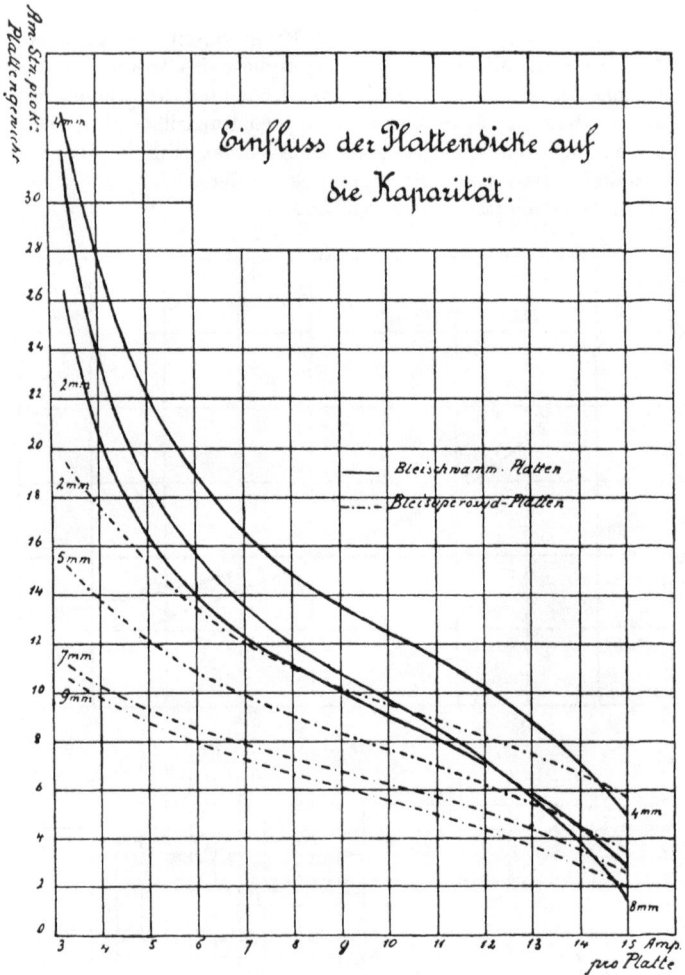

Fig. 75.

§ 104. Abhängigkeit von der Plattendicke.

2. Die Abhängigkeit der Plattendicke wird nach
Liebenow durch die Formel $K = \dfrac{M'}{1 + \alpha . J . d'}$ gegeben, die sich
ebenfalls aus den Diffusionsvorgängen ableiten läßt. Es ist ohne
weiteres klar, daß nach obiger Betrachtung eine Platte, bei der

die wirksame Substanz in dünner Schicht auf eine große Oberfläche
verteilt ist, nur ein geringes Potentialgefälle in ihren Poren besitzen kann, also auf 1 kg Plattengewicht bezogen eine bedeutend
größere Kapazität aufweisen muß. Doch sind sehr dünne Platten
wegen ihrer geringen Lebensdauer nicht empfehlenswert. Dies
Ergebnis wird indessen noch durch die Resultate Siegs[1]) modi-
fiziert. Nach dessen Kurven (Fig. 75), in denen das Verhalten
der positiven und negativen Platten getrennt dargestellt wird,
zeigt sich zunächst wieder das verschiedene Verhalten beider
Platten. Es geht aus diesen Versuchen deutlich hervor, daß es
für die Konstruktion der Akkumulatoren absolut notwendig ist,
die Platten einzeln zu untersuchen und demgemäß zu bauen,
wie Sieg an verschiedenen Stellen hervorhebt; weiter aber zeigt
sich auch das spezielle Resultat, das für die Bleischwammplatte
nicht unter eine Dicke von 4 mm heruntergegangen werden soll.
4 mm ist die Dicke, die eine maximale Kapazität ergibt. Bei
diesem Resultat befindet sich Sieg auch in Übereinstimmung mit
Schoop[2]), der als Erklärung annimmt, daß in diesem Falle die
Schwefelsäure innerhalb der Bleischwammplatte eine zu große
Konzentration annehme, die eine zu leichte und vollständige
Sulfatbildung bewirke.

§ 105. Abhängigkeit von der Säuredichte.

3. Die Abhängigkeit von der Säuredichte ist von
Heim[3]) und von Earle[4]) (Fig. 76) untersucht worden. Aus den
Resultaten beider geht hervor, daß ein Maximum der Kapazität
bei einer Dichte von 1,22 entsprechend 30 $^0/_0$ H_2SO_4 vorhanden
ist. Ein kleinerer Unterschied zwischen beiden erklärt sich dadurch, daß Earle frischgeladene Akkumulatoren verwandte,
während die von Heim untersuchten 15—18 Stunden geladen
gestanden hatten. Der Punkt, bei dem das Maximum auftritt,
erklärt sich einfach dadurch, daß die Schwefelsäure an ihm das
Maximum der Leitfähigkeit erreicht. Maßgebend für die Kapazität
sind aber, wie wir gesehen haben, die Vorgänge in den Poren
der Platten. Der Spannungsverlust in diesen muß immer gleich
der Konzentrationspolarisation an den äußeren Schichten der
Platten sein und umgekehrt. Der Spannungsverlust in den Poren

---

[1]) l. c. S. 90.
[2]) Schoop, Handbuch der Akkumulatoren, Stuttgart, S. 88.
[3]) E. T. Z. X, Heft 4, 1889.
[4]) Zeitschrift f. Elektrochem. II, S. 519, 1895/96.

ist aber um so kleiner oder erreicht um so später den Grenzwert 0,2 Volt, je größer die Leitfähigkeit der Säure ist, also müssen
beide Maxima zusammenfallen.

Amp-Std

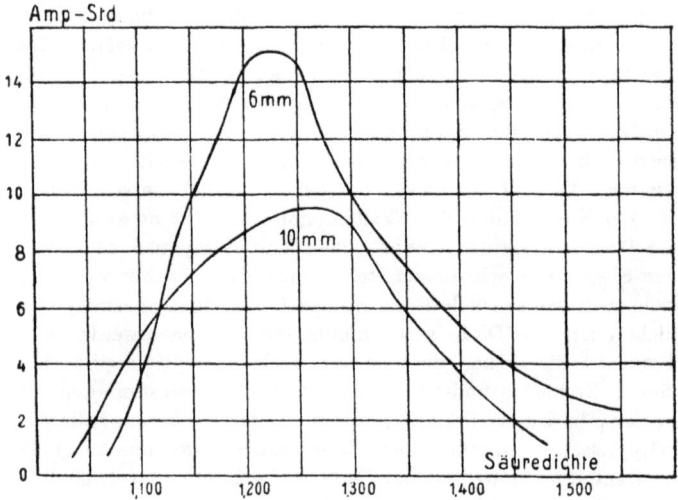

Fig. 76.

§ 106. Abhängigkeit von der Temperatur.

4. Der Einfluß der Temperatur besteht in der Erhöhung der Leitfähigkeit. Diese nimmt nach F. Kohlrausch
bei 20 % Säure um ca. 1,5 % pro Grad zu. Gladstone und
Hibbert[1]) haben darüber Versuche angestellt. Fig. 77 zeigt die
Entladung einer Zelle bei 15 und 37° C. C. Heim versucht

Amp.

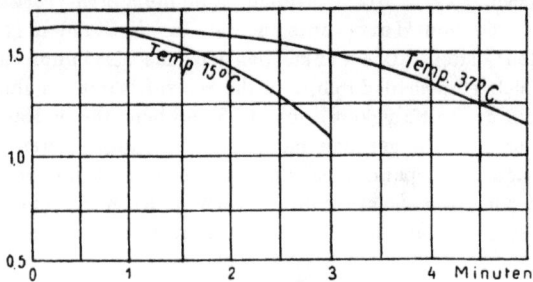

Fig. 77.

---

[1]) E. T. Z. 1892, S. 436.

hierdurch eine Verbesserung des Wirkungsgrades der Zellen zu
erzielen (D. R. P. 118 666), indem er dieselben von außen künst-
lich erwärmt. Versuche, die Sieg angestellt hat, zeigen in der
Tat auch eine bedeutende Kapazitätsvermehrung, zugleich mit
einer Erhöhung der Klemmenspannung. Das Maximum der Ver-
mehrung scheint zwischen 60° und 70° C zu liegen; doch ist
nach Siegs Erfahrungen der Einfluß der Erwärmung ungünstig,
vielleicht infolge von vermehrter Sulfatbildung. Die Akkumulatoren ließen sich nach einer solchen Entladung nicht mehr
auf die normale Kapazität bringen, es traten Fehlbeträge von
30—35 % auf.

§ 107. Wirkungsgrad und Nutzeffekt.

Unter Wirkungsgrad versteht man das Verhältnis der
bei der Entladung und Ladung erhaltenen bzw. nötigen Amp.-
Stunden, also

$$G = \frac{J_e \cdot t_e}{J_l \cdot t_l}.$$

für konstanten und entsprechend für variablen Strom. Der Wirkungsgrad geht bei den jetzigen Konstruktionen kaum unter 90 %
herunter und beträgt bei Versuchen durchschnittlich 94—96 %.
Diese Verluste von 6—4 % rühren von Selbstentladung und der
nicht zu vermeidenden Gasentwickelung her. Wird in der Praxis
zwischen Ladung und Entladung ein größerer Zeitraum verstreichen
gelassen, so wird der Wirkungsgrad etwas geringer, ebenso bei
der in der Praxis gewöhnlich stärker auftretenden Gasentwickelung
infolge Anwendung stärkerer Ströme. Indessen wird erst bei
sehr hoher Stromdichte ein merklicher Bruchteil des Stromes zur
Gasbildung verbraucht. Zunächst fällt der Wirkungsgrad mit
zunehmender Säuredichte und Stromstärke nur sehr wenig, am
meisten wird er durch Verunreinigungen der Platten oder Säure
beeinträchtigt, da diese, wie schon früher ausgeführt, nicht um-
kehrbare Vorgänge im Akkumulator hervorrufen. Für viele Zwecke,
insbesondere den Schwachstrom, ist der Wirkungsgrad von haupt-
sächlichster Bedeutung; für andere Zwecke, insbesondere für
Traktionsakkumulatoren, ist der Nutzeffekt mehr ausschlaggebend.

Der Nutzeffekt ist das Verhältnis der zurückerhaltenen
zur aufgewendeten elektrischen Arbeit, die man als Produkt von
Stromstärke mit Klemmenspannung und Zeit in Wattstunden
erhält:

$$N = \frac{J_e \cdot K_e \cdot t_e}{J_l \cdot K_l \cdot t_l},$$

natürlich summiert über die einzelnen Phasen der Entladung
und Ladung.

Der Nutzeffekt beträgt durchschnittlich 75—85 °/₀, während
man fast die gesamte Strommenge zurückerhält; das erklärt
sich durch den Spannungsunterschied zwischen Ladung und
Entladung, wie er aus den früheren Ausführungen ersichtlich
ist. Dieser kommt nur zum kleineren Teile auf die Rechnung
des inneren Widerstandes, in der Hauptsache wird er vielmehr
durch die Konzentrationspolarisation an der Oberfläche der Platten
bedingt. Dementsprechend muß der Nutzeffekt am größten sein,
wenn jene am geringsten ist, d. h. wenn die Säure die größte
Leitungsfähigkeit besitzt, wie auch aus den Ausführungen über
die Kapazität hervorgeht. Es müssen also die Maxima für
Nutzeffekt und Kapazität zusammenfallen. In der Tat ergeben
auch die Untersuchungen von Heim und Earle dieses Resultat.
Das Maximum muß daher bei ca. 30 °/₀ H_2SO_4 liegen. Indirekt
wird dies Ergebnis nach Dolezalek auch durch die Angaben
Schoops[1]) über den Einfluß gelatinierender Mittel bestätigt. Gelatinierende Kieselsäure setzt die Leitfähigkeit der Akkumulatorsäure auf die Hälfte herab, demgemäß betrug der Unterschied
zwischen Lade- und Entladearbeit eines Örlikonakkumulators
101,5 Wattstunden gegen 51,04 Wattstunden bei Füllung mit
reiner Säure, also genau das Doppelte, was die direkte Pro-
portionalität beweist. In genügender Annäherung kann man im
großen und ganzen setzen:

$$\text{Arbeitsverlust} = J^2 t \cdot \text{konst.},$$

wie Dolezalek an der Hand einer Reihe Beobachtungen von
Berner, Conz, Peukert, Voller, Germershausen, Heim,
W. Kohlrausch und Seifert nachweist. Die von Sieg an
einzelnen Platten ausgeführten Untersuchungen über die Kapazität geben ebenfalls einen gewissen Aufschluß über Wirkungsgrad
und Nutzeffekt. Er faßt seine Ergebnisse wie folgt zusammen[2]):

1. Je dicker die Platte, desto geringer Wirkungsgrad und
Nutzeffekt, sowohl an den Anoden, als auch an den Kathoden.

2. Bleischwammplatten zeigen hinsichtlich des Wirkungsgrades ein weitaus günstigeres Verhalten als Bleisuperoxydplatten,
wahrscheinlich aus dem Grunde, weil die poröse Beschaffenheit
des Bleischwammes einen lebhafteren Säureausgleich zuläßt als
Bleisuperoxyd und weil die Reaktionsgeschwindigkeit an der Blei-

¹) Schoop, Die Sekundärelemente.
²) Sieg, Die Akkumulatoren. Handbuch der Elektrotechnik III 2, S. 32.

schwammplatte diejenige an der Bleisuperoxydplatte übertrifft.
(Weil die Konzentrationsänderungen nicht so groß sind. D. Verf.)

3. Wird ein Sammler mit gleich dünnen Bleisuperoxyd- und
Bleischwammplatten tüchtig geladen, sodann 40—50 Stunden
sich selbst überlassen und hierauf entladen, so haben die Bleischwammplatten erheblich mehr an Kapazität eingebüßt als die
Bleisuperoxydplatten, selbst unter der Voraussetzung chemisch
reiner Materialien. Diese Erscheinung ist um so ausgeprägter,
je dünner die Platten und je höher die Säuredichte ist.

4. Auf dasselbe Gewicht aktiver Masse bezogen, ergibt die
Bleischwammplatte eine bessere Ausbeute als die Bleisuperoxydplatten, falls die Stromdichte nicht ungewöhnlich hoch ist.

5. Wirkungsgrad und Nutzeffekt beider Elektroden werden
durch Erwärmung des Elektrolyten günstig beeinflußt.

Diese Resultate beziehen sich auf gepastete Gitterplatten;
die Versuche wurden wegen Mangels an Zeit nicht auf Großoberflächenplatten ausgedehnt.

Kapitel II.

Allgemeines über die Akkumulator-platten.

§ 108. Die Planté-Platten.

Die ursprüngliche Form der Akkumulatorplatten wird durch
den von Planté angegebenen Formierungsprozeß direkt aus den
Bleiplatten selbst gewonnen. Der Vorgang der Formierung war
zunächst folgender: Zwei Bleiplatten wurden sich in der Akkumulatorsäure gegenübergestellt und der elektrische Strom hin-
durch geschickt. Dabei verwandelt sich die eine Oberfläche in
Bleisuperoxyd, während die andere metallisch glänzend wird.
Darauf wird nach einiger Zeit der Strom umgekehrt; die glänzende
Fläche wird in Superoxyd verwandelt, während sich das Superoxyd der anderen Platte zu Bleischwamm reduziert. In dieser
Weise wird so lange der Strom abwechselnd umgekehrt — bei
jeder Umkehr dringt der Prozeß tiefer ein —, bis ein gewisses
Stadium erreicht wird. Von diesem ab soll der Akkumulator
nur in einer Richtung geladen bzw. entladen werden, wobei
zwischen Ladung und Entladung immer einige Zeit Ruhe herrschen

soll, die vermutlich durch die dabei auftretende Selbstentladung günstig wirkt, bis die Formation beendet ist.

Dieser Formationsprozeß nahm indessen mehrere Monate in Anspruch, so daß schon Planté Hilfsmittel suchte, um die Formation schneller also billiger zu bewerkstelligen. Das wurde erreicht, indem er die Platten vor der Formation mit Salpetersäure behandelte oder der Formierungssäure geringe Mengen anderer Säuren beifügte, durch die Blei stark angegriffen wird, wie Essigsäure etc. Er erreichte so zwar eine schnellere Formierung durch wenige Ladungen, indessen waren die Platten sehr wenig haltbar.

§ 109.   Faure-Platten.

Sein Schüler Camille Faure überzog die Platten vor der Formation mit einer schwammigen (porösen) Schicht (D. R. P. 19 026, 1881), »sei es durch Überstreichen oder galvanische oder chemische Niederschläge, wobei diese Schicht, die aus Blei im Zustande des Überoxyds, Oxyds oder unlöslicher Salze besteht«, mit Hilfe von porösen, dialysierenden Scheidewänden aus Filz u. dgl. festgehalten wird.

Vom gleichen Jahre ist auch die Erfindung von Ernst Volckmar (D. R. P. 19 928), der an Stelle der ebenen Platten Bleigitter verwendete, in die die aktive Masse eingetragen wurde, und so die Scheidewände entbehrlich machte.

Ebenfalls zu gleicher Zeit konstruierte de Kabath (D. R. P 21 168) den ersten Großoberflächenakkumulator, indem er eine Planté-Platte aus Bleistreifen zusammensetzte, von denen jeder zweite gewellt war, während das Ganze noch von einer durchlochten Bleischeide umgeben war (Fig. 78).

Auf diesen vier Grundprinzipien beruhen sämtliche Konstruktionen von Akkumulatoren.

Die Herstellung der Paste für die gewöhnlich als Faure-Platten bezeichneten pastierten Platten erfolgt durch Digerieren von Bleioxyden mit Schwefelsäure zu einer Masse, die nach einiger Zeit unter Bildung von basischem Bleisulfat erhärtet (abbindet). Man benutzt dabei für die negative Elektrode eine möglichst niedrige Oxydationsstufe, nämlich Bleiglätte, für die positive eine möglichst hohe (Mennige). Selbstverständlich werden auch verschiedene Zwischenstufen verwandt, insbesondere da die Bleiglätte etwas schneller bindet und die Mennige die Masse wiederum poröser macht. Als Bindemittel wird fast nur

verdünnte Schwefelsäure verwendet. Nur zur Herstellung von
sog. Masseplatten ist es vielleicht erforderlich, noch organische
Bindemittel zuzusetzen. Nach A. H e i n e m a n n (D. R. P. 107726)
sind hier vor allem die Öle der Zypressen, Birken und Fichten-
arten zu verwenden, da sie nicht das sonst fast stets bei der
Formation auftretende, fein verteilte, äußerst zähe Harz zurück-
lassen sollen.

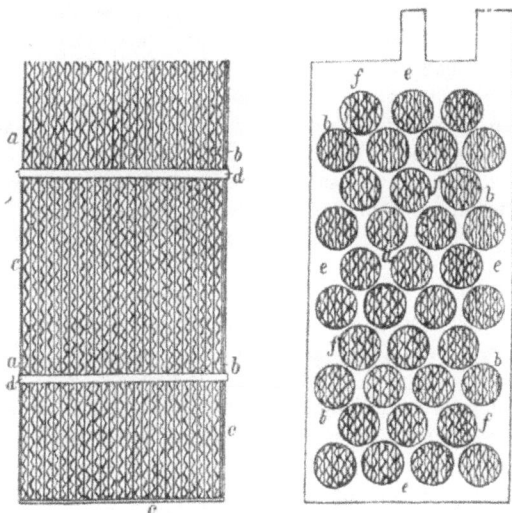

Fig. 78.

§ 110. Die Formation.

1. Die g e p a s t e t e n P l a t t e n bestehen aus einem Gemisch
von basischem Bleisulfat, neutralem Bleisulfat und unzersetztem
Bleioxyd, bei Anwendung von Mennige ist noch Bleisuperoxyd,
bei Anwendung von Glyzerinschwefelsäure noch Bleiglyzerat in
der Paste. Zur Umwandlung in Bleisuperoxyd und Bleischwamm
werden die Platten nun in verdünnter Schwefelsäure oder Lösungen
von saurem Natriumsulfat, Bittersalz etc. formiert.

Um die Formation möglichst günstig zu leiten, kommt es
nun darauf an, daß die Entwickelung von Gasen möglichst beschränkt wird. Betrachten wir zunächst die n e g a t i v e Elektrode. Bei Beginn des Stromeinleitens wird an den Berührungs-
stellen des Bleiträgers mit der Paste eine gesättigte Bleisulfatlösung vorhanden sein. Diese wird zersetzt und neues Bleisulfat

muß hinzudiffundieren, um die Bildung des Bleischwammes aufrecht zu erhalten. Da aber das Bleisulfat nur wenig löslich ist, wird weniger zudiffundieren, als der momentanen Spannung entspricht, und die Spannung muß sich demgemäß erhöhen. Arbeitet man dabei mit stärkeren Strömen, so kann dieser Spannungsanstieg leicht so groß sein, daß er bis zur Gasentwickelung gelangt.

Um diesen Stromverlust zu vermeiden, verwendet man als Formierungsflüssigkeit neutrale Lösungen, Alkalisulfat, Magnesium- oder Aluminiumsulfat. Von diesen ist das Alkali weniger geeignet, da es bei seiner Abscheidung als freies Alkali, durch Verwandelung des Bleisulfats in Hydroxyd und Lösung desselben, leicht die Paste lockert. Ein anderer Weg zur Vermeidung der Gasentwickelung ist die Anreicherung der Formiersäure mit löslichen Bleisalzen, wie Bleiacetat; indessen ist dies bedenklicher, da sich die Spuren der Beimengungen fast nie vollständig beseitigen lassen und dann zu Bleiwucherungen Anlaß geben.

Bei der Formierung der positiven Elektrode ist die Entwickelung des Sauerstoffs möglichst zu beschränken. Das geschieht ebenfalls am besten durch möglichste Vermeidung freier Säure, d. h. ebenfalls durch Anwendung neutraler Lösungen. Doch muß selbstverständlich die entstehende freie Säure, so durch aufgeschwemmtes Magnesium- oder Aluminiumhydroxyd, dauernd neutralisiert werden.

Mit der Herstellung der wirksamen Masse beschäftigen sich eine ganze Reihe von Patenten.

Bei der Darstellung von Bleisuperoxyd und Blei nach C. Luckow (D. R. P. 105143, Erweiterung des Patentes 91707) dient als Elektrolyt eine 1,5—2,0% wäßrige Lösung von Natriumsulfat ($Na_2 SO_4$) oder Bittersalz ($Mg SO_4$), die mit Schwefelsäure schwach angesäuert ist. Das Anodegerüst besteht aus graphitiertem Hartblei, das Kathodengerüst aus Weichblei oder Hartblei, die Füllung aus Bleiglätte oder Mennige. Das Patent enthält weitere Abänderungen dieser von der oben ausgeführten nicht wesentlich verschiedenen Methode:

1. Die Füllung aus Bleistaub, Bleiweiß, Weißbleierz (Bleispat), der Elektrolyt 2% iges Natriumkarbonat ($Na_2 CO_3$) schwach alkalisch.

2. Füllung: Bleisulfat gemischt mit Bleioxyden; Elektrolyt: $1\frac{1}{2}$% iges Natriumsulfat ($Na_2 SO_4$), neutral. Die frei werdende Schwefelsäure wird an den Polen in geeigneter Weise an gepulvertes Bariumkarbonat ($Ba CO_3$) gebunden.

3. Füllung: Bleiglanz; Elektrolyt: $1\,^1/_2\,^0/_0$iges Na_2SO_4, Beseitigung der Schwefelsäure wie bei 2. An den Kathoden entweicht auch Schwefelwasserstoff, der in bekannter Weise gebunden wird.

Mit dem letzten Verfahren berührt sich dasjenige von Friedr. Reinhardt, Steigelmann, Rhodt (D. R. P. 162107). Die elektrolytische Darstellung von Bleisuperoxyd aus Bleisulfid. Das Bleisulfit wird als Anode eingebracht, der Elektrolyt ist Wasser, dem nur so viel Säure, Alkali oder Salz zugesetzt ist, daß genügende Leitfähigkeit vorhanden ist, die Bildung von Schwefelwasserstoff oder Bleisulfat aber ausgeschlossen ist. Die Konzentration der Schwefelsäure darf nicht über $1\,^0/_0$ steigen, erst nach Bildung einer größeren Menge Superoxyds ist allmählich vorsichtig Säure zuzusetzen. Das Verfahren ist zur Herstellung positiver Sammlerplatten geeignet.

Andere Patente befassen sich mit der Verwendung der verbrauchten Masse alter Sammler. So wurden zu der Sammlerelektrode Julien nach D. R. P. 101524 die Rückstände alter Sammler, die stark mit Sulfat verunreinigt sind, benutzt. Das Bleioxyd wird mit $NaCl$, KCl, $MgCl_2$ zusammengeschmolzen, die Sulfate und Oxyde durch Auslaugen entfernt, es bleibt nur Bleioxychlorid zurück, das zur Herstellung benutzt wird.

Eine eigenartige Formation erfahren versandfähige Platten nach Richard Goetze (D. R. P. 155105). Die Platten werden in Bleischwammplatten verwandelt, die durch ein besonderes Verfahren gegen das Zusammensintern geschützt werden. Die Bleischwammschicht wird dabei mit der gesättigten Lösung eines Salzes, z. B. Zinksulfat, durchtränkt, so daß nach Verdunstung des Lösungsmittels das in feinster Verteilung zurückbleibende Salz die Poren der Schicht erhält. In seiner Ausführung dieser Methode erfolgte die Tränkung mit dem Salz gleichzeitig bei Umwandlung der Superoxydschicht in Bleischwamm. Bei nicht zu langem Lagern ist die Umformation in Superoxyd zum Gebrauch durch eine Ladung zu bewirken.

2. Die Formation von Platten nach dem Planté-Verfahren haben wir schon oben gesehen. Die oftmalige Wiederholung und Umkehr des Verfahrens wird dadurch erfordert, daß die Bleiplatte sich nach dem Stromschluß sofort mit einem Überzug von leitendem Bleisuperoxyd bedeckt, der sie vor der weiteren Einwirkung des Stromes schützt.

Um die Abscheidung dieses Bleisuperoxyds zu verhindern, kann man zunächst den Weg einschlagen, daß man eine so ge-

ringe Spannung anwendet, daß keine Abscheidung des Superoxyds erfolgen kann. Das erhält man, wenn man nicht über
2 Volt geht, indem man z. B. die Bleiplatte mit einer geladenen
positiven Platte kurz geschlossen in verdünnte Schwefelsäure
einhängt. Die frei werdende Energie reicht dann nicht mehr
aus, das an der negativen Platte gebildete Bleisulfat in Superoxyd
zurückzuverwandeln, und das Sulfat ist als Nichtleiter nicht
hinderlich. Wird durch Erwärmung des Elektrolyten auf 40 bis
60° C die Schnelligkeit, mit der die Säure durch die Sulfatschicht
nachdiffundiert, erhöht, so kann man nach Dolezalek genügend
starke Sulfatschichten erhalten, die sich durch einmalige Ladung
mit erhöhter Spannung in Superoxyd oder Bleischwamm ver-
wandeln lassen. Die Formierung ist dabei sehr rationell und vor
allem ohne den Nachteil der anderen Methoden, daß die Platten
durch fremde Stoffe verunreinigt werden.

Bei diesen werden der Formiersäure Stoffe zugesetzt,
die bei einer geringeren Spannung sich zersetzen, als bei der
das Bleisuperoxyd abgeschieden wird. Das sind zunächst sämtliche Stoffe, die das Superoxyd reduzieren, Essigsäure, Weinsäure,
Oxalsäure, Schwefligsäure und ihre Salze. Ferner gehören dazu
alle Chloride, Nitrate, Perchlorate etc. Der Nachteil dieser Verfahren ist aber, daß die letzten Spuren dieser Formierzusätze
sich fast nicht entfernen lassen und die Lebensdauer der Platten
sehr stark beeinträchtigen. Die Anwendung von Überchlorsäure
(D. R. P. 90 446, L. Lucas, Hagen) oder von schwefliger Säure
ist vielleicht am wenigsten schädlich. Nach Léon Lejeune
soll man eine Vorformation in verdünnter Schwefelsäure vor-
ausgehen lassen, indem man dabei in kleinen Mengen absatz-
weise leicht oxydierbare organische Stoffe, wie Glukose, Oxalsäure etc., zusetzt um die entstehende Schutzhaut des Superoxyds
durch Reduktion zu zerstören.

In gleicher Weise schlägt Dr. J. Diamant, Raab, Ungarn,
(D. R. P. 157 195) vor dem Elektrolyten Sulfosäure- und Oxy-
sulfosäurederivate des Methans entweder einzeln oder
im Gemisch zuzusetzen, wie Methylsulfosäure etc. bis zu Oxy-
methylidendisulfosäure. Bei der Elektrolyse mit Schwefelsäure
liefern diese Derivate sämtlich nur Schwefelsäure und Kohlen-
dioxyd, die der fertigen Platte gegenüber indifferent sind. Gegenüber anderen Zusätzen soll man bei gleicher Dauer und Stromstärke der Formation eine wesentlich größere Kapazität erreichen.
Selbst bei geringen Zusätzen erhält man eine höhere Porosität der
Bleisuperoxydschicht, die ein leichtes Eindringen der Säure gestattet.

Kapitel III.

Die bekannteren Konstruktionen der Platten in der Praxis.

§ 111. Die Gitterplatten.

Die fortschreitende Erprobung der Gitterplatten in der Praxis hat eine ganze Reihe verschiedener Abänderungen der einzelnen Plattensysteme mit sich gebracht. Neben der leichteren Formierung kamen dabei folgende Gesichtspunkte in Betracht:

1. Genügendes Festhalten der aktiven Masse an der Platte mit genügender leitender Verbindung,

2. genügende Festigkeit der Platte bzw. des Trägers selbst,

3. möglichst große Kapazität auf das Kilogramm der Platten berechnet,

4. möglichst einfache und billige Herstellung.

Um eine genügende Festigkeit der Träger zu erzielen, fand Sellon ziemlich früh den Ausweg, für diese Hartblei, d. i. Blei mit einem Zusatz von 3 bis 12% Antimon, anzuwenden. Dagegen waren die ersten einigermaßen brauchbaren Akkumulatorenplatten noch ziemlich weit von der Hauptbedingung entfernt, daß die Masse auch nur einigermaßen längere Zeit an den Platten hielt.

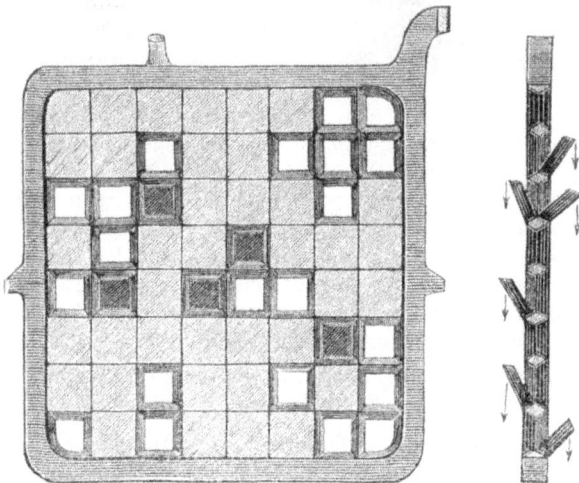

Fig. 79.

Das nach Volckmar von der Electrical Power Storage Co. zuerst hergestellte Gitter (Fig. 79) zeigt dies recht deutlich. Es bestand aus einem breiteren Rahmen, in dem senkrecht zueinander ein Gitter von Stäben mit rhombusförmigem Querschnitt befestigt war. Die einzelnen Felder waren daher auch in der Mitte kleiner als an beiden Seiten und konnten nach dem Erhärten nicht herausfallen. Bei wiederholter Ladung und Entladung machte sich indessen das Zusammensintern und Ausdehnen der aktiven Masse so geltend, daß die Masse in der Mitte gespalten und herausgedrängt wird. Sie fällt dabei natürlich an die gegenüberliegende Platte, verursacht Kurzschluß und vernichtet so die Zelle.

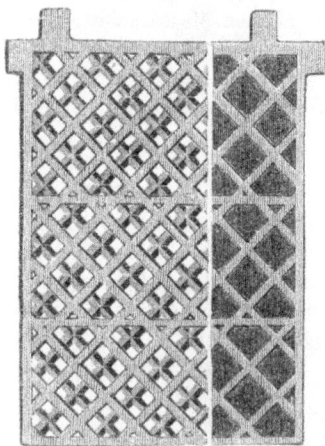

Fig. 80.

Das Correns-Gitter (Figur 80) vermeidet diese Fehler dadurch, daß es aus zwei Gittern aufgebaut ist, die aus dreieckigen, sich nach innen verjüngenden Stäben bestehen. Eine größere Haltbarkeit der Masse wird noch dadurch erreicht, daß die Gitter sich überkreuzen die Träger sind durch einige Längs- und Querleisten gestützt.

Die Kölner Akkumulatorenwerke Gottfried Hagen, Kalk bei Köln, hatten ein kurz nach dem Corrensschen patentiertes Doppelgitter (Fig. 81), das mit quadratischen sich deckenden Auslassungen und nach innen sich verjüngenden Rippen bestand, die durch kurze Querleisten verbunden waren. Durch Zusammenziehen der Querrippen wurde das Gitter später leichter und von größerer Oberfläche hergestellt. Später ließen sie sich ein besonderes Gießverfahren patentieren, das in der Anwendung zweier Matrizen bestand, von denen die eine senkrecht, die andere unter 50° zur Platte herausgezogen wird. Auf diese Weise wurde eine billigere Herstellung ermöglicht (Fig. 82).

Für transportable Akkumulatoren werden stets leichtere Gitter verwendet. Die Firma fertigt jetzt außer ihren

früheren Typen W (150 Entlad. der positiven): 20 Watt-Std. pro kg
und W extra (100   »   »   »   ): 30   »   »   »
eine neue Type L (100   »   »   »   ): 34   »   »   »

Hierbei kommt man naturgemäß auf die einfachsten Formen
(Fig. 83) zurück.

Die Platte von Georg Eduard Heyl (Fig. 84) ist ein
einfaches Gitter und besteht aus einer Reihe schwächerer hori-
zontaler Rippen, die durch senkrechte stärkere und schwächere
Streifen verbunden sind. Die gebildeten Öffnungen erweitern
sich etwas nach außen. Das einzige, was die Nachteile des ursprünglichen Volkmarschen Gitters vermeiden soll, sind die sog.
Expansionsräume, die, zwei auf der Figur, der Ausdehnung der
aktiven Masse Platz geben sollen.

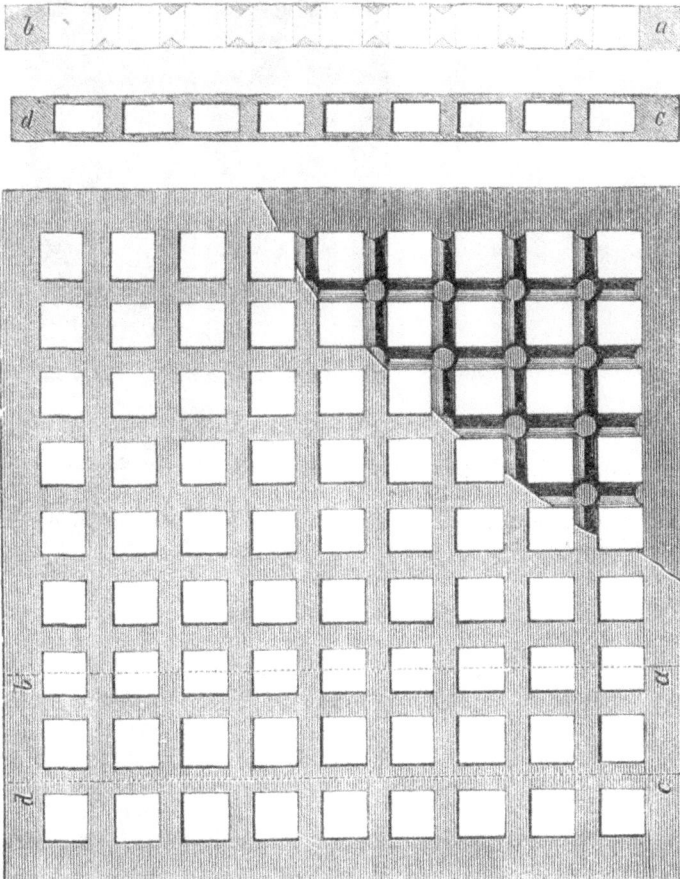

Fig. 81.

Die Kernplatte von de Khotinsky (Fig. 85) besitzt ebenfalls derartige Expansionsräume. Indessen ist sie doch bedeutend dauerhafter als diese, da ihre außen verstärkten Rippen die Masse festhalten. Sie hat aber den Nachteil, daß die aktive Masse nicht zusammenhängend ist, sondern durch die Trägerplatte geteilt wird, an der die Rippen befestigt sind.

Fig. 82.   Fig. 83.

Der Träger System Charles Pollak (Fig. 86) besteht ebenfalls aus einer Bleiplatte, die, durch Walzen hergestellt, mit Längs- und Querleisten versehen ist. Die dabei übrigbleibenden abgestumpften Dorne sorgen bei der großen Unterteilung der Masse für gutes Festhalten und Zuleitung.

Für die Bleisuperoxydplatten, seien es gepastete oder seien es auch Planté-Platten, ist es, wie schon früher hervorgehoben, von großer Wichtigkeit, daß sie von der Akkumulatorsäure in möglichst großer Oberfläche berührt werden, da so die Konzentrationsänderungen an ihr entsprechend verringert werden. Dies haben die Pflüger Akkumulatorenwerke, A.-G. in günstigster Weise dadurch gelöst, daß die Platten einer Temperatur ausgesetzt werden, die wenig über dem Schmelzpunkte des Bleies liegt; der Kern der Platte schmilzt dann bis auf ein dünnes Häutchen weg, und mit dieser sehr großen Gewichtsverminderung geht nach obigem auch noch eine bedeutende Kapazitätsvergrößerung Hand in Hand.

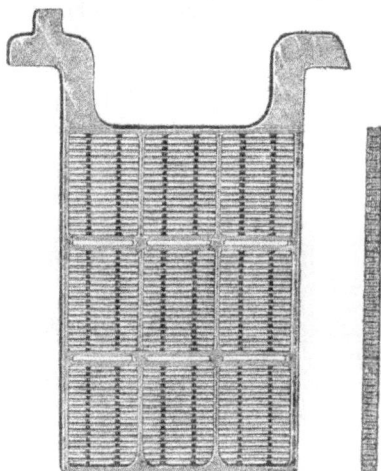

Fig. 84.

Fig. 85.

§ 112. Die Masseplatten.

Es kommen hier fast nur die Platten von W. A. Boese & Co. (Fig. 87) in Frage. Diese kommen in zwei Formen vor. Die erste ist gewissermaßen ein Übergang zu den Gitterplatten. Sie ist durch Metalleisten in mehrere Teile geteilt, zwischen denen sich Expansionsräume befinden. Bei neueren Konstruktionen ist auch an allen vier Seiten jedes Feldes ein Expansionsschlitz. Die Leisten besitzen innen Nuten zum besseren Festhalten der Masse.

In gleicher Weise ist auch die andere Konstruktion ausgeführt, die aus einem Felde besteht, allerdings keine Expansionsräume besitzt. Diese Platten besitzen naturgemäß eine geringere Haltbarkeit, dafür aber eine ziemlich große Kapazität, vorausgesetzt, daß die leitende Verbindung mit dem Rahmen gut ist. Zur besseren Ausnutzung der Platten wird die Masse an vielen Stellen mit kleinen nicht durchgehenden Löchern versehen,

die zur Verbesserung der Säurediffusion dienen. Geeignet sind
die Platten infolge dieser ihrer Eigenschaften besonders für lang-
same (z. B. Beleuchtung, Telegraph) oder häufig unterbrochene
Entladung (Telephon), wo sie sich gut bewährt haben.

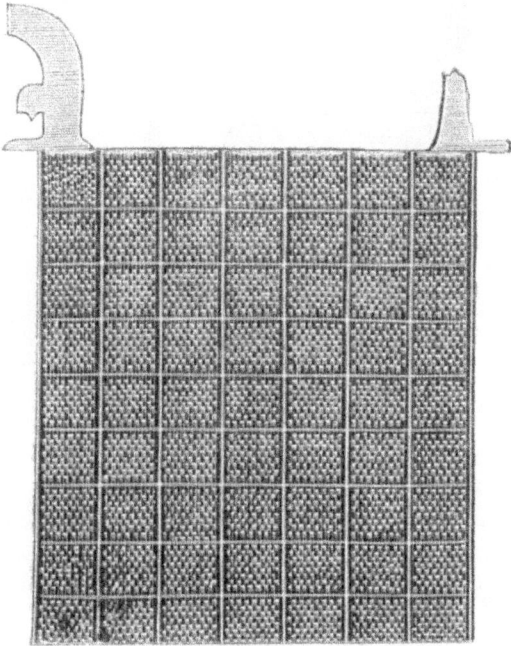

Fig. 86.   Fig. 88.

Einige kleinere Typen für Kleinbeleuchtung der Fabrik mit
ihren hauptsächlichsten Daten sind folgende (Fig. 88):

Preislist. Nr.	Type	Spannung Volt	Entladung		Maxim.-Lade-strom i. Amp.	Gewicht u. Außen-maße bei Einbau in Glasgefäßen			Gewicht und Außen-maße bei Einbau in Zelluloidgefäßen		
			Strom-stärke i. Amp.	Kapaz. i. Amp.-Std.		Grundfl. mm	Höhe mm	Gew. kg	Grundfläche mm	Höhe mm	Gew. kg
1	TL a	2	0,2	1,2	0,15	30×30	70	0,15	Ø22, □ 22×22	65	0,08
2	TL b	2	0,3	3,5	0,3	42×42	90	0,35	35×35	90	0,21
3	TL c	2	0,4	4,5	0,5	42×42	110	0,47	35×35	110	0,32

Fig. 87.

Auch von der Akkumulatorenfabrik, A.-G., Berlin, werden für transportable Akkumulatoren Massenplatten gebaut, von denen eine Abbildung beigefügt ist (Fig. 89).

Eine besondere Platte, die ebenfalls zu den Masseplatten zu rechnen wäre, ist nach D. R. P. 147659 Dr. Hippolite Celestre und Chevalier Francesco Gondrand geschützt worden. Knetbares Bleioxyd wird zu kleinen Röhren, Bändern oder Streifen von beliebigem Querschnitt und beliebiger Länge gebildet und durch Druck zu einem Ganzen vereinigt. Man hat hier also gewissermaßen eine Großoberflächen - Masseplatte; indessen dürfte die Haltbarkeit doch sehr beschränkt sein.

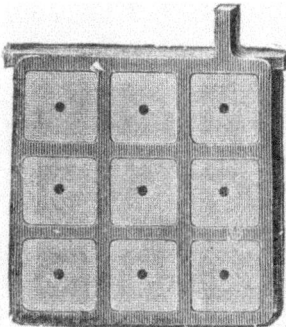

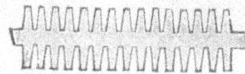

Fig. 89.

Fig. 90.

§ 113.   Die Großoberflächenplatten.

Die Tudor-Platten (Fig. 90, 91 und 92) bildeten ursprünglich eine Art Übergang von den Faure-Platten zu den Planté-Platten. Die gerippten Platten wurden erst mehrere Wochen nach Planté

E-Platte mit Kern.   E-Platte ohne Kern.

Fig. 91.

formiert und dann mit einer Mennigpaste vollgestrichen. Im Gebrauch löste sich die aktive Masse nach und nach ab, insbesondere da die vollgestrichenen Räume sich nach außen erweitern; inzwischen wurde aber durch vielfache Überladung die Planté-Formation des eigentlichen Trägers vollendet und der Verlust an Kapazität wieder ausgeglichen. Um durch Vergrößerung der wirksamen Oberfläche leistungsfähigere Platten zu erhalten, wurden nach und nach die Platten immer dünner gemacht und zugleich eine verschiedene Dicke der aktiven Masse eingeführt. Die negativen

Platten wurden erheblich stärker pastiert. Eine weitere Vergößerung stellte dann die Wellenplatte der Akkumulatorenfabrik A. G., Berlin, dar. Doch zeigte sich hierbei bald die Unmöglichkeit, dauernd die verhältnismäßig sehr dünnen Pasteschichten auf den Trägern zu erhalten. Die Superoxydschicht löste sich durch iher Ausdehnung ab. Die Bleischwamm-schicht sinterte zu stark zusammen. Zu starke Sulfatisierung, die man auch an-nahm, ist nicht aufgetreten, wie Sieg[1]

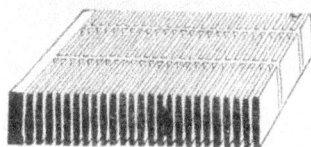

Fig. 92. G-Platte.

Fig. 93.

nachweist. Die Firma ist deshalb für negative Elektroden zur gepasteten Gitterplatte übergegangen, deren Träger aus recht-winklig sich kreuzenden Stäbchen besteht. Um das Zusammen-sintern zu verhindern, wurden neutrale Stoffe, wie Porzellanmehl und China Clay zugesetzt. Die positiven Elektroden sind aber reine Großoberflächenelektroden (Fig. 93), die bis zur achtfachen Oberflächenentwickelung (F-Platte) gesteigert sind. Doch ist man jetzt wegen günstigerer Anordnung der Platten zu einer solchen mit sechsfacher Oberflächenentwickelung (G-Platte) zu-rückgegangen. Zur Beschleunigung der Formation wurden län-gere Zeit nach D. R. P. 90456 (Dr. Lucas) überchlorsaure Salze verwendet, ferner ebenso eine Reihe organischer und anorgani-scher Verbindungen, wie Tannin, Gerbsäure, Zinksulfat usw.

Insbesondere für Schwachstromzwecke werden haupt-sächlich Akkumulatoren verwendet, deren negative Platten Gitter-platten, die positiven aber Großoberflächenplatten sind. Die bei der Telegraphie und Telephonie verwendeten Akkumulatoren der Akkumulatorenfabrik, A. G., Berlin und Hagen i. W., sind zwei Typen dieser Art, von denen an der einen die Platten ver-schraubt, an der anderen verlötet sind (Fig. 94 u. 95 auf S. 162).

[1] Handbuch der Elektrotechnik III, 2.

Preisliste Nr.	Type	Art der positiven Platte	Kapazität Amp.-Std.	Entladestrom Amp.	Entlade- dauer Std.	Ladestrom Amp.	Außenm. d. Elementgef. in mm			Gewicht mit Säure kg	Säure von 1,21 sp. G. Liter
							Länge	Breite	Höhe		
615	Telegraphen- element Nr. 1 PO 17/1	Groß- Oberflächen	9 12,5 11	3 1,25 1	3 10 15	3	75	110	250	4,5	1
616	Telegraphen- element Nr. 2 PO 17/1		9 12,5 15	3 1,25 1	3 10 15	3	50	130	250	4,5	1

Fig. 94.   Fig. 95.

Die Platten nach Epstein sind den ursprünglichen Tudor-Platten sehr ähnlich. Bei ihnen ist zur Beschleunigung der Formation nach Planté seinerzeit besonders längeres Liegen in kochender Salpetersäure, ferner der Zusatz von Essig- und Zitronensäure zur Formierflüssigkeit angewendet worden, indessen sind die Spuren dieser Substanzen sehr schwer aus den Platten zu entfernen und verursachen einen schnellen Verfall der Kapazität.

Die Majert-Platte (Fig 96) enthält eine Reihe Rippen, die eine besonders konstruierte Hobelmaschine aus dem Kern der Platte herausarbeitet, indem sie zu gleicher Zeit die Späne abtrennt und aufrichtet. Die Schnitte werden sowohl horizontal und vertikal als diagonal gezogen, wobei die Schnittlagen auf beiden Seiten der Platte sich gewöhnlich kreuzen. Die For-

mierung ist eine reine Planté-Formation. Die große Oberflächenentwickelung ist besonders den positiven Platten günstig, da diese
gegen hohe Stromdichte besonders empfindlich sind und durch
die Herabminderung derselben infolge der sehr großen Ober-flächen-
vergrößerung erheblich höhere Stromstärken vertragen können.

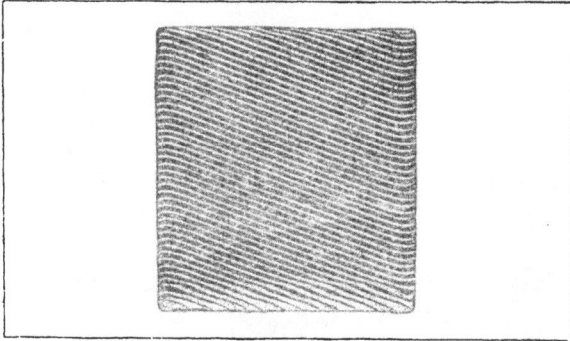

Fig. 96.

Fig. 97.

Der Akkumulator von Blot, Paris, (Fig. 97) ist dem ursprünglichen de Kabath-Akkumulator nachgebildet. Wie bei diesem liegen je ein gewellter und ein glatter Bleistreifen aufeinander, nur sind diese auf ein Hartbleiblech aufgewickelt und eine Reihe solcher Einheiten in einem Rahmen zusammengefaßt und zusammengelötet. Bei diesem System sind auch die negativen Platten reine Planté-Platten. Die nutzbare Oberfläche beträgt 1 qm auf 3 kg Elektrodengewicht.

Der Nutzeffekt in Wattstunden für die verschiedenen Entladungsdauern ist folgender:[1)]

Amp. pro kg Plattengew.	1	2	3	5	6
"₀ Nutzeffekt in Wattstd.	89	80	68	50	54

Fig. 98.

Die Abhängigkeit der Kapazität von der Entladestromstärke (nach D'Arsonval, Paris):

Amp. pro kg Plattengewicht	0,5	0,67	1,0	1,73
prakt. Kap. pro kg »		15,0	14,2	14,0	12,0

Die Großoberflächenplatte der Kölner Akkumulatorenwerke (Fig. 98) enthält Kanäle, die ein Entweichen
der freien Gase begünstigen sollen. Diese Kanäle werden aus
den Rippen dadurch gebildet, daß in regelmäßigen Abständen je
zwei Schnitte schräg in entgegengesetzter Richtung geführt werden, so daß zickzackförmige Rippenstücke entstehen. Die Schnitte
sollen als Gasabführungskanäle dienen. Weiter erwähnt seien
noch die Platten von Hensemberger, der Italienischen Akkumulatorenfabrik und von Lehmann und Mann, Berlin,
die letztere mit einer zickzackförmigen Mittelwand versehen.

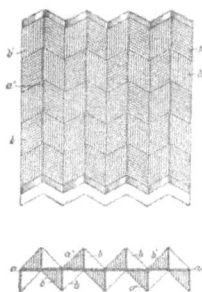

Fig. 99.

Eine Sammlerelektrode mit
zickzackförmiger Begrenzung der
Elektroden ist der Firma Konrad
Tietze (Fig. 99) patentiert (D.R.P. 160 068).
Die Mittelplatte a ist mit senkrechten Rippen a' versehen, die Lamellen b sind wage-
recht, b' senkrecht zwischen a und a' angebracht. Die zickzackförmige Begrenzung
bedingt eine größere Steifigkeit der Platten.

Die Planté-Platte von J. Bijur (D.R.
P. 165 232) (Fig. 100) zeichnet sich besonders
durch die günstige Verteilung von Expan-
sionsräumen aus, wodurch ein
Werfen der Platte verhütet wird.

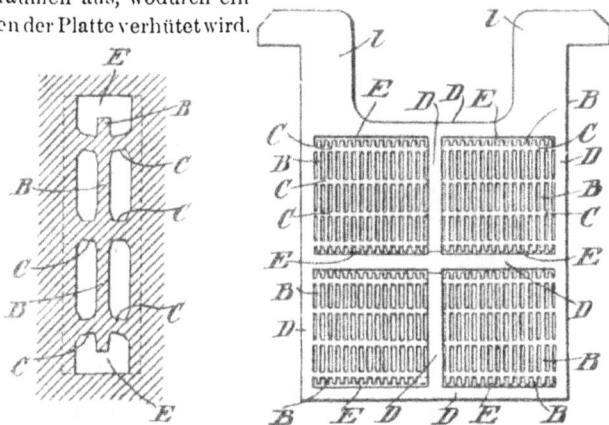

Fig. 100.

Das System Monobloc (Fig. 101) der A.-G. L'Électrique,
Brüssel, besteht aus einer zu einem Block gestalteten positiven
Elektrode, die aus ca. 120 0,5 mm starken Blechen besteht. In

10 mm Abstand gehen senkrecht Löcher durch denselben, in denen viereckige Hartbleiröhren als negative Elektroden stehen. Die Röhren sind 0,5 mm stark und enthalten sehr wenig Antimon; sie besitzen zahlreiche längliche Öffnungen und sind immer mit höchst porösem Bleischwamm angefüllt.

Fig. 101.

a Gesamtzelle. b positive, c negative Elektrode.

§ 114. Platten mit besonderen Vorrichtungen zum Festhalten der aktiven Masse.

Der Träger von Gülcher (Fig. 102), Gülcher-Akkumulatorenwerke, Berlin, (D. R. P. 80527) besteht aus einem Rahmen, in dem vertikale dünne Bleileisten sich befinden. In diese als »Schuß« ist Glaswolle eingeflochten, die das Abfallen der Masse verhindern soll. Die Masse ist ein dünnflüssiger Glätte- oder Mennigbrei, in dem sich die Masse besonders fein verteilt vorfindet. Die Platten sollen vor allem den Nachteil des Werfens nicht haben. Außerdem haben sie eine gute Ausnutzung des aktiven Materials. Andererseits sind sie aber im großen und ganzen nur für mehrstündige (mindestens sechsstündige) Entladung brauchbar. Hierdurch eignen sie sich auch besonders mit für Schwachstromzwecke. Ein Nachteil des Trägers ist, daß unter dem Einfluß der Säure und des Stromes sich aus der Glaswolle Kieselsäure abscheidet und mit den Bleioxyden schlechtleitende Silikate bildet.

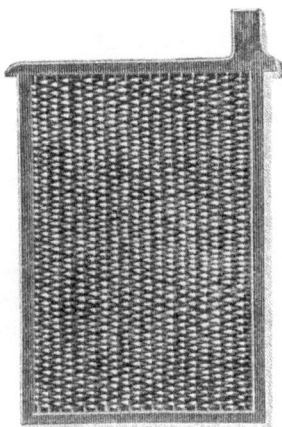

Fig. 102.

Die kleineren Typen der Fabrik, die hauptsächlich für Schwachstromzwecke in Betracht kommen, sind folgende:

Bezeichnung der Type	Einbau der Elemente in	Max. Ladestromstärke in Amp.	Kapazität in Amperestunden bei einer Entladungszeit in Stunden							Außenmaße der Akkumulatoren in mm			Pro Akkum. erforderl. Säure v. 27° B. in kg	Gewicht eines mit Säure gefüllten Akkumulators in kg
			6	8	10	12	15	20	30	Läng.	Breit.	Höhe		
$\left(\frac{A}{2}\right)$ 1.	Glas	1,25	6	6,5	7	7,5	8	9	10	120	30	175	0,200	1,2
$\left(\frac{A}{2}\right)$ 2.	Glas	2,5	12	13	14	15	16	18	20	120	43	175	0,375	1,9
$\left(\frac{A}{2}\right)$ 4.	Glas	5	25	27	28	30	32	36	41	120	66	175	0,750	3,0

Das Mikrophonelement (Fig. 103) der Fabrik ist mit $\left(\frac{A}{2}\right)$ 4 ausgestattet, es ersetzt im Betriebe der Reichspost zwei Trockenelemente. Eine Ladung reicht durchschnittlich für einen 6 bis 8 monatigen Betrieb aus.

Der Träger von Thérye und Oblasser (Soc. Germano-Suisse) (D. R. P. 86 623) ist ein einfaches Gitter. Die fertige Platte wird aber von einer äußeren Hülle aus durchlöchertem Zelluloid umgeben, die ein Abfallen der Masse und zugleich einen dadurch entstehenden Kurzschluß verhindern soll. Vor den Öffnungen liegt noch Pergamentpapier, um jedes Austreten der feinsten Masseteilchen zu vermeiden. Durch diese Sicherung wird indessen die Zirkulation der Säure sehr erschwert. Auch die Einwirkung der Säure auf das Zelluloid ist schädlich. Es werden Stickstoffverbindungen (Salpetersäure) frei, die die Platten angreifen.

Die Pflüger Akkumulatorenwerke, Berlin, stellten ebenfalls Masseplatten mit Schutzhüllen her. D.R. P. 163522 und 163523 schützen Platten, die aus einzelnen von einer Schutzhülle umgebenen Stücken zusammengesetzt sind. Im Querschnitt

Fig. 103.

Uförmige und doppelt Tförmige Einlagen benachbarter Stücke werden mit überstehenden Enden der Schutzhülle ineinandergefalzt oder die Hülle mittels zusammendrückbarer Auflagen in gewisse Einlagen eingefalzt. Durch die Einlagen werden einerseits die außen liegenden gelochten Bleche in gewissen Abständen befestigt, andererseits die Massestreifen zuverlässig zusammengehalten und miteinander verbunden.

Im Sammler Maarßen (D.R.P. 100878) ist die wirksame Masse, die aus Bleioxyden, gemischt mit organischen Kalksalzen und Alkalisulfat, angerührt mit Schwefelsäure, besteht, in den Abteilen einer porösen Zelle eingetragen, die durch poröse Scheidewände hergestellt sind. Geeignete Ableitungen sind in der Masse eingebettet.

In dem Patent von C. Luckow (D. R. P. 105143), ist ein Elektrodengerüst aus Hart- oder Weichblei als Drahtgeflecht hergestellt, in dem in Abständen von 1 zu 1 cm senkrecht durchsetzende, 5 cm lange Stifte angebracht sind, die die Masse tragen. Umgeben ist die Elektrode von einem Sack, der aus durchlässigem porösen und nicht metallisch leitendem Material bestehen muß (Filtertuch).

Ähnlich ist auch die Platte von H. C. Porter (D. R. P. 154357). Hier wird die Masse auf einen Rost gestrichen und dann das Ganze in eine festschließende Scheide geschoben. Diese wird dann so durchlöchert, daß die Eindrücke nach innen haltbare Zapfen bilden, die in die im Rost befindliche Masse eingreifen und nach der Erhärtung einen guten Kontakt sichern.

§ 115. Der Einbau der Elektroden.

In der Hauptsache richtet sich dieser nach der Verwendungsart, ob es sich um stationäre oder transportable Akkumulatoren handelt. Allgemeine Prinzipien sind aber stets: Die Platten sollen senkrecht stehn, einen gleichmäßigen, möglichst geringen Abstand haben und dabei einen Kurzschluß durch abfallende Masse vermeiden. Zu diesem Zwecke werden die Ableitungen der gleichartigen Platten zunächst an einen Bleistreifen angelötet oder an eine stark verbleite Eisenstange angeschraubt.

Fig. 104.

Weiter werden die Platten selbst öfters mit Nasen versehen, mit denen sie in entsprechend gerieften Kasten aufgehängt werden, während an ihrem unteren Ende gleichfalls im Glas entsprechende Riefen zum Festhalten der Platten angebracht sind. Einfachere Vorrichtungen sind solche, wobei Glas- oder Porzellanstäbe oder -prismen zwischen die Platten gesteckt und oberhalb der Säure durch Gummibänder festgehalten werden.

Zur Vermeidung von Kurzschluß wird öfters Asbest, Glaswolle u. dgl. zwischen die Platten gelegt. Gülcher verwendet außer eingelagerter Glaswolle noch eine Umhüllung aus aufsaugfähigem Stoff (D. R. P. 180221) (Fig. 104) für elektrische Taschensammler, so daß bei eventuellem Zerbrechen des Gefäßes der Elektrolyt unschädlich gemacht wird. Dazu ist das Gefäß mit mehreren Lagen Tuch oder Filz umgeben, die mit einer gesättigten Lösung von Natriumbikarbonat getränkt sind. Die beim Zerbrechen ausfließenden geringen Mengen von Schwefelsäure werden durch das Bikarbonat neutralisiert; das dabei gebildete Natriumsulfat erstarrt und verstopft dadurch obendrein die gebildete Öffnung.

Neuerdings hat die Firma vorm. W. A. Boese & Co. auch für Kleinbeleuchtungszwecke einen Akkumulator gebaut, der ein Austreten des Elektrolyten in jeder Lage verhindert (Fig. 105). Die Elektroden f sind in Glaswolle eingewickelt, ebenso ist der überflüssige Raum mit Glaswolle ausgestopft, um eine heftigere Bewegung des Elektrolyten zu verhindern. Die freiwerdenden Gase werden durch die Entgasungspatrone k, den Filter c durchdringend, nach außen durchgelassen. Durch den Heber b kann der Filter c, der die feuchten Bestandteile der Gase aufsaugen soll, herausgenommen und ausgewechselt werden. Die Höhe der Entgasungspatrone ist so bemessen, daß die beim Umkehren der Zelle im Raume sich ansammelnde Säure nie die Öffnung d erreichen kann.

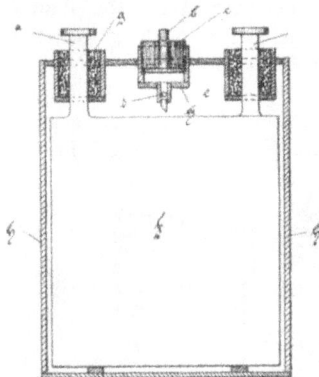
Fig. 105.

Weiter hat man dem Elektrolyten gelatinierende Mittel zugesetzt, um die Akkumulatoren transportfähiger zu machen. Hierdurch wird aber abgesehen von den schädlichen Einflüssen der Zersetzungsprodukte zunächst die Zirkulation und die Leitfähigkeit herabgesetzt. Wie auch schon früher gezeigt, nimmt nun auch die Kapazität und der Nutzeffekt erheblich (um 20 bis sogar 40 %) ab. Schließlich aber setzen sich an diesen Füllmassen und in den Rissen der Gelatine leicht kleinere Teilchen der aktiven Masse fest, welche die Entstehung von Bleibäumchen und somit

gerade selbst Kurzschluß verursachen. Am besten ist noch Kieselsäuregallerte; die Verstärkung derselben mit Asbestfasern nach
Schoop ist von Liebenow[1]) gerade ungünstig beurteilt: zwischen-
liegende Fasern, grobes Pulver und Glaswolle sind nach ihm die
allerungeeignetsten Bestandteile der Füllmasse. — Indessen sind
doch für gewisse Fälle diese Akkumulatoren ziemlich beliebt.
Die Knickerbocker Trust Company verwendet daher ebenfalls einen Aufsaugstoff aus den kalcitischen Sedi-
menten namentlich der Umgegend von Civita Vecchia (Trabo-
tina) (D. R. P. 147979), die infolge ihres kryptokristallinischen und
zugleich zelligen Gefüges nicht wie Kieselgur oder Bimsstein
beim Laden in Pulver oder Schlamm zerfallen sollen. Nach
dem Patent von C. Bergmann (D. R. P. 184388) ist an Stelle
der Kieselsäuregallerte, die man bei Verwendung von Schwefelsäure von 33° Bé erhält, eine steinharte, aber poröse, bimsstein-
artige Füllung vorzuziehen, wie man sie mit Schwefelsäure von
40—66° Bé (1,38—1,84 spez. Gewicht) erhält. Diese soll keinerlei ungünstige Eigenschaften besitzen (den Nachteil der geringeren
Zirkulation muß man natürlich mit in den Kauf nehmen). Es
wird folgende Mischung in der Praxis angewendet: 1 Teil 33%iges
Natronwasserglas auf 2 Teile Schwefelsäure vom spez. Gewicht 1,53.
Nach dem Erhärten gießt man ab. Es bleibt dann noch so viel
überschüssige Säure zurück, wie einer Schwefelsäurelösung von
1,45 spez. Gewicht entsprechen würde.

Kapitel IV.

Nichtbleiakkumulatoren.

§ 116. Verschiedene Versuche.

Unter die ersten Versuche ist der Zink-Bleisuperoxyd-
Akkumulator mitzurechnen, der von D'Arsonval und
Böttcher als Akkumulator dem gleich zusammengesetzten
Primärelement nachgebildet wurde. Die Bleisuperoxydplatten
wurden besonders präpariert (gepastet und formiert) als Lithanod-
platten in den Handel gebracht. Die E. M. K. ist zwar um
ca. 25% höher als bei dem Bleiakkumulator, indessen ist die
Reversibilität nicht genügend, da sich das Zink trotz bester

---

[1]) Zentralblatt für Akkumulatoren 1900, S. 68.

Amalgamierung nicht gegen den Schwefelsäureangriff schützen läßt. Durch die Auflösung der negativen Elektrode ist außerdem auch eine größere Menge des Elektrolyten nötig. Das Element ist in der Tat nur ein Primärelement.

Von dem Cupron-Element (s. d.) der Firma Umbreit & Matthes, Leipzig, gilt das gleiche. Seine Kupferoxydulplatten lassen sich zwar durch Wärme gut regenerieren. Das Element kann aber durch Stromeinleitung auch nicht einigermaßen auf seine anfängliche Leistungsfähigkeit gebracht werden.

Der Akkumulator: Zink-Kalilauge-Kupferoxydul. Waddel-Entz, New-York krankt an den gleichen Nachteilen. Bei der Entladung löst sich Zink auf, das Kupferoxydul wird zu schwammigem Kupfer reduziert. Um die Umkehrung nur etwas zufriedenstellend zu leiten, ist eine Erwärmung auf 50 bis 60 °C nötig, da sonst die chemischen Prozesse nicht glatt verlaufen. Die E. M. K. ist 0,90 Volt bei Sättigung der Kalilauge mit Zinkoxyd, die Betriebsspannung ist bei Beginn 0,85—0,75 Volt und sinkt allmählich auf etwa die Hälfte. Bei der Ladung beträgt die Spannung 0,95 (Anfang) bis 1,05 Volt (Ende.) Es ist also der Nutzeffekt im günstigsten Falle ca. 60%. Die Akkumulatorenfabrik A.,-G., Berlin, hat die Versuche mit diesem Akkumulator vollständig aufgegeben.

Die Akkumulatoren mit unveränderlichem Elektrolyten sind auf Darrieus zurückzuführen, der auf die rein elektrolytische Konvektion hinwies, die theoretisch eintreten soll, wenn man Kalilauge auf Metalloxyde oder Oxydhydrate einwirken läßt. Der Vorgang stellt sich dann dar durch die Formeln: (M_I und M_{II} zwei verschiedene Metalle):

$$M_I O + KOH + M_{II} = M_I + KOH + M_{II} O \text{ bzw.}$$
$$M_I (OH)_2 + KOH + M_{II} = M_I + KOH + M_{II} (OH)_2.$$

Eine praktische Bedeutung erhielt dies durch den Vorschlag von Titus v. Michalowski, als Metalloxyd das Nickeloxyd $Ni_2 O_3$ zu benutzen.

Die Kette Zn (KOH) $Ni_2 O_3$, zeigt zwar nach St. v. Lasczynski[1]) eine E. M. K. von 1,84 Volt, im Mittel von 1,6 Volt im Betrieb, ist aber durch die Löslichkeit des Zinkes nicht hinzuzurechnen und daher nicht brauchbar, ebenso wie die Kette: Zn (KH CO_3) $Ni_2 O_3$, bei der sich das Zink im Bikarbonat spurenweise löst und Lokalaktion verursacht.

¹) Zeitschrift f. Elektrochemie 7, 821.

§ 117. Der Jungner-Akkumulator.

Der Jungner-Edison-Akkumulator beruht ebenfalls
auf der Verwendung von Nickeloxyd bzw. Oxydhydrat.

Jungner verwendete zunächst als negative Elektrode Kupfer,
ging aber, da dann die Spannung zu klein ist (0,95 Volt), wie
Edison zu Eisen über. Das Charakteristische dieser Akkumulatoren ist einerseits, daß beiden Elektrodenmassen Beimengungen
von gut leitenden Materialien gegeben werden müssen und daß
die Eisenelektrode noch besonders bearbeitet werden muß, um
die Passivität des Eisens zu vermeiden.

Das Verfahren von Jungner war folgendes: Eisenplatten
wurden im Schmiedefeuer rotglühend gemacht und dann in Wasser
abgeschreckt, der Hammerschlag abgeklopft und mit Holzkohle
in eisernen Trommeln wieder erhitzt, wodurch die Schlacke in
die aktive Form übergeführt wird. Die Firma Hagen, Kalk
b. Köln, die die Lizenz für Deutschland erworben hatte (nichtig
durch Reichsgerichtsentscheidung), hatte das Verfahren wesentlich vereinfacht (D. R. P. 161 802), indem käuflicher Hammerschlag
im Wasserstoffstrome bei einer bestimmten Temperatur reduziert
wurde. — Nach dem Patent von Dr. Roloff (D. R. P. 162 199)
ist es von Wichtigkeit das magnetische Eisenoxyduloxyd Fe_3O_4
aus dem Hammerschlag auszuziehen und allein zu verwenden,
da sonst Spuren des Oxyds Fe_2O_3 zurückbleiben, die weitere
Bildung von Fe_2O_3 verursachen, das im Akkumulator nicht
reduziert wird. — Das so gewonnene Eisenpulver wird nach
Jungner mit Kadmiumoxyd zur Erhöhung der Leitfähigkeit
gemischt, nach späterem Verfahren werden 10% vernickelten
Flockengraphits zugesetzt.

Die Nickelmasse erhält man aus dem grünen Nickel-
oxydulhydrat, das elektrolytisch in Hydroxyl verwandelt und
mit chemisch reinem Graphitpulver gemischt wird. Nach D. R. P.
158 800 wird hierzu noch Flockengraphit zugesetzt, so daß die gesamte Masse am besten aus 32 Teilen Nickeloxydhydrat, 4 Teilen
pulverisiertem Graphit und 14 Teilen reinem, kristallisiertem
Flocken-Graphit besteht. Der Graphit wird vorher vernickelt. Nach
D. R. P. 170 558 werden an dessen Stelle dünne Nickelhäutchen
verwendet, die man aus elektrolytischem Niederschlag erhält.
Das Nickel darf in der Lauge weder anodisch noch kathodisch
wirken.

Die wirksamen Massen werden in Taschen aus reinem
Nickelblech eingetragen, die zahlreich durchbohrt sind und mit

Hilfe eines Doppelsalzes und durch nachträgliches Einpressen von Zähnen in feste Verbindung mit dem M a s s e t r ä g e r gebracht werden.

Die Masseträger sind nach D. R. P. 163170 aus Eisen, Nickel oder Kobalt und elektrolytisch vergrößert, indem sie in einem Elektrolyten, der das entsprechende Metall enthält, entweder einer spitzen Kathode gegenüber gestellt werden oder mit einem nichtleitenden Überzug versehen sind, so daß eine schwammige moosartige Oberfläche erzielt wird. Im ersten Falle muß die Oberfläche dazu aufgerauht sein. Nach D. R. P. 165233 sind noch Schutzwände aus Kunstseide (Zellulose ohne Nitrierung, gefällt durch Schwefelsäure aus einer Auflösung in Kupferammoniaklösung) vorteilhaft; durch ihr Aufquellen geben sie eine sichere Isolation der sehr dicht aneinandergestellten Platten, außerdem sind sie im Gegensatz zu den sonst angewandten Wänden auch in Lauge beständig.

Nach G r a e f e n b e r g [1]) gibt eine mit möglichst reiner Kalilauge gefüllte Zelle von 3 kg Gewicht bei 4 Stunden Entladezeit 35—40 Amp.-Stunden und eine mittlere Spannung von 1,23 Volt, also eine Arbeitsleistung von 16—18 Wattstunden. Das Volumen des Akkumulators beträgt für 100 Wattstunden 2,9 l also mehr als das Doppelte eines entsprechenden Bleiakkumulators (1,4 l).

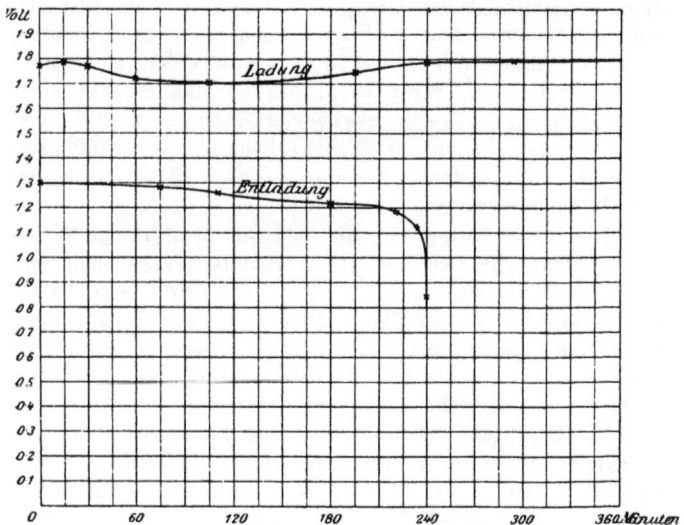

Fig. 106.

---

[1]) Zeitschrift f. Elektrochemie 11, 736, 1906.

Ungünstig ist die ziemlich lebhafte Gasentwickelung bei der Ladung, die das Ende derselben nicht genau bestimmen läßt.

Aus einem Vortrage des Direktors S i e g dieser Fabrik [1] sind die beigegebenen Kurven entnommen, deren erste (Fig. 106) das Verhalten der Spannung bei Ladung und Entladung zeigt: Dieselbe ist 1,76 bzw. 1,28 Volt, man hat demnach einen, allerdings konstant bleibenden, Verlust von 35 %, während beim Bleiakkumulator derselbe nur von 9 % bis zu 15 % zunimmt. Der Nutzeffekt ist hiernach noch geringer. Nimmt man für vorliegenden Fall an. daß die Ladung 4 Stunden gedauert habe — der Akkumulator war augenscheinlich etwas überladen — und die Entladung $3\,^1/_2$ Stunden, so erhält man an aufgewendeter Energie 282 Wattstunden, an geleisteter Arbeit 129 Wattstunden, d. h. 45 %. Auch G r ä f e n b e r g (s. o.) gibt nur 40 % als Nutzeffekt an.

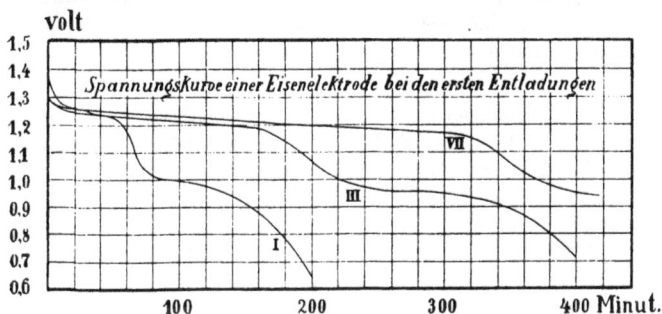

Fig. 107.

Die I r r e v e r s i b i l i t ä t geht aus einer weiterer Kurve (Fig. 107) hervor, die das Verhalten desselben Akkumulators bei mehreren aufeinanderfolgenden Entladungen zeigt. Jedesmal knickt die Kurve bei derselben Spannung aber immer früher nach unten um, ein Zeichen für das Eintreten einer Umwandlung. Es müssen also, da der Elektrolyt unveränderlich sein soll, die Plattensich verändern. In der Tat ist auch nicht recht einzusehen, wie z. B. das Kadmiumoxyd seine ganze Tätigkeit auf die Aufrechterhaltung der Leitfähigkeit beschränken soll.

Die erste G l e i c h u n g von J u n g n e r stellte den stromliefernden Prozeß mit Annahme eines Nickelsuperoxyds dar:

$$Fe + Ni(OH)_4 = Fe(OH)_2 + Ni(OH)_2.$$

[1] Elektrotechn. Gesellschaft zu Köln, 103. Versammlung 25. Jan. 1905, siehe Franz S t r e i n t z, Das Akkumulatorproblem. Sammlung elektrotechn. Vorträge. IX, 222 ff. 1906. Ferdinand E n k e, Stuttgart.

Indessen ist ein solches Superoxyd nicht bekannt; auch hat Zedner[1]) gezeigt, daß das wirksame Nickelsalz höchstens $Ni_2 O_3$ sein kann, so daß man hat:

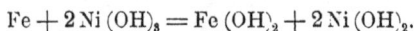

$$Fe + 2 Ni (OH)_3 = Fe (OH)_2 + 2 Ni (OH)_2.$$

Diese Ansicht wird auch von Elbs[2]) ausgesprochen, während sich Streintz[3]) ablehnend verhält. Letzterer nimmt eine Um-wandlung der Eisenelektrode an, die vielleicht in einem Um-schlag des zweiwertigen Eisens in die dreiwertige Form unter dem Einfluß des naszierenden Sauerstoffs bestehe:

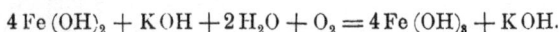

$$4 Fe (OH)_2 + KOH + 2 H_2O + O_2 = 4 Fe (OH)_3 + KOH.$$

Hiermit steht auch die Beobachtung Gräfenbergs im Ein-klang, daß die Nikelelektrode sehr beständig sei, die Eisenelektrode aber weniger, so daß diese nach ca. 200 Entladungen bis 17 % ihrer Kapazität verliere.

Die letzten Untersuchungen Zedners[4]) ergaben für die Nickelelektrode bei der Entladung eine Umwandlung von $Ni_2 (OH_3)$ in $Ni (OH)_2 \cdot 2 H_2 O$, das Verhalten der Eisenelektrode ist noch genauer zu untersuchen.

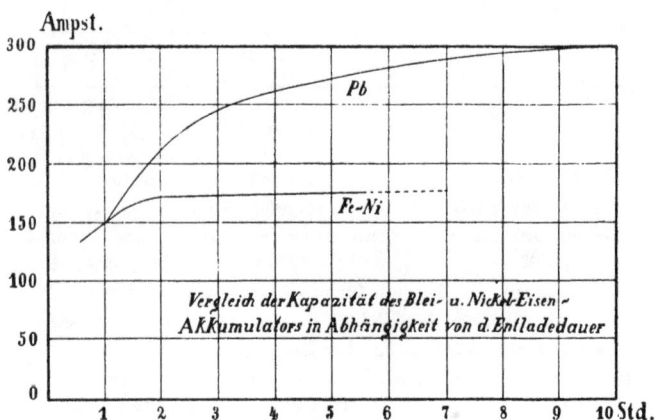

Fig. 108.

[1]) Zeitschrift f. Elektrochemie 11, 809—813, 1905.
[2]) Zeitschrift f. Elektrochemie 11, 734—735, 1905.
[3]) l. c.
[4]) Zeitschrift f. Elektrochemie 12, 463—473, 1906.

Die E. M. K. ist unabhängig von der Konzentration. Nach Förster[1]) erhält man folgende Werte:

Konzentration 4,62   1,92   0,42   0,20 norm.
E. M. K. . . 1,357   1,357   1,360   1,361.

Vergleicht man gleiche Jungnersche und Bleiakkumulatoren, so sieht man nach Fig. 108, daß erst bei ganz kurzen Entladungszeiten (1 Stunde) eine entsprechende Amperestundenzahl zu erhalten ist; die elektrische Arbeit ist indessen infolge der geringen Spannung von 1,2 Volt auch dann noch geringer. Während man mit Bleiakkumulatoren zu 30 Wattstunden pro kg Zellengewicht kommt, fand z. B. Dr. Roloff nur 19 Wattstunden für den Nickeleisenakkumulator; ja, diese Zahl erniedrigt sich sogar noch auf 10—11 Wattstunden, wenn der Akkumulator genügend dauerhaft hergestellt ist.

§ 118. Die Edisonsche Form.

Der Edisonsche Akkumulator ist im Prinzip mit dem Jungnerschen identisch. Seine Leistungen sind nach einem Vortrag des Dr. E. Kennely in der Jahresversammlung des American Institute of Electrical Engineers, New York[2]):

Spannung nach beendeter Ladung   1,5 Volt
Mittl.   »   bei   voller   Entladung   1,1 »
Leistung pro kg Zellengewicht . . . 30,85 Wattstd.

Doch werden jetzt wohl nur noch 24 Wattstunden angegeben.

Die Herstellung der Platten erfolgt durch Ausstanzen eines Gitters von 24 Öffnungen aus 0,6 mm starkem Stahlblech. In dieses werden die Taschen aus nickelplattiertem Stahlblech eingesetzt (Fig. 109). Die Taschen werden zugleich durchlöchert und fest eingepreßt, ihre Dicke ist dann ca. 2,5 mm.

Auch dieser Akkumulator hat eine Reihe von Wandlungen erfahren, durch die er aber bis jetzt trotzdem nicht zu größerer Verbreitung gekommen ist. Ursprünglich (D. R. P. 147468 und 156713) wurde nämlich das durch einen besonderen chemischen Prozeß in aktiver Form gewonnene Eisen feinster Verteilung im Verhältnis 6:4 mit Flockengraphit gemischt. Um die Schuppen besonders fein zu verteilen, wurde die Masse in plastischem Zustand zusammengewalzt und getrocknet, dann der entstandene Kuchen wieder zerbrochen und dieses Verfahren mehrfach wiederholt. Der Flockengraphit wird so in feinster Verteilung

---

[1]) Siehe bei Streintz l. c.
[2]) Siehe bei Sieg l. c.

erhalten. Er soll durch den in alkalischer Lösung entwickelten
Sauerstoff nicht angegriffen werden und schließlich auch, da
die Graphitschuppen größer sind als die Öffnungen, sich vor
diese legen und das Austreten der Masse verhindern. Die positive
Masse besteht aus einer Nickelsauerstoffverbindung, ebenfalls
mit Graphit gemischt.

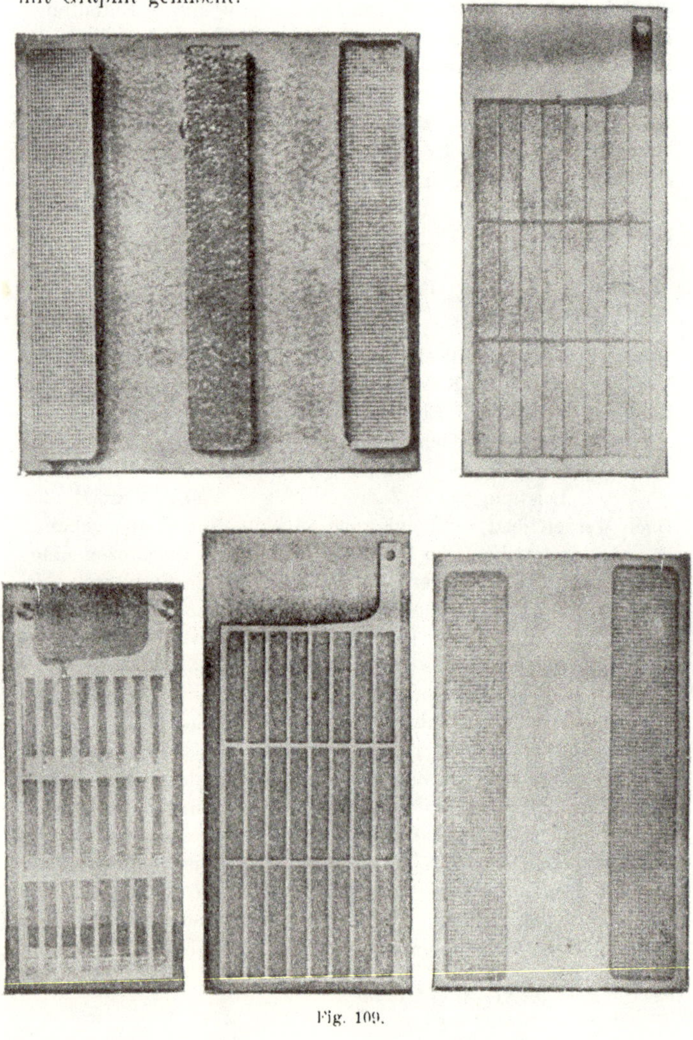

Fig. 109.

Nach D. R. P. 157290 soll die negative Masse im geladenen Zustande aus einer niederen Sauerstoffverbindung des Eisens oder metallischem Eisen oder einem Gemenge beider bestehen. Die Verwendung des Eisens ist durch seine hohe Verbindungswärme und seine (in der Praxis genügende) Unlöslichkeit im Elektrolyten von Vorteil; weiter auch dadurch, daß seine Oxydationswärme unter der des Wassers liegt, wodurch eine hohe Spannung bei großer Dauerhaftigkeit ohne Lokalaktion erzielt werden soll.

Nach D. R. P. 163342 soll an Stelle des Eisens Kobaltoxyd (im entladenen Zustande) treten, das zwar teuer ist, aber keine Neigung zur Bildung von löslichen Salzen besitzen soll. — Nach Elbs ist Kobalt an Stelle von Nickel wenigstens nicht brauchbar da seine Hydroxyde in Alkalilauge löslich sind. — Weiter ist aber der Kobalt leichter und seine Oxydationsfähigkeit höher als die von Eisen und Kadmium. Schließlich sei das Kobaltoxyd auch noch direkt verwendbar, während die Eisenelektrode einer schwierigen und langwierigen Behandlung bedürfe. Indessen ist man jetzt wohl wieder zu dem Eisen zurückgekehrt, das in geschlossenen Gefäßen in Wasserstoff reduziert und durch Einführung von Wasser in die aktive Form übergeführt wird.

Nach D. R. P. 166369 wird für die positive Masse Nickelsauerstoff, gemischt mit Wismuthydroxyd, verwendet, die entweder gleichzeitig gefällt oder nachträglich gemischt werden. Hierdurch werde die Kapazität um 20% erhöht, was von vornherein nicht zu erwarten war, da das Wismuthydroxyd allein als Depolarisator ziemlich wertlos ist.

Zum Schluß seien noch die Nickel-Silber-Elektroden von Dr. M. Roloff und H. Wehrlin erwähnt (D. R. P. 159393), die an Stelle der Nickelelektroden treten sollen. Die aktive Masse wird durch Ausfällung des Nickelhydroxyds bei Gegenwart von $1/_5$ g-Mol. Silbersalz oder weniger auf 1 g-Mol. Nickelsalz erhalten. Unter diesen Umständen nimmt die Masse die für die Elektrizitätsaufnahme günstigste Form an. Man erhält so eine Masse, in der das Silber einmal nicht störend wirkt, anderseits sogar die Kapazität in viel bedeutenderem Maße hebt, als dem Prozentsatz zukommt. Wird statt dessen nur eine einfache Mischung von Nickel und Silber benutzt, um die günstige Kapazität des Silbers auszunutzen, so erhält man bei der Entladung keine konstante Spannung, es wird zuerst das Nickel und dann erst das Silber wirksam. Auch bei Benutzung der gleichen Verhältnisse ist ein gleicher Erfolg nicht zu erzielen. Dies wird auch dadurch etwas aufgeklärt, daß so ausgefälltes Nickelhydroxyd nicht grün, sondern schwarz aussieht. Das Silber hat jedenfalls in dem Verfahren eine katalytische Wirkung.

Kurz erwähnt seien noch der Thalliumakkumulator, der nur aus Thallium und Wasser besteht, aber wegen des teuren Materials weiter keine Bedeutung hat, seine E. M. K ist 0,56 bis 0,64 Volt; und der Cersulfatakkumulator von Auer v. Welsbach, ebenfalls ohne jede Bedeutung.

Das Problem des Nichtbleiakkumulators ist noch nicht gelöst. Ein Bedürfnis besteht für seine Konstruktion allerdings auch nur bei transportablen Akkumulatoren, für stationäre Anlagen ist der Bleiakkumulator wohl überhaupt nicht zu übertreffen. Bei der Verwendung für Schwachstromzwecke besteht im großen und Ganzen ebenfalls kein Bedürfnis für einen Ersatz des Bleiakkumulators.

Anhang I.

Deutsche Patente der letzten 15 Jahre der Klasse 21 bzw. 21 b bezüglich Primärelemente.

Patent Nr.	Erfinder (Inhaber)	Gegenstand	Datum d. Erteilg.	Bemerk.
69 465	A. Thranitz	Braunstein-Kohle-Elektrode	28. 5. 92	gelöscht
70 188	Dr. H. Koller, Wien	Trockenelem. nach Art v. Zambonis Säule	8. 6. 92	»
70 437	Dr. E. Mohr (Gustav Reinboth, Dresden)	Tauchbatterie	20.10. 92	»
70 643	O. Pechül	Zerlegbares Trockenelement	31. 1. 93	»
71 747	A. Czarnikow	Verschlußvorrichtung	15. 3. 93	
72 013	C. Hertel, Berlin	Galv. Element	1.10. 92	gelöscht
73 719	Liman & Oberländer	Depolarisationsmasse	4. 8. 92	»
75 221	H. Barnett, London	Elektrode m. vergrößerter Oberfl.	6.11. 93	»
75 834	S. Marcus, Wien	Galv. Element mit in Umlauf erhaltener Erregerflüssigkeit	3. 5. 93	»
75 840	G. Oppermann	Depolarisationsflüssigkeit	1.12. 93	»
78 061	F. Taylor, Walthampstow, Essex	Kreislauf und Flüssigkeit	10. 1. 94	»
78 841	W. Walker	Neuerungen an galv. Elementen	15. 2. 94	»
78 973	A. Thranitz	Füllmasse f. Braunstein-Elem.	21. 1. 94	»
80 005	M. Schöning, Berlin	Galv. Batterie m. Depolarisation, durch abwechselndes Steigen und Fallen der Flüssigkeit bei selbsttät. Zu- und Abfluß	7. 2. 95	»
80 026	V. Ludvigsen, Kopenhagen	Trockenelement	31. 8. 94	»
81 332	Wwe. M. S. M. Hellesen, Kopenhagen	Galv. Elem. mit geringem inneren Widerstand	13. 7. 93	»
81 494	Dr. Platner, Witzenhausen a/Werra	Füllmasse f. galv. Element u. el. Sammler	30. 9. 94	»
81 978	H. Barnett, London	Galv. Element m. Luftdepolarisation	1. 8. 94	»
82 013	A. Heil, Fränkisch-Crumbach	Verf. f. kupferhalt. Schwefelsilber-Elektr.	2. 9. 94	»
82 100	Dr. Platner, Witzenhausen a/Werra	Zus zu 81 494	7. 2. 95	»
82 112	G. Hübner, Gernsbach	Depolar.-Masse f. galv. Elem.	11.10. 94	
83 627	C. Menges, Haag	Verf. z. Aufbau v. prim. Elem.	20. 4. 95	»
84 715	Dr. G. Laura, Turin	Scheidewand f. galv. Elem.	28. 2. 95	»
85 112	O. Cudell	Gefäßfrm. Kohle-Elektr. m. Schutzhülle	4. 2. 94	»
85 828	J. M. Muffat	Gefäß f. el. Batterien	27. 8. 95	»
86 435	E. St. Boysiton	Röhrenförm. galv. Batterie	10.11. 95	»
86 459	L. P. Hulin, Modane	Verf. f. Elektroden a. Legierungen von Schwermetallen m. Alkali oder Erdalkalimetallen	16. 6. 94	»
87 465	Ph. Justice	Galv. Tauchbatterie	27.10. 95	»
87 698	G. Jungnickel	Geschl. galv. Elem. m. Gasbehälter	22. 2. 95	»
88 163	A. Heil	Reinigen v. Braunstein-Elektrod.	6.10. 95	»

Patent Nr.	Erfinder (Inhaber)	Gegenstand	Datum d Erteilg.	Bemerk.
88 240	W. Rowbotham	Galv. Elem. m. Flüssigkeitsumlauf	15. 9. 95	gelöscht
88 241	E. Wunderlich	Druckluft zum Flüssigkeitsumlauf	5. 9. 95	»
88 327	A. Bucherer	Gaselem. m. Sauerstoff u. Kohlen-oxyd	6. 4. 95	»
88 613	P. Schmidt (El. A. G. Hydrawerk, Berlin)	El. m. Flüssigkeitsvorrat	19. 3. 96	
88 704	Ch. Shrewsburg	Lösungselektrode, Kohle in ge-schmolz. Nitrat	8. 6. 95	gelöscht
88 710	W. Rowbotham	Röhrenförm. Kohlenelektrode	15. 9. 95	»
89 922	C. Vogt	Isolierung der Zinkelektrode	20. 1. 95	»
90 020	Dr. L. Silberstein	Elektr. Konzentrationskette	24. 9. 95	»
91 049	W. Morison, Mousolain	Tragbare galv. Batterie	11. 6. 95	»
92 102	Dr. F. Meyer, Kalk b/Köln	Depolar.-Masse f. galv. Elemente	23. 5. 95	»
93 427	L. R. Edler v. Burg-wall und O. Offen-schüssl, Wien (Adolf Krüger, Berlin)	Prim.-El. m. regenerierbar. pos.-Elektrode	25.10.96	»
93 978	C. W. Hertel, Berlin (Hertel & Co., G. m. H., Berlin)	Kohlenelektr. m. vielfach. Strom-ableitungen aus Kupfer	16.12.96	»
94 140	M. F. Fuchs, Belfort	Primärel. m. filterart. Behälter f. d. Depolarisator	28.11.96	»
94 141	De Rufz de Lavison, Paris	Galv. Batterie mit Luftdepolari-sation	11. 2. 97	»
94 673	R. Crayn, Berlin (El. A. G., Hydrawerk, Berlin)	Trockenelem. m. innerem Flüssig-keitsvorrat. Zus. z. Pat. 88 613	11. 2. 97	
96 662	W. Rowbotham, Bir-mingham	Zweiflüssigkeitsbatt. m. Expan-sionskammer	29.11.96	gelöscht
96 664	V. Jeanty, Paris	Galv. Batterie	10. 3. 97	»
96 665	R. Fabian, Berlin	Elektroden f. Primär- u. Sekundär-Elem. und Zersetzungszellen	16. 4. 97	»
96 666	A. Heil, Fränkisch-Crumbach	Galv. Element	22. 6. 97	»
96 765	R. Krayn u. C. König, Berlin (El. A. G. Hydrawerk, Berlin)	Galv. Doppelelem. m. Flüssigkeits-vorrat. Zus. z. Pat. 88 613	13. 4. 97	
96 766	R. R. Moffatt, Brook-lyn	Umkehrbares galv. Elem. m. zwei-teil. Gefäß	28. 4. 97	gelöscht
97 539	Ch. Théryc, Marseille	Regenerierbares galv. Element m. Brompentachlorid als Elektrolyt	27. 1. 97	»
97 713	Industriewerke, Kai-serslautern, G. m. b. H.	Galv. Element	14. 8. 97	
98 010	W. Exner u. E. Paul-sen, Berlin	» »	11. 7. 97	»
98 434	Dr. F. Peters, Char-lottenburg	Verwend. v. Persulfaten als De-polarisatoren	3.10.97	»
99 573	C. Koenig, Berlin (El. A. G. Hydrawerk, Berlin)	Trockenelem. Zus. z. Pat. 88 613	2.10.97	
99 950	Dr. G. Platner, Witzen-hausen	Depolarisationsmasse für galvan. Elemente	18. 8. 97	gelöscht
100 132	Hydrawerke. Krayn u. Koenig, Berlin (El. A. G. Hydrawerk, Berlin)	Isolierender Träger f. Elektroden galv. Elem.	17. 9. 97	»
100 133	H. K. Heß, Syracuse, New York	Galv. Batt. m. Zu- und Abführung d. wirksamen Masse	2.11.97	»
100 135	C. L. R. E. Menges, Haag	Zus. z. Pat. 83 627 (Aufbau)	20. 1. 98	»
100 554	C. Koenig, Berlin (El. A. G. Hydraw., Berl.)	Zus. z. Pat. 88 613	10. 3. 98	

Patent Nr.	Erfinder (Inhaber)	Gegenstand	Datum d. Erteilg.	Bemerk.
100 777	J. E. Fuller, New-York	Umkehrbare galv. Batterie	15. 3. 98	gelöscht
101 324	La Société Anonyme des Mines de Yauly (Pérou), Paris	Galv. Batterie	10. 4. 98	»
101 485	H. Felgenhauer, Berlin	Trockenelem. m. Nachfüllrohr	13. 5. 98	
102 456	J. Cerpaux u. A. Wilbaux, Brüssel	Galv. Batterie	22. 2. 98	gelöscht
103 438	W. Decker u. G. v. Struwe	Vorr. z. gleichzeit. Füllen u. Entleeren nebenein. liegender Batteriebehälter	3. 9. 97	»
103 985	R. O. Heinrich, Berlin	Scheidewand zw. Elektrode und Elektrolyt b. Normalelem.	25. 8. 98	
104 104	M. Schneevogl, Berlin	Säure- und gasdichte Anschlußvorrichtung f. Leitungsdrähte bei Primär- u. Sekundärelem.	24. 4. 98	gelöscht
104 173	Columbus, El. Gesellschaft, Ludwigshafen a/Rh.	Verschluß f. galv. Elemente	18. 11. 98	»
105 282	F. E. Finger	Verf. z. Verhind. d. festen Niederschläge auf der Kohle b. galv. Elementen	18. 1. 99	»
106 025	v. d. Poppenburgs El. u.Akk., Wilde & Co., Hamburg (Hamann & Co., Hamburg	Galv. Element	14. 12. 97	»
106 026	M. Schneevogl, Berlin	Zus. z. Pat. 104 104	22. 11. 98	»
106 231	J. L. Dobell, Harlesden	Galv. Batt. m. Lösungselektrode aus Kohle	4. 2. 98	»
106 232	Sächs. Akk.-Werke, A. G. Dresden (Louis Paul & Co., Radebeul b/Dresden)	Polklemme f. el. Batterien	19. 7. 98	»
107 097	E. Folkmar, Berlin	Trockenelem., welches als Leydener Flasche benutzt werden kann	24. 3. 98	»
107 235	W. Rowbotham, London	Anreicherung bzw. Fertigstellung der Depol -Flüssigk. durch die beim Betrieb entsteh. Gase	24. 3. 98	»
108 153	A. Witzel, Wiesbaden	Trockenelem. m. Eisenchlorid als Depolar.	26. 1. 99	»
108 252	Siemens & Halske, Berlin	Galv. Batt m. flüssigkeitsdichtem, den Abzug v. Gasen durch d. Depol. zulassenden Verschluß	16. 11. 98	»
108 448	H. Blumenberg jun., Wakefield, V. St. A.	Erregerflüssigkeit	12. 10. 98	»
108 964	El. A. G. Hydrawerk, Berlin	Galv. El. m. zwei konzentr. Zinkzylindern	5. 8. 98	
109 016	Chem. Fabrik, vorm. Goldenberg, Geromont & Co., Winkel, Rheingau	Füllmasse z. Aufsaug. d. Elektrolyten b. galv. Prim.- u. Sekund.- Batterien	5. 2. 99	gelöscht
109 062	Sächs. Akk.-Werke, A. G., Dresden (Louis Paul & Co., Radebeul b/Dresden)	Polklemme f. el. Batterien. Zus. z. 106 232	16. 11. 98	»
109 845	H. de Rufz de Lavison, Paris	Neg. Elektr. f. galv. Elem.	31. 5. 99	»
110 030	H. Schloß, Berlin	Schutzhülle f. außerhalb d. Batteriegefäßes regenerierte und mit dem Elektrolyten getränkte Elektroden	11. 6. 99	»

Patent Nr.	Erfinder (Inhaber)	Gegenstand	Datum d. Erteilg.	Bemerk.
110 210	E. W. Jungner, Stockholm (Gottfried Hagen, Kalk b/Köln	Primär wie sekundär benutzbares galv El. von unveränderlichem Leitungsvermögen	31. 3. 99	nichtig
111 406	W. A. Th. Müller und A. Krüger, Berlin	Vorricht. z. Füllen u Entleeren von Batterien	18. 6. 99	gelöscht
111 407	L. Guitard u. E. H. Roch, Paris	Galv. Elem. mit nur einer Flüssigkeit	3. 9. 99	"
112 181	H. Blumenberg jun., Wakefield, V. St. A.	Erregerflüssigkeit f. galv. Elem.	31. 5. 99	"
112 712	H. de Rufz de Lavison, Paris	Zus. z. Pat. 109845	16.12. 99	"
114 483	H. J. Dercum, Philadelphia	Galv. Element.	4.11. 98	"
114 486	Columbus, El. Ges. m. b. H., Ludwigshafen	" "	10.10. 99	"
114 487	W. St. Rawson, Westminster	Galv. El. m. innerer Heizung	12.11. 99	"
114 740	Dr. C. Kaiser, Heidelberg	Galv. Element	10. 8. 99	"
115 680	W. B. Bary, St. Petersburg	Elektrode f. Primär- wie Sekundärelement	28. 6. 99	"
115 753	Dr. C. Kaiser, Heidelberg	Zus. z. Pat. 114740	17. 9. 99	"
116 412	Dr. J. P. Fontaine, Paris	Diaphragma f. Zweiflüssigkeitsbatterien	19.12. 99	"
116 837	R. Krayn, Berlin	Galv. Kippelem. m. Drehvorricht.	3. 3. 99	"
121 933	E. Rosendorf, Berlin und M. Loewner, Schöneberg	Elem. m. Kohleelektr. u. zylinderförm. umgeb. Zinkelektr.	10. 8. 98	"
122 269	J. Lingenöhl, Göttingen	Verf. z. Herst. v. Kohleelektr. f. Prim.- u. Sek.-Elem.	29. 6. 00	"
122 270	A. Turnikoff u. Graf A. v. Nesselrode. Maratow, Rußland	Regenerierbares Zink-Kohle-Elem.	22. 9. 00	"
124 785	V. Ludvigsen, Kopenhagen	Pos. Polelektrode f. galv. Elem.	27. 1. 00	"
125 787	W. Erny, Halle a/S.	Neg. Polelektr. f. galv. Elem. aus Zinkamalgamfüllung	16. 1. 01	"
127 088	H. J. Dercum, Philadelphia	Zweiflüssigkeitsbatt. m. durch ein Diaphragma v. der Erregerflüssigkeit getrennter, aus einem Bichromat und Schwefelsäure bestehender Depolarisationsflüssigkeit	15. 5. 00	"
127 663	W. Erny, Halle a/S.	Galv. El., bei welchem die stabförm. Kohleelektr. am Boden u. i. Deckel d. Elementgefäßes festgestellt ist	20.11. 00	"
131 596	Otto Zöpke, Berlin	Verf. z. Herst. v durch Einleiten von Sauerstoff oder Wasserstoff beständig regenerierbaren hohlen Elektroden	29. 6. 00	"
131 872	Erich Friese, Berlin	Korkverschluß f. galv. Elem.	3. 2. 01	"
131 893	Oskar Britzke, St. Petersburg	Gasbatt. m. feuerflüssigem Elektrolyten	21.12. 00	"
134 024	Friedr. May, Halle a/S.	Galv. Elem. nach Art d. Meidinger-Elemente	15. 9. 01	"
136 497	Ludovic Peyrat, Paris	Elektrode f. Prim.- u. Sekund.-El. aus einzelnen, mit den Flachseiten dicht übereinander liegenden ebenen Metallstreifen	25. 4. 01	"
138 227	Hermann Bley, Ilmenau/Thür.	Galv. Doppelelement	4. 3. 02	

Patent Nr.	Erfinder (Inhaber)	Gegenstand	Datum d. Erteilg.	Bemerk.
139 020	H. Th. M. Meyer u. A. Lwowsky, Hamburg	Vorricht. z. Senken d. Elektrode bei Tauchbatt.	4. 2. 02	gelöscht
139 731	Dr. Karl Düsing, Aachen	Elektroden aus Zink	10. 1. 02	»
139 964	G. A. Wedekind, Hamburg	Verf. z. Herst. v. Elektroden aus Kupferoxyd	22. 1. 02	
142 226	G. Rupprecht u. E. Kuch, Nürnberg	Galv. El. m. Regulierfüllvorrichtung	12. 4. 02	gelöscht
142 227	Union, El.-Ges., Berlin	Nasses Gaselement	27. 4. 02	»
142 470	Paul Ribbe, Charlottenburg	Aus Hohlkammern best. Elektrode f. Gasbatterie	25. 2. 02	»
143 423	E. Rasch, Potsdam	Verf. z. Erzeug. v. El. m. Hilfe v. Gäsketten	23. 12. 00	»
144 209	R. v. Graetzel, Hannover	Erhöhung d. Leitfäh. d. wirksam. Masse v. Akk. u. d. Depol.- Masse v. Primärelementen	12. 2. 03	»
144 396	H. Säker, Stargard i/P.	Aufsatzglas f. Meidinger-Ballonelemente	3. 6. 02	»
144 397	Dr. H. Putz, Passau	Pos. Polelektrode f galv. Elem.	2. 9. 02	»
146 306	E. Folkmar, Charlottenburg	Mit Fett getränkter Verschlußdeckel f. galv. Elemente	11. 5. 01	»
146 307	W. H. Roth, Solingen	Verf. z. Herst. negat. Polelektr. f. Primär- u. Sekundärelem. unter Verwendung loser Metallstücke	17. 8. 02	
147 358	E. W. Suse, Hamburg	Galv. El. m. zylinderförm. konzentrierten Elektroden	31. 12. 02	gelöscht
147 459	W. Heym, Berlin (Akk.- Fabr. A. G., Berlin- Hagen)	Taschenbatt., dcren Elem. aus zwei einzelnen gleichzeitig als Elektrodenträger dienenden Bestandt. zusammengesetzt sind	19. 2. 03	
149 681	M. J. B. A. Colletas, Paris	Negat. Polelektr. f. Prim.- und Sekund.-Elemente	25. 4. 01	gelöscht
149 729	Philipp Delafon, Paris	Hermet. verschlossenes Kohle-Zink-Element	28. 3. 02	»
149 730	Leo Löwenstein, Aachen	Galv. El., b. welchem das Hinüberwandern der Depol.-Flüssigkeit nach der neg. Pol-Elektrode durch eine flüssigkeitsdurchlässige metallische Zwischenwand gehemmt wird	31. 7. 02	»
149 817	E. W. Suse, Hamburg	Quecksilberkontaktvorricht. f. galvanische Elem. m. rotier. Elekt.	31. 12. 02	»
150 552	H. J. Dercum, Philadelphia	Verf. z. Regenerierung einer Chromatflüssigkeit von depolarisierten Primärbatterien	15. 5. 00	»
150 831	E. Wiechmann, Lichtenberg b/Berlin	Vorrichtung, um die Elektroden eines Elem. oder einer Batt. ohne Schraubklemmen mit ihren Ableitungen zu verbinden und isoliert aufzuhängen	27. 5. 03	»
150 911	Henri Piqueur, Brüssel	Zink-Kohleelement mit einer Flüssigkeit	10. 1. 03	»
151 680	Edm. W. Suse, Hamburg	Galv. El. mit feststehenden, zylinderförm. konzentr. Elektroden und um diese kreisenden Rührarmen oder Bürsten	31. 12. 02	»
152 230	Otto Graetzer, Berlin	El. nach Art der Voltaschen Säule aus Zink- und Kohleplatten	10. 1. 03	»
152 659	Albr. Heil, Frankf. a/M.	Galv. Element	18. 2. 02	»
152 756	W. G. Heys, Manchester	Verschluß f. Prim.- u. Sek.-Elem. mit zwei in geeignetem Abstande übereinanderliegenden Deckeln, welche einen Gasraum abgrenzen	6. 3. 03	»

Patent Nr.	Erfinder (Inhaber)	Gegenstand	Datum d. Erteilg.	Bemerk.
153 456	Max Gurth, Neuendorf b/Potsdam	Vorricht. z. Verteilung d. Elektrolyten bei Kippbatterien	5. 2. 03	gelöscht
156 827	E. W. Suse Hamburg	Galv. Batt. m. Rührvorrichtung	31. 12. 02	
157 116	Paul Möllmann, Berlin (Dura Elementbau, G. m. b. H., Schöneberg b/Berlin	Galv. Elem.	4. 8. 03	
159 166	E. W. Suse, Hamburg		31. 12. 02	gelöscht
160 645	E. W. Suse, Hamburg	Stromableitung f. rotier. Kohle-Elektroden von galv. Elem.	4. 11. 03	
161 124	Siemens & Halske, A. G., Berlin	Trockenelement mit wasserdichtem Kasten von eckigem Querschnitt mit Gastrocknung	26. 2. 04	
161 454	Gust. Ad. Wedekind, Hamburg	Galv. El., bei welchem der Behälter zur Aufnahme der durch Wärme regenerierbaren wirksamen Masse der positiven Elektrode dient	19. 3. 04	
162 668	Paul Müller, Berlin	Elektr. f. galv. El., welche Quecksilber mit Zinkstückchen als wirksamen Bestandteil in besond Gefäßen enthält	11. 3. 04	gelöscht
162 756	Dr. O. G. A. Littmann, Wilmersdorf b/Berlin	Trockenelem. m. Einfüllöffnung und einem Hohlraum im unteren Teile des Elem. zur Aufnahme v Elektrolytflüssigkeit	10. 4. 04	
163 125	G. A. Wedekind, Hamburg	Verf. z. Herst. einer porösen hart., in Alkalien unlösl. Elektrodenmasse aus Kupferoxyd oder Kupferpulver	19. 1. 02	
164 308	Th. Mann u. C. Goebel, Duisburg	Zink-Kohle-Element	14. 10. 02	
165 234	W. H. Gregory, Vallejo, Kalifornien, V. St. A.	Trockenelem. mit innerem Flüssigkeitsvorrat	16. 10. 04	gelöscht
168 296	P. J. Kamperdyk (P. J. Kamperdyk und Jules Dawans, New York)	Einricht. z. gemeins. Füllen und Entleeren der Zellen von galvan. Batt.	31. 12. 03	
168 854	G. H. C. Kolosche, Leipzig-Reudnitz	Aus mehreren Kohlestücken zusammenges. pos. Elektrode	24. 9. 03	
171 090	Dr. Leo Löwenstein, Aachen	Zus. z. Pat. 149730	9. 8. 05	gelöscht
174 287	Eduard Heymann, Paris	Pos. El. f. galv. Elem. mit neutral. Elektrolyten u. Bleisulfat oder einer anderen unlöslichen bzw. schwerlöslichen Bleiverbindung als Depolarisator	28. 5. 05	
177 217	Dr. C. Th. Dörr, Ohligs, Rheinl.	Trennungsplatten, Hüllen u. dgl. aus Nitrozellulosegewebe für Elektr. v. Prim. u. Sek.-Elem.	16. 3. 05	
181 294	G. A. Wedekind, Hamburg	Verfahren, um bei Elem., welche als Depol.-Flüssigkeit Eisenchlorid enthalten, die Diffusion desselben an d. neg. Elektrode z. B. Zink zu verhindern	8. 9. 05	
181 778	Siemens & Halske, A. G., Berlin	Erhöh. der Wirksamkeit von Leclanché-Element. m. Salmiak im Elektrolyten	19. 4. 05	
181 814	J. H. Reid, Newark, V. St. A.	Verf. u. Vorrichtung zum Erzeugen el. Energie mittels brennbarer Gase	26. 2. 03	
181 816	Emil Talén, Stockholm	Trockenelement	1. 6. 05	

Patent Nr.	Erfinder (Inhaber)	Gegenstand	Datum d. Erteilg	Bemerk.
183 286	O. Rutkowsky, Hamburg	Verf., um Trockenelem., bei denen als Verdickungsmittel Mehl od. andere quellungsfähige Körper dienen, und bei welchen die Erregermasse in unwirksamem Zustand eingefüllt wird, durch Zusatz v. Wasser stromliefernd zu machen	12. 8. 05	gelöscht
184 730	Oswald Ritter, Berlin	Einricht. an galv. El, bei denen das Gefäß von einer der Elektroden gebildet wird	12. 6. 06	
187 905	Majus Christensen, Leipzig	Galv. El. m. Flüssigkeitszirkulation	27. 9. 05	
187 991	Dr. Heinrich Putz, Passau	Galv. El. nach Typ Leclanché, mit Mangansuperoxydhydrat als Depolarisator	13. 2. 06	gelöscht
188 280	Eduard Buhot, Paris	Galv. El. mit Chlorgas als Depolarisator	19. 4. 06 prior. 23. 5. 05	
188 526	Ges. f. Herkules-Elem. m. b. H., Düsseldorf	Galv. Trockenelement	25. 10. 05	
190 642	E. Gersabeck, Charlottenburg	Kohleelektroden v. groß. Oberfl. f. prim. Starkstromelem.	29. 8. 06	
190 791	W. Rittberger, Wilmersdorf	Galv. Element	30. 1. 07	
191 922	E. Wiechmann, Charlottenburg	" "	15. 9. 06	
192 756	F. J. Schalow, New York	Gasauslaßventil f. nasse Elem.	13. 12. 06	

Deutsche Patente der Klasse 21 bzw. 21 b bezüglich Primär- und Sekundärelemente (die bereits in obiger Tabelle aufgeführt sind):

Patente Nr.
{
78 061.   81 494.   82 100.   83 627.   86 459.   96 665.
96 766.   100 135.   100 777.   104 104.   106 026.   106 232
109 016.   109 062   110 110.   115 680.   122 269.   136 497.
144 209.   149 681.   152 756.   171 090.   177 217.   192 756.
}

Deutsche Patente der Klasse 21 bzw. 21 b bezügl. Sekundärelemente.

Patent Nr.	Erfinder (Inhaber)	Gegenstand	Datum d. Erteilg.	Bemerk.
66 345	Berndt & Co., Rostock	El. Samml. m. ineinander gestellt. Elektroden	29. 4. 92	gelöscht
68 873	Südd. El.-Ges., Raab u. Bastians, München	Aufbau der Elektrodenplatten	28. 7. 92	
69 183	Dr. L. Lucas, Lippstadt	Verf. z. Entfernung d. Salpetersäure, salpetrig. Saure oder deren Salze aus formierten Bleielektroden	22. 11. 92	
69 603	Dr. E. Glatzel, Breslau	Samml., dessen Füllflüss. b. Laden ohne Gasentw. zersetzt und beim Entlad. ohne Gasentw. rückgebildet wird	10. 9. 92	•
70 195	El.-Ges. Raab & Bastians, München	Herst. v. Elektrod. n. d. Plantéverfahren	18. 12. 92	
70 279	Dr. O. Knöfler u. Fr. Gebauer, Charlottenburg	Elektrodenplatte	25. 8. 92	
70 131	A. Brandenburger, Hamburg		6. 9. 92	

Patent Nr.	Erfinder (Inhaber)	Gegenstand	Datum d. Erteilg.	Bemerk.
70 708	H. Lehmann, Halle a/S.	Sammelbatt. m. Bariumsuperoxyd als wirksame Masse und Chlorbariumlösung als Elektrolyt	11. 1. 93	'
71 431	Berl. Akk.-Werk, vorm. E. Correns & Co., A. G., Charlottenbg.	Verf. z. elektrolyt. Herst. v. fein verteilt. Blei z. Verwend. als Füllmasse	7. 10. 92	»
71 676	F. Kröber, Charlottenburg	El. Sammler in Form eines Gaselementes	30. 10. 92	»
71 679	Berl. Akk.-Werk, vorm. Correns & Co.	Zus z. 71 431 ... Blei in Verbindung mit anderen in Schwefelsäure löslichen Metallen	14. 12. 92	gelöscht
71 733	A. Müller, Hagen i/W. (Akk.-Fabr. A. G., Berlin)	Aufbau der Elektrodenplatten	20. 9. 92	
72 199	H. Lehmann, Halle a/S.	Zus. z. 70 708 ... Elektrolyt Jod-od. Brombariumlös. od. einer mit Barium in ihr unlösl. od. schwer lösliche Salze bildende Säure	30. 5. 93	»
73 020	H. Drösse, Berlin	Elektrodenaufbau	4. 5. 93	»
73 042	F. Grünwald, Berlin	Herst. d. wirksamen Masse	5. 1. 93	»
73 055	R. Th. E. Hensel, Dresden (Dr. W. Majert, Grünau b/Berlin)	Gegen Auseinanderfallen u. mech. Verletzung geschützte Elektrodenplatten	30. 7. 92	»
73 518	H. H. Lloyd, Philadelphia	Aufbau der Elektrodenplatten	18. 1. 93	»
74 068	Dr. A. Lehmann, Berlin	Elektrodengitter, aus Verbind. v. Mulde und Gitter z. Aufnahme der wirksamen Masse	14. 4. 93	»
74 724	E. P. Usher, Grafton, Worcester, Mass.	Sammelbatterie	16. 8. 92	»
74 752	M. Hartung, Berlin	Elektrodengitter	10. 9. 92	»
74 905	Berl. Akk.-Werk, Charlottenburg	2. Zus. z. 71 431 ... Herst. v. amalgam., fein verteiltem Blei	22. 11. 92	»
75 143	Dr. E. Glatzel, Breslau	Zus. z. 69 603	24. 8. 93	»
75 348	C. Pollak, Frankfurt a/M. (Akk.-Werke, System Pollak, A. G. Frankfurt a/M.)	Herst. v. Elektroden	4. 11. 92	»
75 349	A. Oblasser und Ch. Théryc, Paris (Soc. Germano - Suisse Théryc-Oblasser, Freiburg, Schweiz	Verf. z. Herst. v. Elektrodenplatten	24. 11. 92	»
75 374	J. Kratzenstein, Hamburg	Auflockerung der Oberfl. v. gerifelten oder genuteten Elektrodenplatten	27. 6. 93	»
75 555	Dr. Scheinberger, Berlin (Moritz Engel, Wien)	Masse für Sammlerelektroden	12. 4. 93	»
76 683	G. E. Heyl, Berlin	Verf. z. Herst. d. Elektrodenplatt.	30. 5. 93	»
76 698	E. Franke, Berlin	Elektrodenplatte	26. 10. 93	»
76 704	H. Riquelle, St. Josse ten Noode, Belgien	Poröse Zelle f. el. Sammler u. dgl.	25. 11. 93	»
77 367	E. P. Usher, Grafton, Worcester, Mass.	Neuerung an gitterförm. Elektr.	16. 8. 92	»
78 865	W. A. Boese, Berlin	Verf. z. Herst. v. Akkum.-Platten	20. 9. 92	»
79 053	L. Lambotte, Brüssel	Elektrodengitter f. Säuresammler	2. 11. 93	»
79 855	Dr. J. Wershoven, Neumühl (Dr. J. Wershoven u. Bleiwerk Neumühl)	Elektrodenplatte m. Schutzdecke gegen Abfallen der Masse	3. 4. 94	»
80 201	H. Heinze, Berlin	Verfahren zur Herstellung von Elektroden	23. 5. 94	»

Patent Nr.	Erfinder (Inhaber)	Gegenstand	Datum d-Erteilg.	Bemerk.
80 420	Akk.-Werke, Hirschwald, Schäfer & Heinemann, Berlin (Watt - Akk.-Werke, A. G., Berlin)	Verf. z. Herstell. von Elektroden	18. 8. 93	
80 527	R. J. Gülcher, Charlottenburg (Gülcher-Akk.-Fbr. G. m. b. H., Berlin)	Bleielektroden m. gewebtem, gewirktem oder ähnlichem Träger aus nichtleitendem Stoff	31. 1. 94	gelöscht
81 033	E. P. Usher, Grafton, Mass.	Aufbau von el. Sammlern	21.11.93	»
81 080	P. J. G. Darrieus, Paris	Sammler m. Antimon oder dessen Salzen als wirks. Masse	3. 1. 94	»
81 524	P. Rosenthal und W. Gnesin, Moskau	Sammlerplatte f. Hintereinanderschaltung	24. 4. 94	»
81 837	A. J Smith, Kingston on Thames u. H. J. Wright, London	Verf. z. Herst. v. Platten oder Elektroden f. kl. Sammler	14. 7. 93	»
82 111	G. Hübner, Gernsbach, Baden	Füllungsmasse	4.10.94	
82 238	G. R. Blot, Paris (Compagnie des acc. électr. Blot, Paris)	El. Platte f. Planté-Sammler	24. 4. 94	gelöscht
82 711	Vicomte G. de Schrynmakers de Dormael, Brüssel	El. Sammler	6.10.94	»
82 787	Akk.-Werke Hirschwald, Schäfer und Heinemann, Berlin	1. Zus. zu 80420. Pos. Platten	18. 7. 94	»
82 792	(A. Heinemann, Charlottenburg in Firma Techn. Werke, Zehdenik)	2. Zus. zu 80 420	15. 9. 94	»
82 798	F. Dannert u. J. Zacharias, Berlin (Roderich v. Barby, Schöneberg)	Elektrodenplatte	22.12.94	»
82 956	Hess Storage Battery Comp., Springfield, Ohio	»	28. 8. 94	»
83 154	M. Enge u. F. Wüste (Moritz Engel, Wien)	Zus. zu 75555	25. 8. 94	»
83 858	G. Holub u. A. Dussek, Prag (G. Holub, Prag u. A. Kopecki, Pilsen)	V. z Herst. v. Elektrodenplatten	6. 2. 95	»
84 186	B. Danziger, Mannheim	V. z. Herst. haltbarer Elektroden	28. 2. 95	»
84 371	P. Ribbe, Berlin	Elektrodenplatte	12. 6. 95	»
84 423	C. Luckow, Köln-Deutz (Akk.Werke E.Schulz, Witten a. d. Ruhr)	Verf. z. Herst. v. Elektrodenplatt.	8. 6. 94	»
84 810	F. Dannert u. J. Zacharias, Berlin (Roderich v. Barby, Schöneberg)	Elektrode m. Entgasungseinricht.	14. 3. 95	»
84 925	J. Langelaan, Köln a/Rh.	Elektrodenplatte	6. 7. 95	»
85 053	W. A. Boese, Berlin	Verf. z. Herst. d. wirksamen Masse	19.12.93	»
85 827	J. A. Timmis, London	Elektrodenplatte	29. 1. 95	»
86 211	C. H. Weise, Pößneck	Verf. z. Herst. von Sammlerplatt.	28. 9. 94	»
86 237	M. Wuillot, Brüssel	Verf. z. Herst. von Elektroden	31. 1. 94	»
86 260	F. Dannert u. J. Zacharias, Berlin	Einbau der Platten	9. 8. 95	»

Patent Nr.	Erfinder (Inhaber	Gegenstand	Datum d. Erteilg.	Bemerk.
86 301	Dr. R. Nithack, Nordhausen	Verf. z. Herst. von Elektroden	19. 5. 95	gelöscht
86 465	W. A. B. Buckland, Grays Jnn Road, Midd. (Engl.)	Elektrodenrahmen	3. 4. 95	»
86 595	Dannert u. Zacharias (Roderich v. Barby, Schöneberg)	Zus. z. 84 810	11. 8. 95	»
86 623	Soc. Germano-Suisse de l'acc. et des procédés, Théryc-Oblasser, Freiburg, Schweiz	Zus. zu 75 349	11. 7. 95	»
87 040	C. A. Faure, Paris u. F. King, London (John Irving Courtenay, London)	Elektrode	28. 2. 95	»
87 152	El. Werke Triberg, C. Meißner & Co., Triberg i/B. (El. Ges. Triberg, G. m. b. H.)	Verf. z. Herst. d. wirksamen Masse	3.11.95	»
88 610	Dannert u. Zacharias (Roderich v. Barby, Schöneberg)	2. Zus. zu 84 810	25.10.95	»
88 722	El. Ges. Triberg, G. m. b. H.	Verf. z. Bindung der wirksamen Masse	26.11.95	»
89 421	C. Krecke, Salzuflen (Berl.Akk.-Fabr., G. m. b. H.)	Verf. z. Herst. v. Sammlerelektrod.	22. 2. 96	»
89 422				
89 512	H. Weise, Pößneck	Verf. z. Härtung v. pos. Platten	10. 4. 95	»
89 515	P. Ribbe, Berlin	Elektrodenplatte	8. 3. 96	»
90 193	R. Knöschke, Berlin, W. Eppenstein, Leipzig	Sammler mit schraubenförmigen Masseträgern	4. 9. 95	»
90 198	H. W. Headland, Leyton, Essex	Stabförm. Elektrodengitter	20. 2. 96	
90 354	H. Leitner, Berlin	Verf. zur Herst. zylinderförmiger Sammler	8.12.95	gelöscht
90 446	Dr. L. Lucas, Hagen i/W.	Verf. z Formierung von Sammlerplatten	18. 6. 96	
90 641	E. Commelin und R. Viau, Paris (Akk. Fabr., A. G., Berlin)	Sammler nach Art d. Gasbatterien	19. 4. 96	
90 868	Dr. W. Majert, Grünau b/Berlin	Verf. z. Herst. v. Akk.-Platten	24. 9. 95	gelöscht
91 050	J. Julien, Brüssel	Sammler m. zwei Flüssigkeiten	1. 4. 96	»
91 137	F. Schneider, Triberg	Elektrode	27. 5. 96	»
91 848	Dr. L. Höpfner, Berlin	Verf. z. elektrolyt. Herst. v. Elektroden. 2 Zus. z. 87 430 (11. 5. 95)	23. 7. 96	
91 970	F. Grünwald, Schöneberg (Akk.- u. El.-Werke, A. G., vorm. W. A. Boese & Co., Berlin	Dreiteilige Sammlerelektrode	9. 5. 96	
92 276	F. Dannert u. J. Zacharias, Berlin	Verf. z. Entfern. d. Bleisulfats aus Sammlerelektroden	19. 1. 96	gelöscht
92 328	Mouterde, Chavant & George, Lyon	Elektrodenplatten	11. 3. 96	»
92 438	F. Schneider, Triberg	Zus. z. 91 137	13.10.96	»
92 729	R. Linde, Berlin (Akk.Werke, System Linde, G. m. b. H.)	Verf. z. Bindung d. wirksamen Masse	17.10.95	nichtig
92 855	A. Heil, Fränkisch-Crumbach	El. Sammler m. Braunsteinkohle-Elektr. und chlorhaltigem Elektrolyt	21. 8. 96	gelöscht

Patent Nr.	Erfinder (Inhaber)	Gegenstand	Datum d. Erteilg.	Bemerk.
93 043	W. A. Boese, Berlin	Zus. z. 78865 betr. Ausführungs-form	9. 9. 94	gelöscht
94 138	Dr. W. Majert, Grünau b/Berlin (Dr. W. Majert und Fedor Berg, Berlin)	Gitterplatte	18. 8. 96	"
94 167	M. de Contades, Paris	Behälter z. Aufnahme d. pos. Elek-trode	9. 1. 97	*
95 188	F. Schneider, Triberg	2. Zus. z. 91137	2. 4. 97	*
95 269	W. Silberstein, Berlin (Techn. Werke Zeh-denick, A. Heine-mann)	Aus Holzkohle best. Schutzhülle f. Elektroden	4. 2. 97	"
95 787	Marschner & Co., Berl. (Sächs. Akk.-Werke, A. G., Dresden)	Verf. z. Herst. von Sammlerelektr.	26. 1. 96	
95 903	C. H. Boehringer Sohn, Nieder-Ingelheim a. Rhein	Verf. z. Herst. d. wirksamen Masse	4. 6. 96	gelöscht
96 019	B. Klüppel, Hagen i/W.	Preßverfahren z. Herst. von Elek-trodenplatten	30. 4. 96	"
96 082	L. Bomèl und Bisson, Bergès & Co., Paris	Neg. Elektrode f. Akk.	24. 6. 97	*
96 428	Mouterde, Chavant & George, Lyon	Geschlossenes Sek.-Elem. m. Füll-hals. Zus. z. 92328	16. 2. 97	'
96 429	El. Ges. Triberg, G. m. b. H.	Traggerüst f. Sammlerelektroden	6. 4. 97	"
96 663	J. Vaughan-Sherrin, London	Elektrode	13. 12. 96	"
97 104	A. Heil, Fränkisch-Crumbach	Herst. v. Bleigittern f. Sammler-platten	23. 7. 97	"
97 243	F. Dannert, Berlin	Blei-Zinksammler	14. 5. 97	"
97 454	W. B. Bary, W. Swi-atsky u. J. Wettstein, St. Petersburg	Verf. z. Herst. von Sammlerelektr.	2. 7. 97	*
97 821	Ch. Pollack, Frankfurt a/M.	Formierung v. Sammlerelektroden	10. 9. 97	"
98 274	P. Ribbe, Berlin	Elektrodenplatte, Zus. z. 89515	14. 11. 97	"
98 483	Dr. G. Böcker, Magde-burg	Leitender Träger und Form zur Herstellung desselben	30. 5. 97	"
98 513	W. H. Smith, Penge, Engl. u. W. Willis, London	Elektrodenplatte	30. 5. 97	"
99 006	G. W. Harris u. R. J. Holland, New York	Träger f. d. wirksame Masse	6. 1. 97	"
99 125	O. Siedentopf, Berlin	Verf. z. Herst. v. Elektrodenplatt.	18. 1. 98	"
99 543	W. Kraushaar, Neu-mühl, Rhld. (W. Kraushaar und Bleiwerk Neumühl, Morian & Co., Neu-mühl)	El. Sammler	10. 12. 97	"
99 544	W. A. Th. Müller, Brandenburg a/H. u. J. F. Wallmann, Ber-lin	Durch Gas regenerierb. Sammler-elektrode	19. 12. 97	"
99 572	Dr. E. Marckwald, Berlin	Herst. v. Elektroden	26. 11. 96	*
99 685	M. Darracq, Paris (Camille Brault, Paris)	Verf. z. Herst. einer homogenen aktiven Masse	31. 3. 97	"
100 131	Dr. Lehmann u. Mann, Berlin	Akk.-Platte	3. 8. 97	*
100 134	Henri Piper fils, Lüt-tich	Verf. z. Herst. v. Sammlerelektr.	19. 1. 98	"

Patent Nr.	Erfinder (Inhaber)	Gegenstand	Datum d. Erteilg.	Bemerk.
100 776	A. Tribelhorn, Buenos Ayres	El. Sammelbatterie	6. 11. 97	gelöscht
100 878	»Maarssen«, Akk.-Fabr. Maarssen, Holland	El. Sammler	4. 11. 97	»
100 971	Henri Piper fils, Lüttich	Aufbau v. Elektr., welche v. abw. übereinander gelegt., gewellt. und glatten, hohlkegelstumpfförm. Blechen gebildet werden	15. 1. 98	»
100 972	A. Werner, London	Erregerflüssigkeit f Sammelbatt.	18. 3. 98	»
101 026	S. Hammacher, Berlin	Verf z. Herst. aktiver Masse	12. 5. 98	»
101 359	P. J. R. Dujardin, Paris	El. Sammelbatterie	14. 1. 98	»
101 524	J. Julien, Brüssel	Verf. z. Herst. v Sammlerelektr. aus rückständ., mit Sulfat verunreinigtem Bleisuperoxyd	7. 1. 98	»
102 237	R. Limpke, Berlin	Schutzwände mit Gasabzugsschloten für Sammlerelektrode	28. 1. 98	»
102 457	E. Mérian, Brüssel	Sammlerelektrode	24. 3. 98	»
102 635	A. J. Marquand, Cardiff	Herst. v. Elektrodenplatten	1. 1. 98	»
102 636	A. Tribelhorn, Buenos Ayres	Doppelelektrode	17. 5. 98	»
102 637	The Porous Acc. Comp. Lim., London	Verf. z. Herst. v. Sammlerelektroden	8. 7. 98	»
103 044	O. Behrend, Frankfurt a/M. (Behrend Akk. Werk., G. m. b. H., Frankfurt a/M.)	Akk. m. Glaspulverfüllung i. d. Elektr.-Zwischenräumen	5. 3. 97	»
103 045	F. Faber, Elberfeld	Quecksilberkontakte z. schnellen Ausschaltung einzelner Zellen v. Sammlerbatterien	23. 6. 98	»
103 369	Ch. Alker u. Ph. Mennessier, Brüssel	El. Sammler	29. 7. 97	»
103 582	Crowdus Acc. Syndicate, Lim., London	Sammlerelektrode	27. 1. 98	»
103 583	Crowdus Acc. Syndicate, Lim., London	Verf. z. Herst. v. Bleischwammplatten f. Sammler	27. 1. 98	»
104 172	W. H. Smith und W. Willis, London	El. Sammler	31. 7. 98	»
104 231	Dr. C. Bennert, Godesberg b/Bonn	Herst. v. Sammlerelektroden	10. 8. 97	»
104 243	Akk. und El.-Werke, A. G., vorm. Boese & Co., Berlin	Sammlerelektrode	16. 2. 98	
104 665	O. Lindner, Brüssel	El. Sammlerbatterie	29. 5. 98	gelöscht
105 055	C. H. Boehringer Sohn, Nieder-Ingelheim a Rhein	Verf. z. Herst. wirksamer Masse	15. 7. 98	»
105 056		1. u. 2. Zus. zu 95 903	15. 7. 98	»
105 145	L. G. Leffer, Köln			
105 318	E. Goller, Nürnberg	Sammlerelektrode	23. 6. 98	»
105 568	A. Tribelhorn, Buenos Ayres	Herstellung von Sammlerplatten	27. 10. 98	»
105 843	W. W. Hanscom und A. Hough, New York	Verf. z. Herst. v. trogförm. gerippten Sammlerelektr.	1. 1. 99	»
106 027	A. Henneton, Lille	Verf. z. Herst. v. Sammlerplatten	11. 11. 97	»
106 028	P. Ribbe, Charlottenburg	Sammlerelektrode	21. 6. 98	»
106 233	Dr. H. Strecker, Köln	Elektrodenplatte. 2. Zusatz zu 89 515	26. 1. 99	»
106 762	A. Pallavicini, Berlin	Verf. z. Herst. v. pos. Masseplatten	14. 10. 98	»
107 513	Frl. W. Graeber, Basel (Theodor Haaß, Muttenz b/Basel	Sammlerelektrode Elektrode mit nachgiebigem Metallrahmen	17. 2. 99 6. 12. 98	» »
107 514	H. Mildner u. O. Pieschel, Löbtau bei Dresden	Elektrode für Stromsammler	20. 12. 98	»

Patent Nr.	Erfinder (Inhaber)	Gegenstand	Datum d. Erteilg.	Bemerk.
107 725	v. d. Poppenburgs Elem.u. Akk., Wilde & Co., Hamburg (Hamann & Co., Hamburg)	Trogförm. Masseträger f. Sammlerelektroden	2. 6. 98	gelöscht
107 726	A. Heinemann, Berlin	Verf. z. Herst. wirksamer Masse	12. 6. 98	»
107 727	Akk.- Werke, System Pollak, Frankf. a/M.	Sammlerelektrode aus Eisen	17. 8. 98	»
107 728	F. Faber, Elberfeld	Zus. z. 103 045	23.12. 98	»
108 167	F. Heimel, Wien	Sammlerelektrode	17. 5. 98	»
108 377	C.Tiefenthal, K.Meyer u. F. Neblung, Velbert, Rhld.	Herst. gelochter Bleielektroden durch Prägung	9. 8. 98	»
108 632	v. d. Poppenburgs Elem.u. Akk., Wilde & Co., Hamburg (Hamann & Co., Hamburg)	Sammlerelektrode	16.11. 98	»
108 921	Dr. E. Andreas, Dresden(Louis Paul&Co., Radebeul b/Dresden	Verf. z. Herst. v. Sammlerelektr.	19. 3. 99	»
109 235	J. Gawron, Schöneberg	Sammlerelektrode	11.12. 98	»
109 236	C. Brault, Clichy, Seine, Frankreich	Herst. einer homogenen wirksamen Masse	22.12. 98	»
109 489	Felix Landé, Edmund Levi, Berlin	Sammler m. Magnesiumelektrod.	28. 1. 99	»
109 490	J. G. Hathaway, London (Taipo Acc. Co., Lim., Chelsea, Engl.)	Verf. z. Herst. von Elektrodenplatten	16. 2. 99	»
109 881	v. d. Poppenburgs E. u. A., Wilde u. Co., Hamburg (Hamann & Co., Hamburg)	Trogförmige Masseträger. Zus. z. 107 725	5. 4. 99	»
110 228	Dr. H. Beckmann, Witten	Verf. z. Herst. einer haltbaren Schicht v. Bleisuperoxyd auf Sammlerelektroden	20. 5. 99	»
110 929	W. M. Mc. Dougall, East Orange, New Yersey (W. M. Mc. Dougall u. van Buren Lamb, New Haven, V. St. A.	Elektrode mit Masseträger aus Isolierstoff	20. 6. 99	»
111 280	Dr. R. v. Grätzel, Köpenik	Masseträger f. Sammlerelektroden	29.10. 99	»
111 264	Sächs. Akk.-Werke, A. G. Dresden (Louis Paul & Co., Radebeul b/Dresden	Elektrode aus übereinanderlieg. Blechstreifen	16. 5. 99	»
111 404	v. d. Poppenburgs El., Wilde & Co., Hamburg (Hamann & Co., Hamburg)	Überzug f. d. gleichz. z. Stromableitung dienenden Masseträger	5. 4. 99	
111 405	O. Behrend, Frankfurt a/M. (Behrend, Akk.-Werke, G. m. b. H., Frankfurt a/M.	Isolationsplatte f. Sammlerelektroden	18. 4. 99	gelöscht
111 575	D. Tommasi, Paris	Sammlerelektrode	31. 1. 99	»
111 576	E. L. Lobdell, Chicago	Isolationsplatte f. Elektroden	24. 5. 99	»
111 734	R. Goldstein, Berlin	El. Sammlerbatterie	18. 4. 99	»
112 111	E. L. Lobdell, Chicago	Sammlerelektrode	24. 5. 99	»

Patent Nr.	Erfinder (Inhaber)	Gegenstand	Datum d. Erteilg.	Bemerk.
112 112	E. L. Lobdell, Chicago	Ableitungsplatte f. Sammlerelektroden	24. 5. 99	gelöscht
112 113	Ch. Pollack, Pau, Frankreich	Einbau v. Elektroden unter Verwendung von Stützscheiben	3. 8. 99	»
112 351	T. Ritter v. Michalowski, Krakau	Sekundärelement	19. 4. 99	»
112 888	H. Schloss, Berlin	Verf. z. Herst. v. Sammlerelektr.	29. 1. 99	»
113 207	A. Ricks, Berlin	Sammlerelektr. mit Masseträger aus nichtleitendem Stoff	10.10. 99	»
113 725	Th. Bengough, Toronto, Kanada	Sammlerelektrode	22. 7. 99	»
113 726	E. W. Jungner, Stockholm (Köln. Akk.-Werke, Gottfried Hagen, Kalk b/Köln	Verf. z. Herst. pos. Elektr. f. Akk. m. unveränderl. Elektrolyt.	26. 8. 99	»
114 026	C. Silber, Berlin (Joh. v. d. Poppenburg, Charlottenbg.)	Sammlerelektrode	4.10. 99	
114 484	R. Käs, Wien	»	17. 5. 99	gelöscht
114 485	S. Y. Heebner, Philadelphia	»	18. 7. 99	»
114 905	E. W. Jungner, Stockholm	Herst. negativer Elektr. f. Akk. m. unveränderl. Elektrolyt.	19.11. 99	»
115 006	Akk. u. El.-Werke, A. G., vorm. Boese & Co., Berlin	Sammlerelektrode. Zus. z. 104 243	7. 3. 00	
115 336	J. Skwirsky, Warschau	Elektrizitätssammler	16.11. 98	gelöscht
115 337	H. Leitner, London	Zelle z. Formieren von Sammler-Elektroden	4. 6. 99	
115 953	A. Tribelhorn, Zürich	El. Sammlerbatt. m. gefäßförm. Elektroden. Zus. z. 100 776	16. 2. 00	gelöscht
116 456	P. Marino, Brüssel	Erregerflüssigkeit f. Bleiakkumulatoren	21.12. 98	»
116 469	A. Ricks, Berlin	Herst. v. Elektroden m. aus nicht leitendem Stoff bestehenden Masseträgern	20.10. 99	
116 470	» » »	Zus. z. Pat. 116 469	28.11. 99	
116 923	Dr. J. Myers, Hoorn	Herst. v. Elektr. durch Pressen von nassem Bleischwamm	19. 2. 99	gelöscht
116 924	Köln. Akk.-Werke, Gottfr. Hagen, Kalk b/Köln	Herst. v. d. Gasabzug erleichternden, m. schmalen, eng aneinanderliegenden Rippen versehenen Sammlererektroden	27. 7. 99	
117 749	E. Topp, Berlin (Internat. Patentbureau, Rich. Lüders, Zivilingen., Görlitz)	Sammlerelektrode	3. 2. 99	»
117 925	Stendebach, Leipzig u. Reitz, Dewitz b. Taucha	Verf. z. Herst. von Elektroden	10. 9. 99	»
118 088	A. Müller, Hagen	Verf. z. Herst. v. neg. Pol-Elektr.	12. 3. 99	»
118 666	Dr. C. Heim, Hannover	Verf., beim Betriebe die Kapazität v. el. Blei-Sammelbatt. erheblich zu steigern	18. 2. 00	»
118 670	V. Chaval u. J. Lindemann, Brüssel	El. Sammler	5. 8. 99	»
119 215	P. Ribbe, Charlottenburg	Elektrode aus gefaltetem Metallblech	22. 3. 00	
120 808	L. David, Barcelona	Elektrode, deren Masseträger aus überein. in Abständen angeordn., eben- oder rinnenförm. Bleiplättchen besteht	27. 9. 00	gelöscht
120 926	E. Perrot, Nantua, Frankr.	Herst. v. Elektroden mit flüssigplastischer Masse	5.11. 99	»

Patent Nr.	Erfinder (Inhaber)	Gegenstand	Datum d. Erteilg	Bemerk.
121 340	P. Marino, Brüssel	El. Sammler m. dicht überein-anderlieg., durch poröse Isol-Platten voneinander getrenn-ten Elektroden	29. 12. 99	gelöscht
121 527	M. Hirschlaff und J. Mücke, Berlin	Verf. z. Herst. v. Sammlerelektr.	14. 12. 99	»
122 146	Ch. P. Kjaer, Zehde-nick	Schutzhülle aus Torf f. Sammler-elektroden	21. 9. 99	»
122 148	P. Marino, Brüssel	Zus. z. 121 310	14. 7. 00	»
122 490	R. Goldstein, Berlin	Pos. Elektrode	26. 6. 00	»
122 880	J. Myers, Hoorn	Sammlerelektrode	14. 11. 99	»
122 884	A. Poetzold, Kopen-hagen	Verf. z. Herst. v. Akkumulator-platten	10. 1. 00	«
123 512	J. J. Heilmann, Paris (Ruphy & Co , Paris)	Verf. z. Herst. v. Sammlerelektr.	5. 10. 00	»
124 515	C. Bruno, Rom	Sammlerelektrode	7. 10. 99	
124 516	S. L. Wigand, Phila-delphia	Zweipolige Sammlerelektrode	6. 6. 00	gelöscht
124 518	L. Bomel u. Bisson, Bergès & Co., Paris	Neg. Elektrode f. Zinksammler. Zus. z. 96 082	30. 9. 00	»
124 786	V. Jeanty, Paris	Elektrode aus kleinen streifenar-tigen Teilelektroden	16. 5. 00	»
124 787	Sächs. Akk.-Werke, A. G., Dresden (Louis Paul & Co., Radebeul b/Dresden	Formationsverf. f. pos. Elektroden ohne Pastung	24. 5. 00	»
125 306	}Knickerbocker Trust	Sammlerelektrode	14. 6. 99	»
125 307	} Company, New York	Zus. z. 125 306	14. 6. 99	»
125 651	A. Tribelhorn, Olten, Schweiz	Zweipol. Elektr. m. v. ein. Rahmen umschlossenem Masseblock	23. 5. 00	»
125 817	P. Marino, Brüssel	Isolationsplatte aus Holz z. Tren-nen d. Elektroden u. z. Fest-halten d. wirksamen Masse	14. 7. 00	
126 422	R. Knöschke, Leipzig-Gohlis	Elektrodenmasse f. Stromsammler	4. 8. 99	gelöscht
126 604	W. W. Hanscom und A. Hough, San Fran-cisco	Verf. z. Herst. negat. Elektroden f. el. Sammler	21. 10. 99	»
126 800	M. de Contades, Paris	Pos. Elektrode. Zus. z. 94 167	15. 5. 00	»
127 203	J. Garassino, Turin	Elektr. m. Masseträger aus ge-lochtem Metallblech, der die wirksame Masse kastenartig umschließt	31. 5. 00	»
127 274	Fr. Vörg, München	Elektr. m. gitterart. durchbroch. u. v. Rahmen umschlossenem Masseträger	1. 4. 00	»
127 275	Sächs. Akk.-Werke, A. G., Dresden Louis Paul & Co., Radebeul b/Dresden	Formierflüss. f. aus Blei beste-hende Elektrod. ohne Pastung	24. 5. 00	»
127 482	Schweiz. Akk.-Werke Tribelhorn, A. G., Olten, Schweiz	Herst. v. doppelpoligen Gefäßel. v. bedeutenden Größenverhält-nissen	18. 4. 00	»
127 662	T. Ritter v. Micha-lowski, Krakau	Verf. z. Herst. v. Nickeloxydelektr. bei alkal. Zinksammlern	29. 5. 00	»
128 033	J. Hofmann, Berlin	Regenerierung d. pos. aus Blei-superoxyd best. Elektrode	27. 1. 00	»
128 377	A. Bainville, Nanterre, Frankreich	Elektrode, welche aus senkrech-ten, am oberen Ende an einem gemeinsamen Quersteg befes-tigten Stäben mit massivem Kern und von diesem strahlen-förmig ausgehenden Längs-lamellen besteht	26. 4. 01	»

13 *

Patent Nr.	Erfinder (Inhaber)	Gegenstand	Datum d Erteilg.	Bemerk.
128 974	T. v. Michalowski, Krakau	Erregerflüssigkeit	11. 8. 01	gelöscht
130 808	W. J. Jackson, Philadelphia	Sammlerelektr., deren Masseträger aus einer Antimonbleiplatte m. aus ders. ausgestanzten und nach d. Breitseiten zurückgebogenen Lappen besteht	29. 11. 00	»
130 809	J. J. Courtenay, London	Herst. v. Bleischwammplatt. durch elektrolyt. Reduktion v. Bleisuperoxydplatten	23. 12. 00	»
130 916	W. J. Jackson, Philadelphia	Zus. z. 130 808 ... mit seitlich gebogenen Lappen	29. 11. 00	»
130 917	O. R. Schulz, Berlin	Sammlerelektr. aus ein. wellenförmig zusammengefalteten Bleiblech und Verf. z. Herstelung derselben	17. 3. 01	»
131 094	J. H. W. Oelkers, Leutzsch-Leipzig (Rich. Ahnert, i. Fa. Semmler & Ahnert, Regis b/Leipzig)	Elektrode, bei welcher die von einem Leiter durchzog. Masseplatte von einem jalousieartig gestaltet Behält. umgeben ist	24. 1. 01	»
132 330	Dr. R. Gahl, Hagen i/W.	Herst. v. Silberelektr. für alkal. Stromsammler	2. 6. 01	»
132 450	Dr. F. Peters, Westend-Berlin	Formierung pos. Planté-Elektr. unter Anwend. verdünnt. Ammoniaklösung	21. 6. 01	»
132 624	Donato Tommasi, Paris	Elektrode, deren Masseträger aus von einem Metallrahmen umschlossenen, durch kleine Zwischenräume von einander getrennt. Metallamellen besteht	26. 1. 01	»
133 902	Intern. Patent- u. Maschinen-Ex- u. Importgesch., Richard Lüders, Görlitz	Trennungsgitter für Elektrodenplatten	24. 7. 00	»
134 175	Dr. Z. Stanecki, Lemberg	Herst. v. sehr porösen u. steinharten Sammlerplatten	2. 4. 99	
134 701	Knickerbocker Trust-Comp., New York	Herst. v. Sammlerplatten durch Zusammenpressen v. fein zerteiltem Blei	25. 3. 00	
136 152	Fr. W. Bühne, Freiburg i/Br.	Herst. v. Sammlerelektroden	28 8. 00	
136 187	Auguste F. Beyer, Paris	Pos. Elektrode	17. 8. 01	gelöscht
136 642	Th. F. A. Hansen u. C. Ch. F. F. Petersen, Kopenhagen	El. Sammler	7. 3. 01	»
137 076	Karl Luckow jr., Köln (Karl Luckow sen., Köln)	Verf. z. Herst. v. Elektroden	12. 10. 99	»
137 142	Th. A. Edison, Llewellyn Park, V. St. A.	Elektr. bei welcher i. d. größeren Durchbrechungen einer metall. Tragplatte m. wirksamer Masse gefüllte Behälter aus Metall d. Stauchung festgepreßt sind	22. 5. 01	
137 930	Schweiz. Akk.-Werke, Tribelhorn, A. G., Zürich	Verf. z. Beschleunig. d Diffusion b. elekt Stromsammlern	30. 4. 01	gelöscht
138 228	Dr. Fr. W. Schmidt-Altweg, Frankfurt a/M.	Herstellung der wirksamen Masse	9. 7. 01	»
138 328	O. Behrend, Frankfurt a/M.	Doppelwandiges Schutzgehäuse aus nichtleitendem Stoff für Sammlerelektroden	17. 1. 02	»

Patent Nr.	Erfinder (Inhaber)	Gagenstand	Datum d. Erteilg.	Bemerk.
138 794	Wilhelm Kraushaar u. Bleiwerk Neumühl, Morian & Co., Neumühl, Rheinl.	Elektrode ohne Pastung aus Bleiplatte m. dünnen Rippen oder Lamellen zu beiden Seiten, welche durch Schnitte unterteilt sind	24.11.01	gelöscht
139 169	Paul Benda, Berlin	Herst. einer wirksam. Masse für Sammlerelektroden	30. 5. 01	»
139 170	Akk. u. El.-Werke, A. G., vorm. W. A. Boese & Co., Berlin	Herstellung v. Elektroden, Zusatz zu 123 832	1. 5. 02	
139 630	Adolf Wilde, Glinde b/Hamburg	Elektr. aus neben- oder übereinander angeordneten gerippten Streifen v. leitendem Stoff	3. 8. 00	gelöscht
139 805	Albert Ricks, Berlin	Herst. v. Elektrodenplatten mit aus nicht leitendem Stoff best. Masseträger. Zus. z. 116 469	1. 2. 02	
140 139	Fa. Konrad Tietze, Berlin	Elektr. m. zickzackartig gestalt. u. m. Durchbrechungen versch. leitenden Masseträger	15. 3. 01	gelöscht
141 729	H. K. P. Barham, Portsmouth	Sammlerbatt. m. übereinan. lieg. Elektroden, von denen jede aus abwechselnden Lagen von Bleiblech u. wirksamer Masse besteht	24.11.01	»
142 057	Dr. Karl Auer v. Welsbach, Wien	Erregerflüssigkeit	27.11.00	»
142 097	Paul Chapuy & Co., Vincennes	Herst. künstl. Bimssteins von bestimmter Porosität, besonders für elektrische Sammler	16. 2. 01	
142 098	Th. A. Edison, Llewellyn Park, V. St. A.	Elektrodenplatte f. alkal. Zinksammler	9.10.01	
142 099	Fa. Konrad Tietze, Berlin	Elektr., deren den Masseträger bedeck. wirks. Masse durch tiefe, V-förmige, rinnenartige Aussparungen unterbrochen wird	20. 3. 02	gelöscht
142 714	Dr. R. Gahl, Hagen i/W.	Herst. v. Nickeloxydelektroden	6.12.00	»
142 868	Hugo Weise, Weida i/Th.	Hohle Elektr., teils als Planté-, teils als Faureelektr. ausgebild.	9. 3. 01	»
143 629	Dr. H. Celestre und Chevalier F. Gondrand, Mailand	Herst. v. gleichzeit. als Planté- u. Faure-Elektrod. verwendbaren Sammlerelektr. m. d. wirksam. Masse bedeckenden durchlässigen Metallhüllen	15. 9. 01	»
143 694	Ch. Pr. Elieson und Wl.de Bobinsky, Paris	Elektrode f. elektr. Sammler	3. 5. 01	»
144 492	The Albion Battery Comp.. Lim., London	Herst. der wirks. Masse für Bleisammlerelektroden	10. 1. 02	»
145 620	Adolf Wilde, Glinde b/Hamburg	Sammlerelektrode aus neben- od. übereinander angeord Streifen v. leitend. Stoff, Zus. z. 139 630	25. 6. 01	»
145 904	Hugo Weise, Weida i/Th.	Prismat. Elektr , teils als Planté-, teils als Faure-Elektr. ausgeb. Zus. z. 142 868	9. 3. 01	»
146 063	Henry Danzer, Paris	Elektroden, deren Masseträger aus ein. m. Vorsprüngen versehen., durchbroch. Metallplatte best.	24. 7. 02	»
147 459	Knickerbocker Comp., New York	Aufsaugestoff f. d. Elektrolyten v. elektrischen Sammlern	25. 3. 00	»
147 468	Th. A. Edison, Llewellyn Park, V. St. A.	Elektrode, m. d. akt. Masse beigemischtem Graphit	6. 2. 01	
147 659	Dr. H. Celestre u. Fr. Gondrand, Mailand	Herst. v. Sammlerplatten aus Bleioxydmasse	21. 4. 01	gelöscht

Patent Nr.	Erfinder (Inhaber)	Gegenstand	Datum d. Erteilg.	Bemerk.
147 979	Knickerbocker Trust Compauy, New York	Aufsaugstoff f. d. Elektrolyten	25. 3. 00	gelöscht
150 620	Leon Lejeune, Thury-Harcourt, Frankr.	Verf. z. Formierung v. pos. Polelektroden n. Planté	5. 10. 02	
150 880	Joh. v. d. Poppenburg, Charlottenburg	Herst. v. Sammlerelektrod. mit Rahmen aus nichtleitend. Stoff und in d Rahmen befestigtem Stromleiter	5. 4. 03	*
151 351	Adolf Müller, Berlin	Elektrod. m. d. wirks. Masse einschließender Umhüllung	20. 8. 03	
151 446	Th. A. Edison, Llewellyn Park, V. St. A.	Elektrod. m. i. d. Öffn. v. Gitterplatten eingesetzten, d. wirksame Masse einschließenden Behältern	7. 1. 03	
152 177	Th. A. Edison, Llewellyn Park, V. St. A.	Metallgefäß m. gewellten Wänden f. el. Sammler	7. 1. 03	
152 630	A. Meygret, Paris	Herst. v. durchlochten, m. isolierendem, feinlöcherigem Überz. verseh. Elektroden	27. 6. 01	gelöscht
153 098	Pflüger-Akk.-Werke, A. G., Berlin	Herst. v. Elektrod. m. d. wirks. Masse durchziehenden Kanälen	30. 10. 03	
153 139	Akk.-Fabrik, A. G., Berlin	Herst. negat. Elektr. unter Verw. v. aufquellb. wirksamer Masse	20. 3. 02	
154 224	Max Schneider, Dresden-Plauen	El. Sammler	23. 1. 03	gelöscht
154 357	Henry C. Porter, Waukegan, V. St. A.	Verf. z. Herst. einer Sammlerplatte	20. 3. 02	*
155 105	R. Goetze, Berlin	Herst. versandfähiger, in Bleischwammplatt. umgewandelter und daraus durch Formation wieder zu erhalt. pos. Elektrod.	13. 6. 02	
156 713	Th. A. Edison, Llewellyn Park, V. St. A.	Elektr. m. d. wirks. Masse beigemischtem, schuppigem Graphit Zus. z. 147 468	22. 5. 01	
157 195	Dr. J. Diamant, Raab, Ungarn (Akk.-Werke Witten G. m. b. H.)	Verf. z. elektrolytischen Erzeug. v. Bleisuperoxydschichten auf Großoberflächenplatten f. el. Sammler	26. 3. 03	
157 290	Th. A. Edison, Llewellyn Park, V. St. A.	El. Sammler m. unveränderlich. alkalischem Elektrolyten	6. 2. 01	
158 800	Kölner Akk.-Werke, Gottfried Hagen, Kalk b/Köln (Fa. Gottfr. Hagen)	Aus Metalloxyden od. Oxydhydr. m. Zusatz v. Graphit i. Form v. kl. Körnern od. Schuppen besteh. wirks Masse f elek S. m. unveränderl. Elektrolyten	17. 10. 03	gelöscht
159 393	Dr. M. Roloff u. H. Wehrlin, Hagen i/W.	Nickelektrode f. alkal. el. Sammler	7. 6. 03	
160 068	Fa. Konrad Tietze, Berlin	Elektr. b. welcher auf beid. Seit. einer Mittelplatte gegenein. versetzt angeord., v. oben nach unten verlaufende Rippen u. zwischen diesen u. d. Mittelpl. angebr. Lamellen e. zickzackförm. Begrenzung bedingen	5. 2. 04	gelöscht
160 673	Adolf Wilde, Glinde b/Hamburg	Zus. z. 139 630	25. 6. 01	*
161 802	Kölner Akk.-Werke, Gottfr. Hagen, Kalk b/Köln (Fa. Gottfr. Hagen, Kalk b/Köln)	Verf. z. Steigerung d. Wirksamkeit v. Elektrodenmassen a. schwer leitenden Metalloxyden oder -Oxydhydrat.b.Stromsammlern m. unveränderl. Elektrolyten	13. 11. 03	
162 199	Dr. Max Roloff, Halle a/S.	Herst. d. wirksamen Masse f. neg. Elektroden alkal. Sammler u. Verwend.v.Eisenhammerschlag	13. 8. 03	

Patent Nr.	Erfinder (Inhaber)	Gegenstand	Datum d. Erteilg.	Bemerk.
162 200	H. Wehrlin, München	Elektr. m. v. einem feingelochten aus leitend. Stoff besteh. Träger umschlossener wirks. Masse.	23. 8. 03	
162 947	C. de Sedneff, Paris	Verf. z. Herst. v Sammlerelektr.	6. 5. 03	
163 170	Dr. E. W. Jungner, Stockholm (Kölner Akk.-Werke, Gottfried Hagen, Kalk b/Köln)	Verf. z. elektrolyt. Vergröß. der Oberfl v. Masseträgern a. Eisen, Nickel od Kobalt f. Elektr. in alkal. Sammlern	21. 4. 01	gelöscht
163 342	Th. A. Edison, Llewellyn Park, V. St. A.	Neg. Elektrod. f. el. Sammler m. alkal. Elektrolyt	7. 1. 03	
163 522	Pflüger-Akk.-Werke, A. G., Berlin	Verf., um Masseplatten für elektr. Sammler aus einzelnen von einer Schutzhülle umgebenen Stücken zusammenzusetzen	19. 1. 04	gelöscht
163 523	Pflüger-Akk.-Werke, A. G., Berlin	Dasselbe, mittels eines a. gemeins. Hülle dienenden Bleches zusammenzusetzen	19. 1. 04	»
165 232	J. Bijur, Borough of Manhattan, V. St. A.	Aus Streifen zus. gesetzte Elektrodenplatte f. Sammler mit Plantéformation	28.10.03	
165 233	Kölner Akk.-Werke, Gottfr. Hagen, Kalk b/Köln (Fa. Gottfr. Hagen)	Zwischenlage zur Trennung der Elektr alkal. Sammler unter Verwend. v. Zellulosederivaten	3. 8. 04	gelöscht
166 086	L. N. J. Roselle, Paris	Sammlerplatte m. ausdehnbarem Masseträger	{16.11.04 (Prior. 16.11.03)}	
166 316	Albert Ricks, Groß-Lichterfelde	Aufbau v. Sammlern m. Elektr. der durch Pat. 139 805 gesch Art	16. 7. 04	gelöscht
166 369	Th. A. Edison, Llewellyn Park, V. St. A.	Nickelsauerstoffverbind. enthalt., u. m. besser leit. Stoffe i versetzte wirksame Masse f. pos. Elektr. alkal. Sammler	11.12.04	
170 540	Th. A. Edison, Llewellyn Park, V. St. A.	Herst v. elektrolyt. wirksam. fein verteiltem Eisenmaterial f. neg. Elektroden von Sammlern m. alkal. Elektrolyten	7. 1. 03	
170 558	Kölner Akk.-Werke, Gottfr. Hagen, Kalk b Köln (Fa. Gottfr. Hagen)	Metallischer Zus. z. wirks. Masse alkal. Sammler	12.11.04	gelöscht
170 644	R. Darling, Rye, New York u. L. Chronik, New York	Herst. v. Elektr. aus übereinan. geschichteten gewellten Bleiplatten und deren Abstand sichernd. Zwischenscheiben	12. 5. 03	»
173 344	L. A. Génard, Paris	El. Sammler m. konzentr. inein. stehenden hohlzylindr. Elektr.	17.12.02	»
173 345	Frz. Schaeffer, Berlin (Berl. Akk.-Werke, G. m. b. H., Berlin)	Sammlerelektrode, insbesond. f. Taschensammler	28. 2. 04	
173 614	Fr. Gondrand u. Dr. K. Celestre, Mailand	Verf. Sammlerelektr. durch Ineinanderfalt. v. Bleistr. herzustell.	16. 4. 03	gelöscht
173 615	W. Gardiner, Chicago	Aus wellenförm. dicht zus. gefalteten Bleiplatten best. Sam.-Elektrode	26. 2. 05	»
174 675	Karl Luckow, Köln (Allgem. Telephon-Ges. m. b. H., Köln	Verf. z. Regenerier. el. Sammler, d. infolge Verunrein. (Sulfat) oder Schrumpfung d. wirksam. Masse oder aus and. Gründen Kapazitätsschwund zeigen	11. 5. 04	
174 676	Th. A. Edison, Llewellyn Park, V. St. A.	El. Sammler m. alkal. Elektrolyt, dessen neg. Elektr. ein in d. Elektrolyten unlösl. hochoxydierbares Metall als wirks. Mass.	7. 1. 03	

Patent Nr.	Erfinder (Inhaber)	Gegenstand	Datum d. Erteilg.	Bemerk.
175 213	M Schneider, Dresden (Schl. Akk.-Werke A. G. Breslau)	Pos. Elektr. f. el. Sammler aus Metall-Lamellen gemäß Pat. 154224 gebildet	21. 5. 05	
176 064	Fabre u. Schmitt, Paris	Verringerung d. inn. Widerst. d. pos. Elektrode elek. Sammler, d. aus losen Massekörnern in nichtleit. Hülle gebildet	8. 4. 04	
176 393	Dr. F. E. Polzeniusz u. Dr. R. Goldschmidt, Brüssel	Elektrolyt. Herst. porös. Zink-platten f. Sammler m. unver-ändrl. alkal. Elektrolyten	1. 5. 04	
177 216	W. Morrison u. Ch. C. Bulkley, Chicago	Sammlerelektr. aus rostförmigen unter Zwischenschaltung por. Einlagen in einem Rahmen horiz. überein. geschichteten und m. wirks. Masse gefüllten Plattenelementen	21. 2. 05	
177 218	E. L. Oppermann, London	Herst. v. Sammlerplatten durch Vermisch. d. wirks. Masse m. solchen Stoffen, welche, wie tier. Haare, Wolle, im Betrieb d. Elem. v. selbst wieder ent-fernt werden	4. 4. 05	
177 772	Th. A. Edison, Llewellyn Park, V. St. A.	Verf. z. Auffrischung v. m. Graphit od. anderen unlösl. leitenden Material versetzten wirksam. Massen alkal. Sammler	11.12.04	
178 855	G. M. Zingel, London	El. Sammlerbatt m doppelpolig. Elektrodenplatten	4.11.05	gelöscht
179 277	Th. A. Edison, Llewellyn Park, V. St. A.	Verf. u. Einricht. z. Abscheidung d. El.-Flüssigkeit aus den im Akk. entwickelten Gasen	7. 1. 03	
179 278	Th. A. Edison, Llewellyn Park, V. St. A.	Zus. z. 179277	11.12.04	
179 808	Akk.-Fabrik, A. G., Berlin	Verf. z. Erhaltung oder Wieder-herst der Kapazität v. Akkum.	4. 2. 04	
180 220	G. Dreihardt, Hamburg Elmsbüttel	Sammlerelektr. für Quecksilber-kont.	11. 6. 05	gelöscht
180 221	Gülcher, Akk.-Fabrik, G. m. b. H., Berlin	Umhüllung aus aufsaugfähigem Stoff f. el. Taschensammler	10.12.05	
180 672	Th. A. Edison, Llewellyn Park, V. St. A.	Herst. v. Sammlerelektr aus Eisen bzw. Eisensauerstoffverbind.	6. 2. 01	
180 694	F. Treibel, Berlin	Beseitigung des Bodensatzes aus Akk. m. Hilfe eines Injektors	10. 2. 05	gelöscht
182 659	Ch. Pr. Elieson, Paris	Herst. v. Sammlerplatten aus ab-wechs glatten und gewellten Bleistreifen	23. 1. 04	
183 810	A. E. Knight, Sommerville, V. St. A.	Einricht. bei el. Samml. z. Verh. von Kurzschlüssen zw. benach-barten Platten	9.11.05 (Prior. 16.11.04)	
183 866	H. W. Fuller, New York	Pos. Elektr. f. el. Sammler	14. 6. 05	gelöscht
184 148	Akk.-Fabrik, A. G., Berlin	Aufbau v. Sammlerelementen	3. 6. 05	"
184 388	Karl Bergmann, Oberschöneweide b/Berlin	Herst. v. Trockenfüllungen f. el. Sammler durch Mischung von Natronwasserglaslösung und Schwefelsäure	17. 2. 06	
184 696	Dr. J. Diamant, Raab, Ungarn	Verf. z. Erhöhung d. Lebensdauer von Bleischwammplatten	24. 1. 06	
186 591	Akk.-Fabrik, A. G., Berlin	Verf. z. Erhaltung u. Wiederherst. d. Kapazität el. Sammler Zus. z. 179805	15. 9. 05	
187 734	Nya Akkum. Actie-bolaget Jungner, Stockholm	Verf. z. Herst. v. Eisen-, Nickel-u. Kobalt-Elektroden	24. 3. 06	

Patent Nr.	Erfinder (Inhaber)	Gegenstand	Datum d. Erteilg.	Bemerk.
188 567	Akk.-Fabrik, A. G., Berlin	Verf., die Kapazität v. Bleisammlern stetiger zu erhalten	6. 5. 04	
188 759	Dr. H. Bründelmayer, Hagen i/W.	Verf. z. elektrolyt. Herstell. poröser Zinkplatten f. el. Sammler m. unveränderl. Elektrolyt	29. 11. 06	
188 967	Akk.-Fabrik, A. G., Berlin	Wie bei 188 567. Zus. zu diesem Patent		
188 968	Akk.-Fabrik, A. G., Berlin	Desgl. und die in ihrer Kapaz. zurückgegangenen Sammler wieder auf eine höhere Stufe zu bringen. Zus. z. 188 567	24. 8. 04	
189 175	W. Hagen, Crengeldanz i/W.	Sammlerelektrode	7. 4. 05 27. 1. 06	
189 630	Nya Akk. A. G. Jungner, Stockholm	Verf. z. Herst. v. Elektrod. für Sammler m. alkal. Elektrolyt	12. 6. 06	
190 106	A. Dinin und M. C. Schoop, Puteaux, Frankreich	Elektrode f. alkal. Eisen-Nickeloxydsammler	8. 12. 05	
190 263	Th. A. Edison, Llewellyn Park, V. St. A.	Verf. z. Herst. v. aus Eisen bzw. Eisensauerstoffverbind. best. Elektrod.	22. 5. 01	
190 269	Akk.-Fabr. A. G., Berlin	Einricht. z. Abführ. d. Knallgases aus el. Sammler-Batt. durch Überführung v. Luft	28. 1. 06	
191 304	G. K. Hartung, New York	El. Sammler m. i. senkr. steh. Rahmen a. Isol.-mat. wagr. überein. angeordn. stabförm. Elektr.	15. 8. 05	
191 305	Nya Akk. A. G. Jungner, Stockholm	Mat. f. d. Träger der wirksamen Masse, sowie f. Gef. u. Kontaktvorr. f. Samml. m. unveränderl. alkal. Elektrolyt	22. 6. 06	
192 675	Dr. M. Roloff und H. Wehrlin, Hagen i/W.	Verf. z. Herst. der i. d. Nickelelektr. gem. Pat. 159393 enth. wirks. Nickelverb.	25. 11. 06	
193 108	Nya Akk. A. G. Jungner, Stockholm	Verf. z. Herst. d. Kapaz. v Kitt-Elektrod. f. el. Samml. m. alkal. Elektrolyt	6. 10. 06	

Anhang II.

Verzeichnis der hauptsächlichsten Werke, die für Primär- und Sekundärelemente in Betracht kommen.

Alfred Niaudet. Traité élementaire de la pile électrique. Paris, Liège 1878. 3° éd. p. H. Fontaine, Paris 1885.

Alfred Niaudet. Die galvanischen Elemente von Volta bis heute. Übersetzt von W. Ph. Hauck. 1881.

W. Ph. Hauck. Die galvanischen Batterien, Akkumulatoren und Thermosäulen. Hartlebens Elektrotechn. Bibliothek, Wien, Pest, Leipzig 1883. (4. Aufl. 1898).

A. Cazin. Traité théorique et pratique des piles électriques. Publié par A. Argot. Paris 1881.

E. Reynier. Piles électriques et accumulateurs. Paris 1884.

Donato Tommasi. Traité des piles électriques. Paris 1889.

H. S. Cahart und P. Schoop. Die Primärelemente 1895.

Dr. Franz Peters. Angewandte Elektrochemie. I. Band: Die Primär- und Sekundärelemente. Wien 1897.

Ch. Fabry. Les piles électriques. Paris 1897.

Joh. Zacharias. Galvanische Elemente der Neuzeit. Halle a/S. 1899.

R. Mayer. Elektrische Akkumulatoren und Batterien. Berichte über die Weltausstellung in Paris 1900. 7. Band (Elektrotechnik).

J. Kollert. Die galvanischen und thermoelektrischen Stromquellen. Handbuch der Elektrotechnik III, 1. Leipzig 1900.

S. R. Bottone. Galvanic Batteries. Their Theory, Construction and Use. London 1902.

Dry Batteries. By a dry battery expert. With additional notes by N. H. Schneider. New York. London 1904.

A. Berthier. Les piles sèches et leurs applications. Paris 1905.

K. Kahle. Vorschriften zur Herstellung von Clarkschen Normalelementen. (Phys. Techn. Reichsanstalt 1893).

K. Kahle. Beiträge zur Kenntnis der elektromotorischen Kraft des Klarkschen Normalelementes. (Phys. Techn. Reichsanstalt 1898).

W. Jaeger und Wachsmuth. Das Kadmium-Normalelement 1896.

W. Jaeger und K. Kahle. Über Quecksilber-Zink u. Quecksilber-Kadmium-Elemente als Spannungsnormale (Phys. Techn. Reichsanstalt 1898).

W. Jaeger und St. Lindeck. Untersuchnngen über Normalelemente, insbesondere über das Westonsche Kadmiumelement. Berlin 1901.

W. Jaeger Über Normalelemente. Halle 1902.

———

Gaston Planté. Recherches sur l'Électricité. Deutsch von Prof. Wallentin. Wien 1886.

J. H. Gladstone und A. Tribe. Die chemische Theorie der sekundären Batterien nach Planté und Faure. Deutsch von R. v. Reichenbach. Hartlebens Verlag. Wien 1884.

K. Elbs. Die Akkumulatoren. Leipzig 1893 (3. Aufl. 1901).

Heim. Die Akkumulatoren für stationäre elektrische Beleuchtungsanlagen (3. Aufl.). Leipzig 1899.

Loppé. Les accumulateurs électriques. Paris 1896.

P. Schoop. Die Sekundärelemente. Halle a/S. 1895.

»   Handbuch der elektrischen Akkumulatoren. Stuttgart 1898.

M. U. Schoop. Ein Beitrag zur Kenntnis der Diffusionsvorgänge an Akkumulatorelektroden. Sammlung elektrotechn. Vorträge V. Band. Stuttgart 1904.

F. Grünwald. Die Herstellung nnd Verwendung der Akkumulatoren in Theorie und Praxis. Halle a/S. 1873 (3. Aufl. 1903).

Edmund Hoppe. Die Akkumulatoren für Elektrizität. 3. Aufl. Berlin 1898.

J. Sack. Die elektrischen Akkumulatoren und ihre Verwendung in der Praxis. A. Hartlebens Verlag. Wien, Pest, Leipzig.

J. Zacharias. Die Akkumulatoren zur Aufspeicherung des elektr. Stroms, deren Anfertigung, Verwendung und Betrieb. 2. Aufl. Jena 1900—1901.

J. Zacharias. Transportable Akkumulatoren. Berlin 1898.

Dr. Fr. Dolezalek. Die Theorie des Bleiakkumulators. Halle a S. 1901.

E. Sieg. Die Akkumulatoren. Handbuch d. Elektrotechnik III 2. Leipzig 1902.

J. Rubinowicz. Zur Frage der Lebensdauer und des Gewichtes der Akkumulatoren. Berlin 1900.

E. J. Wade. Secondary Batteries. Their Theory, Construction and Use. London 1902.

J. T. Niblett. Secondary Batteries. London.

Fitz Gerald. The lead storage battery. Brigg & Co.. London.

L. Jumau. Les Accumulateurs électriques. Paris 1904.

B. Oldiges. Über den Einfluß der Temperatur auf die Kapazität des Bleiakkumulators (Dissertation). Berlin-Friedenau 1905.

Fr. Streintz. Das Akkumulatorproblem. Sammlung elektrotechnischer Vorträge. IX. Band. Stuttgart 1906.

Le Blanc. Lehrbuch der Elektrochemie. Leipzig 1896. 3. Aufl. 1903.

S. Arrhenius. Lehrbuch der Elektrochemie, Deutsch von H. Euler. Leipzig 1901.

P. Ferchland. Grundriß der reinen und angewandten Chemie. Halle a/S. 1903.

P. Ferchland. Die elektrochemische Industrie Deutschlands. Monographien über angewandte Elektrochemie. Herausgegeben von V. Engelhardt. Halle a/S. 1906.

P. Ferchland und Rehländer. Die elektrochemischen Reichspatente. Monographien über angew. Elektrochemie v. V. Engelhardt. Halle a/S 1906.

C. Grahwinkel und K. Strecker. Hilfsbuch für die Elektrotechnik. 6. Aufl. Berlin 1900.

Fortschritte der Elektrotechnik. Herausgegeben von Karl Strecker, (1887—1897), seitdem von Karl Kahle, Berlin.

Kalender für Elektrotechniker von F. Uppenborn.

Elektrochemikerkalender, Dr. Neuburgers.

Jahrbuch der Naturwissenschaften von Max Wildermann, Freiburg i/Br.

Anhang III.

Alphabetisches Sachregister.

Verlag von R. Oldenbourg in München und Berlin

Von der

Schwachstromtechnik in Einzeldarstellungen

Unter Mitwirkung zahlreicher Fachleute

herausgegeben von

J. Baumann und L. Rellstab

sind ferner folgende Bände erschienen:

Der wahlweise Anruf in Telegraphen- und Telephonleitungen und die Entwicklung des Fernsprechwesens. Von J. Baumann. 114 Seiten 8⁰. Mit 25 Textabbildungen. Preis M. 2.50.

... Es wird hier dem interessantesten Problem der Schwachstromtechnik, nämlich der Einbeziehung mehrerer Stationen in ein und dieselbe Leitung in Verbindung mit dem wahlweisen Anruf eine prägnante und erschöpfende Darstellung gewidmet, die dem Belehrung Suchenden eine willkommene Orientierung über diese Frage bietet. Das Werkchen läßt uns ein günstiges Vorurteil für die folgenden Bände der Sammlung fassen.
(Zeitschrift für Post und Telegraphie.)

Drahtlose Telegraphie und Telephonie. Von Prof. D. Mazotto. Deutsch bearbeitet von J. Baumann. 392 Seit. 8⁰. Mit 235 Textabbildungen und einem Vorwort von K. Ferrini. Preis M. 7.50.

Ein prächtiges Kompendium, das dem jüngsten hoffnungsvollen Kinde der Wissenschaft, der drahtlosen Telephonie, in jeder Hinsicht gerecht wird und einen hervorragenden Platz in der Literatur einzunehmen berufen ist. Klare Diktion, Übersichtlichkeit der Anordnung bei aller Schwierigkeit der Materie sind die Vorzüge des Werkes, das trotz alledem einem weiten Kreise verständlich und besonders den gebildeten Klassen wärmstens zur Lektion und Belehrung empfohlen werden kann. Die Anordnung des Stoffes ist eine sehr glückliche zu nennen. Alles in allem ein musterhaft konzipiertes Werk, das brillant illustriert dem Verständnis eines jeden Gebildeten angepaßt ist und allseitig Anspruch auf das Interesse weitester Kreise machen kann. *(Generalanzeiger für Elektrotechnik.)*

Medizinische Anwendungen der Elektrizität. Von M. U. Dr. S. Jellineck. 480 Seiten 8⁰. Mit 149 Abbildungen. Preis M. 10.—; in Leinwand gebunden M. 11.—.

Wir haben schon im ersten Jahrgang der »Annalen der Elektrotechnik« auf das große Verdienst hingewiesen, welches sich der Verfasser des vorliegenden Werkes um die Elektropathologie erworben hat. »Eine Orientierungsschrift über die Anwendungen der Elektrizität in der Medizin« nennt der Verfasser das vorliegende Werk, welches für Mediziner, Techniker und andere Interessenten der modernen Elektrizitätslehre geschrieben ist. Und in der Tat stellt der Inhalt des Buches einen vorzüglichen Leitfaden durch das interessante Gebiet dar. *(Annalen der Elektrotechnik.)*

Im Laufe des Februar 1908 wird erscheinen:

Der Schwachstrommonteur. Ein Handbuch für Anlage und Unterhaltung von Schwachstromanlagen. Von J. Baumann. 255 Seiten mit 167 Abbildungen. In Leinwand geb. ca. M. 5.—.

Das Buch stellt den ersten Versuch dar, aus dem umfangreichen Stoff all das herauszuheben und einheitlich zusammenzufassen, was für den Schwachstrommonteur, den mit der Leitung von Ausführung und Unterhaltung von Schwachstromanlagen betrauten Fachmann vornehmlich in Frage kommt. Der Band setzt nur die Grundlehren von Elektrizität und Magnetismus voraus und ist dem weiten Interessentenkreis Rechnung tragend durchaus elementar gehalten.

*

Verlag von R. Oldenbourg in München und Berlin.

Handbuch
der praktischen Elektrometallurgie

(Die Gewinnung der Metalle mit Hilfe des elektrischen Stroms)

Von

Dr. Albert Neuburger

Herausgeber der Elektrochemischen Zeitschrift

(Oldenbourgs Technische Handbibliothek, Band IX)

Mit 119 in den Text gedruckten Abbildungen

In Leinwand gebunden Preis **M. 14.—**

Betonzeitung Berlin: Die großen Fortschritte und Erfolge, welche die letzten Jahre auf dem Gebiete der elektrometallurgischen Forschung zu verzeichnen haben, ließen es durchaus angebracht erscheinen, dieses interessante Gebiet einmal eingehend wissenschaftlich in einem geschlossenen Werke zu behandeln und diese an sich dankbare Aufgabe hat der Autor mit dem ihm eigenen praktischen Scharfblick gelöst. Er gibt in dem Werk der gesamten Technik und namentlich auch dem Studierenden des Hüttenfaches ein praktisches Handbuch, welches sie zur Einführung in dieses neu erschlossene Gebiet recht nötig brauchen.

. . . . Ein sehr breiter Raum ist der Eisengewinnung auf elektrothermischem Wege gewidmet und sind hier nicht weniger als 20 Verfahren dieser Art eingehend dargestellt. Diesem Teil folgen dann Abhandlungen über die Gewinnung weniger wichtiger seltener Metalle, der Halbedel- und Edelmetalle, so daß man aus dem Buch einen erschöpfenden Überblick über den heutigen Stand dieser Technik gewinnt, die nicht nur für den Hüttentechniker und Chemiker, sondern auch für alle die interessant ist, welche durch ihren Erwerb diesem Interessenkreis angehören. Das vornehm ausgestattete Buch wird gewiß die ihm zukommende Beachtung finden.

„Technische Rundschau Berlin“. Die Fortschritte, welche die Gewinnung der Metalle mit Hilfe des elektrischen Stroms in der Praxis gemacht haben, war Veranlassung, daß auf diesem Gebiet eine große Anzahl von Fachleuten teils mit, teils ohne Berechtigung, mit Neuerungen hervortraten, so daß es vielfach schwer fällt, Brauchbares aus der Fülle des Materials herauszufinden. Diesem Umstand trägt das vorliegende Buch Rechnung, indem es eine Übersicht bezw. Auswahl dessen gibt, was sich nach dem heutigen Standpunkt in der Praxis bewährt hat. Verfasser, der als Herausgeber der „Elektrochemischen Zeitschrift“ in diesem Fach wohl orientiert ist, hat denn auch ein Werk geschaffen, das diesen Anforderungen vollkommen gerecht wird und dem sich mit dem Studium der Elektrometallurgie beschäftigenden Fachmann einen klaren Überblick über das darin Erreichte gibt. Der Stoff ist in erschöpfender Weise behandelt, sachlich und übersichtlich angeordnet, und auch die äußere Ausstattung des Werkes läßt nichts zu wünschen übrig.

Ausführlicher Prospekt steht Interessenten zur Verfügung.

Zu beziehen durch jede Buchhandlung.

Verlag von R. Oldenbourg, München und Berlin.

Elektrotechnisches Auskunftsbuch

Alphabetische Zusammenstellung
von Beschreibungen, Erklärungen, Preisen, Tabellen und Vorschriften, nebst Anhang, enthaltend Tabellen allgemeiner Natur.

Herausgegeben von **S. Herzog,** Ingenieur.

IV und 856 Seiten 8⁰. Gebunden Preis M. **10.**—.

Die ungeheure Ausdehnung, welche die elektrotechnische Wissenschaft und die elektrotechnische Praxis genommen haben, bringt es mit sich, daß dem in der Praxis tätigen Elektrotechniker manchmal Schwierigkeiten dadurch entstehen, daß er gezwungen ist, oft mit sehr großem Zeitverlust eine umfangreiche Fachliteratur zu studieren, um über einen Begriff oder beispielsweise über das Gewicht oder den Preis irgendeines elektrotechnischen Artikels Aufschluß zu erhalten. — Diesem Übelstande zu steuern, soll nun vorliegende Arbeit dienen, welche in gedrängter Form über den größten Teil der in der Praxis vorkommenden Worte, Begriffe, Gegenstände, Materien, Preise usw. in alphabetisch geordneter Weise Aufschluß gibt. Der Arbeit selbst liegt ein umfangreiches und mühevolles Studium aller Zeitschriften und Literaturerscheinungen der letzten Jahre, sowie eine eingehende Sichtung der Kataloge, Preislisten und Broschüren der meisten europäischen elektrotechnischen Firmen zugrunde.

Urteile der Fachpresse:

. . . Das Buch wird sich sicher gut einführen und den Ingenieur wertvoll unterstützen. Druck und Ausstattung sind gut.
(Elektrotechnische Zeitschrift.)

. . . Das Werk bildet ein brauchbares Nachschlagebuch, und wird, wo es sich darum handelt, sich rasch über einen der Elektrotechnik angehörenden Begriff zu informieren, gute Dienste leisten.
(Der Elektrotechniker, Wien.)

. . Es ist nicht daran zu zweifeln, daß hier ein nützliches und brauchbares Werk vorliegt. *(Elektrochemische Zeitschrift.)*

. . . Das vielseitige Buch wird für rasche und sichere Auskunft sehr willkommen sein. *(Glasers Annalen für Gewerbe und Bauwesen.)*

. . . Dieses Auskunftsbuch dürfte auf dem elektrotechnischen Gebiete einzig in seiner Art sein. Was das Werk besonders brauchbar macht, ist die Anordnung nach alphabetischen Stichwörtern. Dabei hat der Verfasser die Auskünfte nicht lediglich den Bedürfnissen des Konstrukteurs, sondern auch kaufmännischen Gesichtspunkten angepaßt, insbesondere durch Angaben über Herkunft der Materialien, über Bezugsquellen usw. Das Werk ist nicht nur für den elektrotechnischen Fachmann, sondern für jeden wertvoll, der mit der Elektrotechnik in irgendwelchen Beziehungen steht, für Bibliotheken und technische Bureaus ist ein solcher Ratgeber unentbehrlich. Die Zahl der Stichwörter beträgt über 2000. Das Buch hat 852 Seiten.
(Deutsche Techniker-Zeitung.)

Verlag von R. Oldenbourg in München und Berlin.

Deutscher Kalender für Elektrotechniker. Begründet

von **F. Uppenborn**. In neuer Bearbeitung herausgegeben von **G. Dettmar**, Generalsekretär des Verbandes Deutscher Elektrotechniker. Zwei Teile, wovon der 1. Teil in Brieftaschenform (Leder gebunden). Preis M. 5.—.

Uppenborns Kalender für Elektrotechniker, der seit 25 Jahren erscheint, hat sich zu einem unentbehrlichen Ratgeber und Begleiter des praktischen Ingenieurs herausgebildet.

Ferner erscheint von dem Kalender eine Österreichische (Preis **Kr. 6.—**) und eine Schweizer Ausgabe (Preis **Frs. 6.50**).

Zur Theorie der Abschmelzsicherungen. Von Dr.-Ing.

Georg J. Meyer. 107 Seiten gr. 8°. Mit 26 Abb. Preis M. 3.—.

Der Verfasser stellt zunächst eine allgemeine Theorie der einfachen Sicherungen auf, entwickelt die von ihm benützten Hauptgleichungen und diskutiert dieselben für lange, stabförmige Einsätze. Sodann veröffentlicht Verfasser die Ergebnisse systematischer Versuche mit verschiedenen Materialien (Blei, Zink, Aluminium, Kupfer, Silber, Zinn und eine Legierung von 60% Zinn und 40% Blei) und mit verschiedenen Querschnittsformen. Der zweite Teil der Abhandlung beschäftigt sich mit Sicherungskombination (Hintereinanderschaltung mehrerer Sicherungen, Parallelschaltung gleicher und ungleicher Einsätze.) Zum Schluß unterzieht der Verfasser an Hand seiner Untersuchungen die Verbandsnormalien deutscher Elektrotechniker einer schärferen Betrachtung und konstatiert, daß die bestehenden Vorschriften für die Normierung der Sicherungen unter Umständen einen wirksamen Schutz nicht gewähren. Die interessante Arbeit verdient in den weitesten Kreisen der Fachwelt ganz besondere Beachtung.

(Annalen der Elektrotechnik.)

Tarif und Technik des staatlichen Fernsprech-

wesens. Beitrag zur Systemfrage der technischen Einrichtungen. Von Ingenieur **Karl Steidle**, K. B. Oberpostassessor. Teil I: **Text.** 82 Seiten 8°. Mit 29 Tafeln. Teil II (Anhang): **Die Schaltungsanordnungen des gemischten Systems.** 4° mit 17 Tabellen, 188 Stromlaufbeschreibungen und 12 Tafeln (Stromlaufzeichnungen).

Teil I brosch. Teil II in Leinwand geb. Preis M. 6.50.

Der Verfasser beschäftigt sich in dem vorliegenden Werke mit der Frage nach dem besten System der staatlichen Telephonumschalteeinrichtungen und kommt nach einer gründlichen, bis in die letzten Einzelheiten gehenden Durcharbeitung des Problems zu dem Ergebnis, sowohl vom wirtschaftlichen als technischen Standpunkte das sogenannte gemischte System, d.i. Handbetriebszentrale mit automatischen Unterzentralen, als das geeignetste zu empfehlen. Im ersten Teile werden nun die Stromquellen, die Handbetriebszentrale, die Zwischenumschalter und die Teilnehmersprechstellen nach dem gemischten System behandelt, sowie die Einführung des automatischen Gruppenstellensystems in den praktischen Betrieb bestehender Anlagen behandelt, während der zweite Teil mit 17 Tabellen, 188 Stromlaufbeschreibungen und zwölf Tafeln Stromlaufzeichnungen die Schaltungsanordnungen des gemischten (Gruppenumschalter-)Systems zeigt. *(Zeitschrift für Post und Telegraphie, Wien.)*

Zu beziehen durch jede Buchhandlung.